Hummel/Männel

Kostenrechnung 2

Fortsetzung auf Seite 200

Kostenrechnung 2

Moderne Verfahren und Systeme

Von

Prof. Dr. Wolfgang Männel

Ordinarius für Betriebswirtschaftslehre
an der Wirtschafts- und Sozialwissenschaftlichen Fakultät
der Universität Erlangen-Nürnberg

Dritte Auflage

GABLER

CIP-Kurztitelaufnahme der Deutschen Bibliothek

Männel, Wolfgang:
Kostenrechnung / von Wolfgang Männel. —
Wiesbaden: Gabler (Gabler-Lehrbuch)
Bd. I u.d.T.: Hummel, Siegfried: Kostenrechnung
2. Moderne Verfahren und Systeme. —
3. Aufl. — 1983
ISBN 3-409-21140-3

1. Auflage 1978
2. Auflage 1981
3. Auflage 1983

Der Gabler Verlag ist ein Unternehmen der Verlagsgruppe Bertelsmann

Umschlaggestaltung: H. Koblitz, Wiesbaden
Druck und Buchbinderei: Wilhelm + Adam, Heusenstamm

Printed in Germany

ISBN 3-409-21140-3

Vorwort

Die Kostenrechnung ist ein zentrales, praktisch sehr bedeutsames Teilgebiet des Rechnungswesens, mit dem sich die Betriebswirtschaftslehre schon seit jeher – und so auch während der letzten Jahre – sehr intensiv beschäftigt hat. Dies ließ nicht nur unterschiedliche Lehrmeinungen zu Detailfragen aufkommen, sondern führte auch zur Erarbeitung von teilweise stark divergierenden Grundkonzeptionen der Kostenrechnung, die auch heute in Theorie und Praxis noch umstritten sind. Damit ist nicht nur die seit rund zwei Jahrzehnten heftig geführte Debatte über die Vorteilhaftigkeit von Systemen der Vollkostenrechnung auf der einen Seite und Systemen der Teilkostenrechnung auf der anderen Seite gemeint, sondern auch die Diskussion über die Vor- und Nachteile verschiedener, erst während der letzten Jahre entwickelter neuerer Konzepte der Kosten- und Leistungsrechnung.

Weder die Studierenden noch die Praktiker, die nach einem für ihre Betriebe geeigneten Kostenrechnungssystem suchen, können sich der Auseinandersetzung über die Anwendungsmöglichkeiten und die Aussagefähigkeit verschiedener Kostenrechnungssysteme entziehen. Es besteht daher das Bedürfnis, beiden Interessentengruppen durch die Erarbeitung eines verständlichen, wissenschaftlich zuverlässigen Lehrwerks über das Gesamtgebiet der Kosten- und Leistungsrechnung eine fundierte Hilfestellung zu geben.

Die in zwei Bänden vorgelegte Monographie wurde zunächst als Lehrmaterial an der Fernuniversität Hagen verwendet und daher didaktisch und methodisch so angelegt, daß sie gut für das Selbststudium geeignet ist. Dies soll insbesondere durch das Herausstellen der Lernziele, durch eine Vielzahl von Abbildungen, Tabellen und Gedankenflußplänen, durch gezielte, ausführliche Literaturhinweise, durch ein umfassendes Glossar der wichtigsten Begriffe der Kosten- und Leistungsrechnung sowie nicht zuletzt durch Übungs- und Kontrollfragen, für die auch Musterlösungen angegeben wurden, erreicht werden.

Der sich mit den Grundlagen, dem Aufbau und den Anwendungsgebieten der Kosten- und Leistungsrechnung befassende Band 1 beginnt mit einer systematischen Einordnung der Kosten- und Leistungsrechnung in das Gesamtgebiet des Rechnungswesens und informiert über die aus theoretischer und praktischer Sicht bedeutsamen Zwecke sowie über wichtige Grundbegriffe der Kosten- und Leistungsrechnung. Ausführlich werden die Gestaltungsformen, Inhalte und Auswertungsmöglichkeiten der Kostenarten-, Kostenstellen- und Kostenträgerrechnung, einschließlich der verschiedenen Kalkulationsverfahren, behandelt.

Der Band 2 ist den modernen Verfahren und Systemen der Kosten- und Leistungsrechnung gewidmet. Ausgehend von einer kritischen Betrachtung der herkömmlichen Vollkosten- und Nettoergebnisrechnung und einer Erörterung der Kostenzurechnungsprinzipien werden die bedeutsamsten Systeme von Teilkosten- und Bruttoerfolgsrechnungen sowie die Grundlagen der Systeme der Plankostenrechnung beschrieben. Besonderes Augenmerk wird dabei auf die in der Praxis immer breiter zur Anwendung kommende Deckungsbeitragsrechnung gerichtet.

Die nunmehr vorliegende 3. Auflage, die wegen der großen Nachfrage unerwartet rasch erforderlich wurde, ist ein unveränderter Nachdruck der 2. Auflage; diese war gegenüber der Erstauflage verbessert und erweitert worden.

Im Band 1 wurden insbesondere jene Abschnitte, die sich mit den Grundbegriffen der Kosten- und Leistungsrechnung sowie mit der Erfassung und Verrechnung wichtiger Kostenarten beschäftigen, ergänzt. Außerdem sind die Quellenangaben im Text und die Literaturhinweise am Ende des Buches auf den neuesten Stand gebracht worden.

Auch Band 2 wurde für die 2. Auflage überarbeitet und darüber hinaus inhaltlich wesentlich erweitert. In dem Bestreben, der großen praktischen Bedeutung der Preiskalkulation noch besser gerecht zu werden, wurde einerseits die Eignung der traditionellen Vollkostenrechnung, speziell im Hinblick auf diesen Rechnungszweck, noch kritischer „unter die Lupe genommen", und zum anderen die Möglichkeiten des Einsatzes moderner Kostenrechnungssysteme (insbesondere der Deckungsbeitragsrechnung) für die Preiskalkulation und Preispolitik ausführlicher beschrieben. Dabei erschien es vor allem notwendig aufzuzeigen, welche Maßnahmen zu ergreifen sind, um die Gefahr eines Abgleitens hin zu einer zu nachgiebigen Preispolitik abzuwenden. Neu bearbeitet wurden außerdem jene Abschnitte, die sich mit der Erfolgskonzeption des Rechnens mit Einzelkosten und Deckungsbeiträgen, mit der Erfassung der Erlöse, mit der Gestaltung der Grundrechnung, mit dem Problemkreis der Kostenspaltung sowie mit der Bestandsbewertung befassen.

Die Autoren hoffen, mit den beiden Bänden der „Kostenrechnung" eine dem gegenwärtigen Stand der Betriebswirtschaftslehre entsprechende, wissenschaftlich zuverlässige, auch für Anfänger verständliche Grundlegung zu präsentieren. Sie sind für Anregungen und Kritik dankbar.

SIEGFRIED HUMMEL

WOLFGANG MÄNNEL

Inhaltsverzeichnis

Kostenrechnung 1 –
Grundlagen, Aufbau und Anwendung

Inhaltsübersicht

Abbildungsverzeichnis

Seite

Seite

Seite

Lernziele des 2. Bandes

Sie sollen erkennen und befähigt werden, zu beurteilen:

– welche Strukturelemente und welche konkreten rechnerischen Beziehungen zwischen diesen Elementen ein System der Kosten- und Leistungsrechnung kennzeichnen und welche Besonderheiten die wichtigsten Kosten- und Leistungsrechnungssysteme prägen;

– welche fundamentalen Unterschiede zwischen der herkömmlichen Vollkosten- und Nettoerfolgsrechnung einerseits und den modernen Systemen der Teilkosten- und Bruttoerfolgsrechnung andererseits bestehen;

– auf welche Weise und in welchen abrechnungstechnischen Phasen innerhalb der Vollkostenrechnung Gemeinkosten aufgeschlüsselt werden und welche Gefahren sich hieraus sowie aus der bei der Vollkostenrechnung fehlenden Kostenspaltung und der Nichtbeachtung der betrieblichen Engpässe für das Treffen und Kontrollieren unternehmerischer Entscheidungen ergeben können;

– worin die Problematik der Kostenzurechnung besteht, welche Kostenzurechnungsprinzipien in der Literatur diskutiert werden und welches dieser Prinzipien für ein entscheidungsorientiertes System der Kosten- und Leistungsrechnung am besten geeignet ist;

– worin die grundlegenden Wesensmerkmale der verschiedenen Systeme von Teilkosten- und Bruttoerfolgsrechnungen bestehen;

– in welchen Aspekten das Direct Costing der herkömmlichen Vollkostenrechnung überlegen ist und worin die Hauptnachteile des Direct Costing bestehen;

– welche verschiedenen Kategorien von Fixkosten innerhalb der Fixkostendeckungsrechnung differenziert ausgewiesen werden;

– wie der Begriff „Deckungsbeitrag“ genau zu definieren ist, welche Arten von Deckungsbeiträgen innerhalb der Einzelkosten- und Deckungsbeitragsrechnung gebildet werden und wie diese zu behandeln sind;

– welche Kostenkategorien innerhalb der Einzelkosten- und Deckungsbeitragsrechnung gebildet werden, nach welchen Grundsätzen dies geschieht und welche Kriterien hierfür relevant sind;

– nach welchen Prinzipien im System der Einzelkosten- und Deckungsbeitragsrechnung Bezugsgrößen- bzw. Zurechnungshierarchien aufgebaut werden;

– wie die Grundrechnung der Kosten und die Grundrechnung der Erlöse aufgebaut sind, welchen Inhalt diese Rechnungen haben und welche Aufgaben sie erfüllen sollen;

– nach welchen Prinzipien die kurzfristige Erfolgsrechnung im System der Einzelkosten- und Deckungsbeitragsrechnung aufgebaut wird;

- wie die Deckungsbeitragsrechnung die Lagerbestände bewertet, welche Vorteile dieses Bestandsbewertungskonzept aufweist und inwieweit es mit den gesetzlichen Vorschriften vereinbar ist;
- welchen Nutzen die Deckungsbeitragsrechnung für Erfolgsprognosen, die Programmplanung und -analyse, die Preiskalkulation und Preispolitik, für Make-or-Buy-Entscheidungen und für andere Dispositionen zu stiften vermag;
- wie die verschiedenen Systeme der Plankostenrechnung aufgebaut sind, worin sie sich voneinander unterscheiden und welche Vorteile sie gegenüber rein vergangenheitsbezogenen Istkostenrechnungen bieten.

Nach der Lektüre dieses Buches sollen Sie in der Lage sein:

- zu beurteilen, ob es für ein Unternehmen, dessen Kostenrechnung vor allem für die Fundierung und Überwachung zahlreicher unterschiedlicher Entscheidungen geeignet sein soll, sinnvoller ist, mit der Vollkostenrechnung oder mit einem (und mit welchem) System der Teilkostenrechnung zu arbeiten;
- einem Befürworter der herkömmlichen Vollkosten- und Nettoergebnisrechnung zugkräftige Gegenargumente vorzuhalten;
- einem interessierten Leiter der Abteilung „Kostenrechnung" zu sagen, welche Maßnahmen er bei einem Übergang von der Vollkostenrechnung zum Direct Costing oder zur Fixkostendeckungsrechnung zu ergreifen hat;
- darzulegen, in welchen Aspekten und inwieweit die Fixkostendeckungsrechnung über das Direct Costing hinausgeht und welche Vorteile sie gegenüber diesem einfachen System der Teilkosten- und Bruttoerfolgsrechnung zu bieten vermag;
- klarzumachen, warum der Begriff Deckungsbeitrag im System des Rechnens mit Einzelkosten und Deckungsbeiträgen anders festgelegt ist als in den einfachen Systemen der Teilkostenrechnung und warum ein Deckungsbeitrag niemals weiter aufgespalten bzw. aufgeteilt werden darf;
- genau zu erläutern, in welchen Schritten bei der Aufspaltung der Kosten in Leistungskosten und Bereitschaftskosten nacheinander (und in welcher Reihenfolge) vorzugehen ist;
- herauszustellen, welche Konsequenzen sich daraus ergeben, daß innerhalb der Einzelkosten- und Deckungsbeitragsrechnung grundsätzlich sämtliche Kosten als Einzelkosten erfaßt und ausgewiesen werden;
- an Hand eines graphischen oder numerischen Beispiels zu skizzieren, wie eine retrograde Erfolgsrechnung nach den Grundsätzen der Deckungsbeitragsrechnung aufzubauen ist, von welchem Kalkulationsobjekt sie ausgeht und welche Erfolgsgrößen innerhalb dieser Form der Betriebsergebnisrechnung normalerweise ermittelt werden;

- darzulegen, wovon die Höhe des Periodenerfolges im System der Dekkungsbeitragsrechnung angesichts der diesem System eigenen Konzeption der Bestandsbewertung abhängig ist und wie bzw. in welchen Fällen sich der Erfolgsausweis wegen der anderen Konzeption der Bestandsbewertung von dem Erfolgsausweis nach den Grundsätzen der Vollkostenrechnung unterscheidet;
- im einzelnen genau darzulegen, warum speziell die Einzelkosten- und Dekkungsbeitragsrechnung in besonderem Maße geeignet ist, Kosten- und Erlösinformationen für die Fundierung verschiedener unternehmerischer Entscheidungen und deren Kontrolle zu liefern;
- überzeugend darzulegen, welche Informationen die Einzelkosten- und Dekkungsbeitragsrechnung beispielsweise für die Fundierung der Preiskalkulation zu liefern vermag und welche Maßnahmen gleichzeitig ergriffen werden müssen, um eine zu nachgiebige Preispolitik zu vermeiden;
- den etwa für Entscheidungen zwischen Eigenfertigung und Fremdbezug Zuständigen klarzumachen, wie in Abhängigkeit von der Beschäftigungslage des Betriebes und der Fristigkeit des Wahlproblems Vergleichsrechnungen konzipiert werden müssen und welche Kostenelemente jeweils Entscheidungsrelevanz besitzen;
- die unterschiedlichen Formen der Plankostenrechnung zu systematisieren und voneinander abzugrenzen;
- genau zu erläutern, wie man bei der Festlegung der Plankosten im System der starren Plankostenrechnung vorgeht;
- aufzuzeigen, welche Arten von Kostenabweichungen innerhalb der Abweichungsanalyse nach den Grundsätzen der flexiblen Plankostenrechnung auf Vollkostenbasis unterschieden werden und welche Aussagekraft diese Arten von Kostenabweichungen haben.

1. Einführung und Überblick

Systeme der Kosten- und Leistungsrechnung sind formal gesehen Abrechnungsverfahren, deren Aufbau durch bestimmte **Elemente** sowie durch bestimmte **Beziehungen zwischen diesen Elementen** gekennzeichnet ist. Sie werden einerseits durch die konkrete Festlegung der grundlegenden Begriffe Kosten und Leistung geprägt, zum anderen aber auch durch den Modus der Bildung bzw. Ein- oder Unterteilung von Kostenarten, Kostenstellen und Kostenträgern, außerdem durch die Art der zwischen den eben genannten Strukturelementen bestehenden abrechnungstechnischen Beziehungen, so etwa vor allem durch die Prinzipien, auf denen die Verrechnung der Kosten innerhalb der Kostenrechnung basiert.

Systemelemente

Daß es unterschiedliche Systeme der Kosten- und Leistungsrechnung gibt, ist einmal darauf zurückzuführen, daß im Laufe der Zeit immer wieder neue (verbesserte) Abrechnungsmethoden für das innerbetriebliche Rechnungswesen entwickelt wurden, zum anderen ist es aber auch eine Folge der **Pluralität der Rechnungszwecke**, genauer gesagt: eine Folge der Unterschiedlichkeit der Fragestellungen, die von der Kosten- und Leistungsrechnung beantwortet werden sollen. Verschiedenartige Rechnungszwecke lassen sich meist nicht mit demselben Kostenrechnungssystem bewältigen. Daher ist es auch durchaus erklärlich, daß in der Praxis gegenwärtig unterschiedliche Systeme der Kosten- und Leistungsrechnung zur Anwendung kommen.

Pluralität der Rechnungszwecke

Die **Art der Verrechnung der Kosten** innerhalb des innerbetrieblichen Rechnungswesens ist das wichtigste Kriterium für die Differenzierung zwischen verschiedenen Systemen der Kosten- und Leistungsrechnung. Orientiert man sich hieran, gelangt man zu der theoretisch und praktisch gleichermaßen bedeutsamen Unterscheidung zwischen **Vollkostenrechnung** und **Teilkostenrechnung**.

Art der Kostenverrechnung

Für den erstgenannten Systemtyp und dessen verschiedene Ausprägungsformen ist kennzeichnend, daß jeweils sämtliche Kostenarten, die im Betrieb anfallen, auf die relevanten Kalkulationsobjekte weiterverrechnet, daß also für alle Kalkulationsobjekte stets die „vollen" Kosten bestimmt werden. Besonders offensichtlich wird dies am Beispiel der Kostenträger (im Sinne der Vollkostenrechnung), dem wichtigsten Kalkulationsobjekt: Im System der Vollkostenrechnung werden alle Kostenarten über die Kostenstellenrechnung auf die verschiedenen Leistungen des Betriebes weiterverrechnet, und zwar zum Teil direkt (als **Einzelkosten**), zum Teil indirekt (als **Gemeinkosten**). Wegen dieser umfassenden Weiterwälzung der Kosten von der Kostenartenrechnung über die Kostenstellenrechnung bis zur Kostenträgerrechnung nennt man die Vollkostenrechnung auch **Kostenüberwälzungsrechnung**.

Vollkostenrechnung

In den Systemen der **Teilkostenrechnung** werden den verschiedenen Kalkulationsobjekten (so wiederum vor allem den Kostenträgern) nur Teile der betrieblichen Gesamtkosten zugerechnet, und zwar – wie später noch näher gezeigt werden wird – meist prinzipiell nur jene Kosten, die sich direkt für die betreffenden Kalkulationsobjekte erfassen lassen.

Teilkostenrechnung

Diese Beschränkungen auf die Weiterverrechnung eines Teils der Kosten war maßgeblich für die Benennung dieser Systemtypen.

Doch bedeutet das nicht, daß die sonstigen Kostenelemente einfach vernachlässigt werden. Die Kosten**erfassung** ist in den Systemen der Teilkostenrechnung nicht unvollständig.

Die Vollkostenrechnung ist das traditionelle, herkömmliche Kostenrechnungssystem, das primär zum Zweck der Preiskalkulation (für die Ermittlung von Selbstkostenpreisen) entwickelt wurde. Ihr kam vor allem im planwirtschaftlichen Wirtschaftssystem während des 2. Weltkriegs große Bedeutung zu. Denn zu dieser Zeit hatte der Staat zwingende, konkrete Vorschriften für das Kalkulieren von Selbstkostenpreisen auf Vollkosten-Basis festgelegt. Maßgeblich hierfür war die auch in der Gegenwart noch weit verbreitete – letztlich aber irrige – Vorstellung, daß das Operieren mit solchen von den Vollkosten abgeleiteten Preisen „automatisch" eine Deckung der Gesamtkosten des Betriebes sicherstellt, somit also das Entstehen von Verlusten prinzipiell ausschließt. Obwohl sich der Staat im heutigen Wirtschaftssystem der sozialen Marktwirtschaft darauf beschränkt, lediglich Vorschriften für das Kalkulieren öffentlicher Aufträge (LSP) zu erlassen, ist die Vollkostenrechnung gegenwärtig in der Praxis immer noch am weitesten verbreitet. Maßgeblich hierfür ist unter anderem, daß die Teilkostenrechnungssysteme (obwohl einige ihrer Grundgedanken und Grundprinzipien schon vor Jahrzehnten von Betriebswirten wie Schär, Schmalenbach und anderen herausgestellt wurden) erst während der 60er Jahre zu praktikablen Konzepten ausreiften und der Übergang von der Vollkostenrechnung zu einer Teilkostenrechnung ein erhebliches Umdenken erfordert, welches kurzfristig nur von einem entsprechend ausgebildeten Personal vollzogen werden kann.

Dieses bei Einführung einer Teilkostenrechnung in einen bisher auf Vollkosten-Basis operierenden Betrieb erforderliche Umdenken ist besonders deshalb nicht leicht, weil den **Systemen der Teilkostenrechnung** ein anderes Abrechnungssystem, nämlich ein **retrogrades Abrechnungsschema**, zugrunde liegt. Retrograd bedeutet in diesem Zusammenhang, daß man von den Erlösen der einzelnen Leistungen bzw. Produkte ausgeht, hiervon zunächst die diesen Leistungen direkt zurechenbaren Kosten abzieht, also für die eben genannten Kostenträger Bruttoüberschüsse errechnet, die dann – unter Abzug der direkten Kosten umfassenderer Kalkulationsobjekte (wie etwa Leistungsgruppen oder Betriebsbereiche) – sukzessive bis zum Gesamterfolg (genauer gesagt: Periodenüberschuß) des Unternehmens zusammengefaßt werden.

retrogrades Abrechnungssystem bei Teilkostenrechnung

Demgegenüber läßt sich die herkömmliche **Vollkostenrechnung** als **progressives Abrechnungssystem** auffassen, eben weil sie alle Kosten vom Ausgangspunkt der Kostenartenrechnung an fortschreitend in mehreren Abrechnungsschritten über die Kostenstellenrechnung auf die Endleistungen des Betriebes innerhalb der Kostenträgerrechnung weiterverrechnet.

progressives Abrechnungssystem bei Vollkostenrechnung

2. Vollkosten- und Nettoerfolgsrechnungen in kritischer Betrachtung

2.1 Prinzipien und Verfahren

Das für die Vollkostenrechnung charakteristische Weiterwälzen der Kosten von der Kostenartenrechnung bis hin auf die einzelnen Kostenträger kann teilweise auf direktem Wege, für einen großen Teil der Kostenarten jedoch nur auf indirektem Wege erfolgen. Einerseits läßt sich z. B. unschwer feststellen, wieviel an Hauptrohstoff-Kosten für die Erzeugung einer bestimmten Leistungsart des Betriebes zusätzlich angefallen sind. Solche für einzelne Kalkulationsobjekte (also etwa für Leistungsarten) direkt erfaßbaren Beträge sind deren **Einzelkosten**. Andererseits ist es beispielsweise unmöglich, für einen Mehrproduktbetrieb eindeutige Aussagen darüber zu machen, welcher Anteil der Kosten einer Werkshalle (oder eines anderen Gebäudes) auf die Herstellung einer einzelnen Produktart entfällt. Diese Kosten sind **Gemeinkosten** der Produktarten.

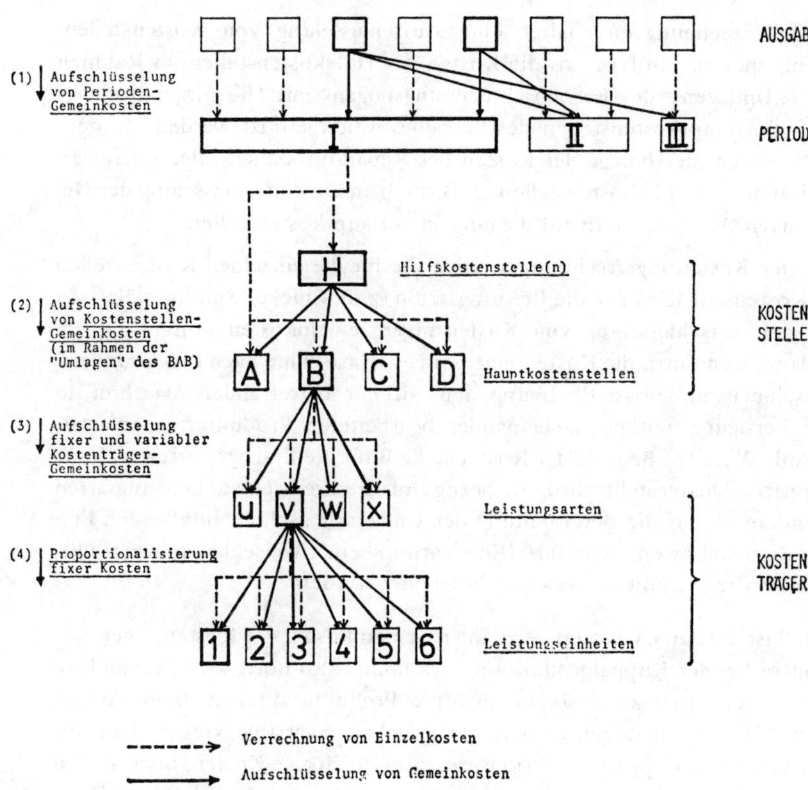

Abb. 2.1.1: Kostenflußschema für die Vollkostenrechnung

Das Besondere der Vollkostenrechnung besteht darin, daß sie nicht nur die Einzelkosten weiterverrechnet, sondern darüber hinaus auch solche Kosten, die in bezug auf einzelne Kalkulationsobjekte Gemeinkosten darstellen, auf diese Kalkulationsobjekte aufschlüsselt. Diese **Gemeinkostenschlüsselung** vollzieht sich, wie das in Abb. 2.1.1 veranschaulicht wird, in mehreren Phasen.

Phasen der Gemeinkostenschlüsselung

Im betriebswirtschaftlichen Schrifttum wurde bisher nur an wenigen Stellen hervorgehoben, daß bereits innerhalb der herkömmlichen **Kostenartenrechnung** bei der periodenweisen Erfassung einiger Kostenarten eine Gemeinkostenschlüsselung vorgenommen wird, daß es also zu einer **Aufschlüsselung von Periodengemeinkosten** kommt: Es werden Kosten (genauer gesagt: Ausgaben), die für mehrere Zeitabschnitte gemeinsam in Kauf genommen werden und daher nur der Gesamtheit dieser Zeitabschnitte direkt zugerechnet werden können, auf diese einzelnen Perioden verteilt. Besonders offensichtlich wird dies am Beispiel der Abschreibungen: Im Rahmen der Anlagenrechnung werden die einmalig, für die gesamte wirtschaftliche Nutzungsdauer en bloc anfallenden Investitionsausgaben über die Verrechnung von Abschreibungen auf die einzelnen Teil-Perioden der Nutzungsdauer aufgeschlüsselt. Desgleichen liegt etwa auch dann eine Aufschlüsselung von Periodengemeinkosten vor, wenn man die für einen Jahres-Mietvertrag insgesamt zu zahlende Miete einfach durch 12 dividiert und auf diese Weise anteilige Mietkosten für die einzelnen Monate des Jahres errechnet, wie dies in Betrieben, die mit der Vollkostenrechnung arbeiten, regelmäßig geschieht.

Aufschlüsselung von Periodengemeinkosten

Die **Kostenstellenrechnung** beinhaltet eine **Aufschlüsselung von Kostenstellen-Gemeinkosten**, speziell insofern, als die Kosten der Hilfskostenstellen im Rahmen der üblichen „Umlagen" des Betriebsabrechnungsbogens mit Hilfe irgendwelcher Schlüssel auf die Hauptkostenstellen des Betriebes weitergewälzt werden. Zu denken ist hier etwa an die Umlage der Kosten des Reparaturbereichs, der Energieerzeugung und ähnlicher Hilfskostenstellen, z. B. auch an die Aufschlüsselung der Gebäudekosten nach Quadratmetern auf die einzelnen Hauptkostenstellen.

Aufschlüsselung von Kostenstellen-Gemeinkosten

Im Rahmen der **Kostenträgerrechnung** werden die für die einzelnen Kostenstellen ermittelten Kosten zunächst auf die Leistungsarten (z. B. Stücke) weitergewälzt. Zu einer derartigen **Aufschlüsselung von Kostenträger-Gemeinkosten** kommt es beispielsweise dann, wenn man die Kosten einer Universalmaschine nach den Grundsätzen der Maschinenstundensatz-Rechnung den auf der betreffenden Maschine in wechselnder Fertigung zeitlich nacheinander bearbeiteten Produktarten anlastet, wie dies in Abb. 2.1.1 am Beispiel der Kostenstelle B für die Erzeugnisarten U, V, W und X schematisch dargestellt wird. In bezug auf diese einzelnen Leistungsarten sind insbesondere die für die Bereithaltung der Universalmaschine anfallenden **Fixkosten** echte Gemeinkosten, denn ihre Höhe wird in keiner Weise davon beeinflußt, welche Produktsorten auf dieser Maschine bearbeitet werden.

Aufschlüsselung von Kostenträger-Gemeinkosten

Ein Sonderfall ist die Aufschlüsselung **variabler Gemeinkosten** der Kostenträger, wie sie insbesondere bei der Kuppelproduktion vorkommt, also dort, wo in einem Produktionsprozeß technisch zwangsläufig mehrere Produkte anfallen. Beim Ablauf eines solchen Prozesses entstehen zwar in der Regel auch variable, von der Gesamt-Produktionsmenge des Kuppelproduktionsprozesses abhängige Kosten, doch stellen diese in bezug auf die jeweiligen Kuppelprodukte wegen der technisch zwangsläufigen Verbundenheit dieser einzelnen Leistungsarten ebenfalls Gemeinkosten dar. Im

Rahmen der traditionellen Vollkostenrechnung werden regelmäßig auch solche variablen Gemeinkosten mit Hilfe verschiedenartiger Schlüssel auf die einzelnen Produktarten aufgeteilt.

Fixkosten-Proportionalisierung

Die im Schrifttum am häufigsten angesprochene Form der Gemeinkostenschlüsselung ist die **Proportionalisierung fixer Kosten**. Sie erfolgt im Rahmen der **Kostenträgerstückrechnung**, wenn man die von der Produktions- bzw. Absatzmenge einer Periode völlig unabhängigen Kosten mittels Divisionskalkulation – also dadurch, daß man den gesamten Fixkostenbetrag der Periode durch die Anzahl der effektiv oder normalerweise (planmäßig) erzeugten bzw. abgesetzten Leistungseinheiten dividiert – gleichmäßig auf die Leistungseinheiten verteilt und so jedem einzelnen Stück einen anteiligen Betrag zuschlüsselt. Durch diesen Rechenschritt werden – so scheint es jedenfalls – Zeitkosten in Stückkosten umgewandelt.

Ermittlung von Netto-Erfolgen

Die in mehreren Phasen erfolgende Gemeinkostenaufschlüsselung ermöglicht es, für alle Kalkulationsobjekte (z. B. für einzelne Betriebsbereiche, Kostenträgergruppen, Kostenträger oder auch für einzelne Leistungseinheiten) „volle" Kosten zu ermitteln. Diese Vollkosten, und zwar insbesondere die der Kostenträgerarten und Leistungseinheiten, werden in den mit der Vollkostenrechnung operierenden Betrieben normalerweise den Erlösen der betreffenden Kalkulationsobjekte gegenübergestellt. Die Differenz zwischen den Erlösen und den Vollkosten eines Kalkulationsobjektes ist dessen **Netto-Erfolg**. Solche Netto-Erfolgsgrößen werden im System der Vollkostenrechnung als ein wichtiger Indikator für die Ertragskraft der verschiedenen Betriebsbereiche, Erzeugnisarten, Leistungseinheiten oder der sonstigen Kalkulationsobjekte angesehen.

Betriebsergebnisrechnung

Die Summe der Nettoerfolge aller Kostenträger eines Betriebes ergibt das sogenannte **Betriebsergebnis**. Angesichts der Tatsache, daß die in einer Periode produzierten Leistungsmengen nicht mit den abgesetzten Mengen übereinstimmen müssen, gibt es im System der Vollkosten- und Nettoerfolgsrechnung für die Ermittlung des Betriebsergebnisses zwei verschiedene Methoden.

Gesamtkostenverfahren

Für das **Gesamtkostenverfahren** ist kennzeichnend, daß man den gesamten Kosten der Abrechnungsperiode den Betriebsertrag dieses Zeitraums gegenüberstellt. Sieht man von aktivierten selbst erstellten Anlagen ab, so erhält man diesen Betriebsertrag, indem man den Umsatzerlösen jener Periode die zu den Herstellkosten bewerteten Zugänge des Bestandes an Halb- und Fertigfabrikaten hinzufügt bzw. indem man die ebenfalls zu Herstellkosten bewerteten Verminderungen des Bestandes an Halb- und Fertigerzeugnissen von den Umsatzerlösen der betreffenden Periode abzieht. Demgegenüber stellt man bei Anwendung des **Umsatzkostenverfahrens** den Umsatzerlösen der Periode die Kosten der effektiv abgesetzten Produktmengen gegenüber. Um das zu erreichen, muß man, wenn mehr gefertigt als verkauft wird, aus den Gesamtkosten der Periode die für die auf Lager produzierten Mengen angefallenen Kosten herausrechnen bzw., wenn der Verkauf die Produktion übersteigt, zu den Gesamtkosten der Periode den Wert der Bestandsminderungen hinzurechnen. Sofern für sämtliche gleichartigen Bestandsveränderungen die gleichen Wertansätze gewählt werden, führen beide Methoden letztlich zu denselben Ergebnissen.

Umsatzkostenverfahren

Verfahren der Gemeinkostenschlüsselung

Sieht man von dem eben angesprochenen, auf die Art der Erfolgsermittlung abstellenden Kriterium ab, so unterscheiden sich die verschiedenen Systeme der Vollkosten- und Nettoerfolgsrechnung vor allem durch das jeweilige **Verfahren der Ge-**

meinkostenschlüsselung. Einerseits liegen speziell im Rahmen der Kostenstellenrechnung dem Kostenstellenumlageverfahren, Kostenstellenausgleichsverfahren, Kostenträgerverfahren und den anderen Verfahren der Betriebsabrechnung sehr unterschiedliche Schlüssel für die Aufteilung der Gemeinkosten zugrunde. Andererseits unterscheiden sich auch die verschiedenen Verfahren der Kostenträgerrechnung (die Kalkulationsverfahren) insbesondere durch den Modus der Aufschlüsselung der Gemeinkosten auf die einzelnen Kostenträger.

Verfahrenskennzeichnend ist schließlich auch die dem jeweiligen System der Vollkostenrechnung zugrundeliegende **Art der Fixkosten-Proportionalisierung**. Werden die fixen Kosten der Periode auf die jeweils effektiv erzeugte Anzahl von Leistungseinheiten (bzw. auf die jeweils effektiv „verfahrene" Anzahl von Maschinenstunden) aufgeteilt, so spricht man von einer **Vollkostenrechnung auf Basis der Ist-Beschäftigung**. Ein solches Vorgehen hat zur Folge, daß die anteiligen Fixkosten je Leistungseinheit bzw. je Maschinenstunde um so niedriger (höher) sind, je besser (schlechter) der Betrieb beschäftigt ist. Dieser in mancher Hinsicht – vor allem unter preispolitischen Aspekten – nachteilige Effekt wird durch eine **Vollkostenrechnung auf Basis der Normal-Beschäftigung** vermieden. Für dieses Verfahren ist kennzeichnend, daß man der Proportionalisierung fixer Kosten die Normalbeschäftigung des Betriebes (z. B. den durchschnittlichen Beschäftigungsgrad vergangener Perioden oder die erwartete bzw. die für optimal gehaltene Beschäftigung) zugrundelegt.

Vollkostenrechnung auf Basis der Istbeschäftigung

Vollkostenrechnung auf Basis der Normalbeschäftigung

2.2 Mängel der Vollkosten- und Nettoerfolgsrechnungen

In den verschiedenen Systemen der Vollkostenrechnung werden die Kosten nicht so festgehalten bzw. abgebildet, wie sie sich tatsächlich in Abhängigkeit von ihren Haupteinflußfaktoren verhalten. Der wesentlichste, systemimmanente Mangel jeder Vollkostenrechnung resultiert aus der Tatsache, daß – und dies, wie erwähnt, in mehrfacher Form – eine **Gemeinkostenschlüsselung** vorgenommen wird. Die Ermittlung von Vollkosten für die einzelnen Kalkulationsobjekte führt nämlich nur zu einer scheinbaren Lösung der Kostenrechnungsaufgaben. Stückkostengrößen, Selbstkostenwerte für einzelne Produktarten und andere Vollkosteninformationen sind rechnerische Fiktionen, die in der Realität keine Entsprechung haben. Meist stehen für die Aufteilung von Gemeinkosten mehrere Schlüssel zur Diskussion. Die Entscheidung für die Auswahl und Anwendung eines dieser Gemeinkostenschlüssel ist jedoch stets mit Willkür behaftet.

Gemeinkostenschlüsselung als fundamentaler Mangel

Es gibt nämlich keinen Gemeinkostenschlüssel, für den man sachlich einwandfrei begründen könnte, daß er der allein richtige ist.

So lassen sich etwa Kosten, die gemeinsam für die Erstellung mehrerer Leistungen in Kauf genommen werden, wie beispielsweise die Kosten des Transports mehrerer Stückgüter durch einen LKW, nicht ohne Willkür auf diese verschiedenartigen Leistungen verteilen. Gleiche Einwände sind auch gegen die Aufschlüsselung der variablen Gemeinkosten eines Kuppelproduktions-Prozesses vorzutragen. Auch bei Anwendung bester Erfassungsmethoden lassen sich die bis zur Aufspaltung der Kuppelprodukte anfallenden Kosten nicht isoliert für die einzelnen Erzeugnisarten erfassen. Ebenso leicht ist einzusehen, daß z. B. die Abschreibungen einer Drehbank nicht ohne Willkür den auf einer solchen maschinellen Einrichtung nacheinander bearbeiteten unterschiedlichen Werkstücken zugerechnet werden können und daß auch der Aufteilung der allgemeinen Verwaltungskosten auf die einzelnen Erzeugnisse niemals ein als objektiv richtig beweisbarer Zurechnungsmodus zugrundeliegt. Schließlich gibt es für die Fixkostenproportionalisierung auch kein Kriterium, mit Hilfe dessen die richtige Basis-Beschäftigung bestimmt werden könnte. Die fixen Kosten werden eben nicht durch einzelne Leistungseinheiten verursacht, sondern durch Dispositionen ausgelöst, die auf Grund langfristiger Erwartungen über das Produktions- und Absatzvolumen getroffen werden. Solange die Kapazität und die Betriebsbereitschaft des Unternehmens unverändert bleiben, ändert sich die Höhe der Bereitschaftskosten nicht. Daß die in der herkömmlichen Kostenträgerrechnung ermittelten Stückkostengrößen neben direkt zurechenbaren Kosten auch zugeschlüsselte Kosten enthalten, ist für den unerfahrenen Betrachter nicht erkennbar. Da beide Kostenkategorien gleich behandelt werden, scheint es fälschlicherweise so, als seien auch die zugeschlüsselten Fixkosten für jede Leistungseinheit neu bzw. gesondert entstanden, während ihre Höhe in Wahrheit keineswegs von der (den) tatsächlich erbrachten Leistungsmenge(n) abhängt.

Die aus den genannten Gründen in all ihren Varianten stets fehlerhafte Gemeinkostenschlüsselung beeinträchtigt nicht nur den Aussagewert der für die einzelnen Kalkulationsobjekte ermittelten Vollkosten. Sie führt gleichermaßen auch zu einer **mangelhaften Aussagefähigkeit der Nettoerfolgsgrößen**, die man für Betriebsbereiche, Geschäftssparten, Produktgruppen, Produktarten, Leistungseinheiten und dergleichen ermittelt. Hieraus folgt:

mangelhafte Aussagefähigkeit der Nettoerfolgsgrößen

Die Vollkostenrechnung ist für die Vorbereitung und Kontrolle unternehmerischer Entscheidungen nicht geeignet.

So kann man z. B. nicht einmal in dem einfachen Fall des Einproduktbetriebes von den errechneten Nettostückgewinnen (über eine Multiplikation der Ausbringungsmenge) auf den Periodengewinn schließen, es sei denn, die der Nettostückgewinnermittlung zugrundeliegende Ausbringungsmenge stimmt gerade mit der in der Periodenrechnung zu kalkulierenden Menge überein. Ist diese Prämisse nicht erfüllt, ergeben sich **Fehler bei der Erfolgsplanung und Erfolgsanalyse**. Geht man bei der Erfolgsplanung von den Nettostückgewinnen aus, wird man entweder zu hohe oder zu niedrige Periodenergebnisse prognostizieren.

Fehler bei der Erfolgsplanung und Erfolgsanalyse

Die Nettostückgewinne sind also grundsätzlich nicht extrapolierbar, denn sie geben nicht an, wie sich der Gesamterfolg eines Unternehmens vermindert bzw. erhöht, wenn man eine Produkteinheit weniger bzw. mehr produziert.

Auch das liegt an der bereits grundsätzlich kritisierten Verrechnung anteiliger fixer Kosten auf einzelne Leistungseinheiten. Da die Höhe dieser Kosten zumindest auf kurze Sicht von einer Variation des Produktionsvolumens nicht beeinflußt wird, wird der Erfolgsbeitrag einer Leistungseinheit bei einer Orientierung an den Nettostückgewinnen grundsätzlich unterschätzt, was bei der Prognose der erfolgsmäßigen Auswirkungen von Veränderungen des Produktions- und Absatzvolumens zu gravierenden Fehlinterpretationen führen kann.

In diesem Zusammenhang wird ein weiterer grundsätzlicher Mangel der Vollkostenrechnung evident:

In der Vollkostenrechnung fehlt eine Aufspaltung der Kosten in fixe und variable Bestandteile.

fehlende Kostenspaltung

Da keine solche Kostenspaltung vorgenommen wird, ist es im System der Vollkostenrechnung unmöglich, die kritische Ausbringungsmenge (die „Nutzschwelle") zu bestimmen, also jene Menge, von der an sich die Herstellung und der Verkauf eines Erzeugnisses rentieren.

Gefahren für die Programmplanung und Programmanalyse

Aus den genannten Gründen ist es auch gefährlich, wenn man sich im Rahmen der **Programmplanung und Programmanalyse** an den Nettostückgewinnen orientiert, wenn man also z. B. Erzeugnisse mit negativem Stückgewinn aus dem Programm streicht und andererseits vor allem Produkte mit besonders hohen Stückgewinnen im Rahmen der Verkaufsaktivitäten forciert. So ist es etwa durchaus möglich, daß ein „Verlustprodukt" in Wirklichkeit (wenn man die ihm fälschlicherweise zugeschlüsselten Gemeinkosten außer acht läßt) durchaus noch einen positiven Beitrag zum Gewinn erbringt, daß also die Streichung von Erzeugnissen mit negativem Stücknettogewinn unter Umständen sogar zu einer Verschlechterung der Erfolgssituation des Unternehmens führt. Darüber hinaus können **falsche Vorstellungen über die Förderungswürdigkeit der einzelnen Leistungsarten** entstehen, weil die unter Orientierung an der Höhe der Nettostückgewinne gebildete Produkt-Rangfolge von der Wahl der Gemeinkostenschlüssel abhängig ist und weil – dies ist ebenfalls ein grundsätzlicher Mangel der Vollkostenrechnung – die **Inanspruchnahme der personellen, maschinellen und sonstigen Engpässe des Betriebes durch die einzelnen Produktarten völlig unberücksichtigt bleibt.**

Vernachlässigung betrieblicher Engpässe

Abb. 2.2.1 zeigt für einen Beispielbetrieb, auf den später noch näher eingegangen wird, den Aufbau einer kurzfristigen Erfolgsrechnung, die nach den Grundsätzen der Vollkosten- und Nettoergebnisrechnung erstellt wurde. Hierbei wurde eine Stufenkalkulation angewandt: Es erfolgte eine „Durchwälzung" der Kalkulationswerte durch die drei Fertigungsstufen (Zwischenproduktherstellung, Endproduktherstellung, Vertrieb). Für die Stellen der Endprodukterzeugung wurde dabei eine kombinierte Zuschlagskalkulation und Maschinenstundensatzrechnung durchgeführt (vgl. Zeilen 8 bis 14). In Zeile 20 werden die Stückergebnisse der einzelnen Produkte ausgewiesen. Diese sind aber aus den oben schon erläuterten Gründen für programmpolitische Entscheidungen und ebenso für eine Programmanalyse völlig ungeeignet.

Die nach traditionellen Grundsätzen aufgebaute kurzfristige Erfolgsrechnung des Beispielbetriebes läßt erkennen, daß die ermittelten Selbstkosten insbesondere wegen des problematischen Ansatzes von Stoff-, Verwaltungs- und Vertriebsgemeinkosten sowie wegen der Verrechnung der auf Vollkosten-Basis ermittelten Stundensätze im Rahmen der Kalkulation der Fertigungskosten für die Ermittlung aussagefähiger Umsatz- und Stückergebnisse nicht geeignet sind.

	Zwischenproduktherstellung	Stelle I					
	Zwischenprodukte	Σ	a	b	c	d	
1	Produktionsmengen (in LE)		220	248	150	80	LE
	Kosten des Rohstoffeinsatzes						
2	Rohstoff-Einzelkosten	16 892	4 730	6 002	3 878	2 282	
3	Stoffgemeinkosten 5 %	844	237	300	193	114	
	Fertigungskosten						
4	Stundensatz: 21,— DM/Std.	19 950	2 772	4 158	6 300	6 720	
5	**Herstellkosten der Zwischenprodukte**	37 686	7 739	10 460	10 371	9 116	
6	je LE		(35,18)	(42,18)	(69,14)	(113,95)	DM/LE

	Endproduktherstellung	Stelle II				Stelle III			
	Endprodukte	Σ	A	B	C	Σ	D_1	D_2	D_3	
7	Produktions- und Absatzmengen (in LE)		440	330	150		100	20	40	LE
8	**Kosten des Zwischenprodukteinsatzes**	28 570	7 739	10 460	10 371	9 116	4 558	1 823	2 735	
	Kosten des zusätzlichen Stoffeinsatzes									
9	Rohstoff-Einzelkosten	10 834	8 008	2 826		4 232	2 576	602	1 054	
10	Produktverpackungsmaterial	7 186	1 342	2 319	3 525	344	180	70	94	
11	Stoffgemeinkosten 5 %	901	468	257	176	228	138	33	57	
	Fertigungskosten									
12	Stundensatz Stelle II: 27,50 DM/Std.	43 368	26 620	11 798	4 950					
13	Stundensatz Stelle III: 15,60 DM/Std.					2 964	2 184	156	624	
14	**Herstellkosten d. Endprodukte**	90 859	44 177	27 660	19 022	16 884	9 636	2 684	4 564	

	Vertrieb	Stelle IV				Stelle V				Σ
15	Vertriebseinzelkosten	24 414	11 374	7 722	5 318	2 909	1 769	382	758	27 323
16	Verwaltungs- und Vertriebsgemeinkosten (in % der Herstellkosten, nach Vertriebsstellen differenziert)	18 171	8 835	5 532	3 804	2 533	1 445	403	685	20 704
17	**Selbstkosten der Endprodukte**	133 444	64 386	40 914	28 144	22 326	12 850	3 469	6 007	155 770
18	**Nettoerlöse der Endprodukte**	143 850	59 400	46 200	38 250	27 500	17 300	4 400	5 800	171 350
19	**Umsatzergebnis der Abrechnungsperiode**	+10 406	— 4 986	+ 5 286	+10 106	+5 174	+4 450	+ 931	— 207	+15 580
20	**Stückergebnis**		— 11,33	+16,02	+ 67,37		+ 44,50	+ 46,55	— 5,18	
21	Rang		(6)	(4)	(1)		(3)	(2)	(5)	

Abb. 2.2.1: Traditionelle kurzfristige Erfolgsrechnung – Selbstkosten, Umsatz- und Stückergebnis der Produkte des Beispielbetriebes – (Beträge: DM in der Periode bzw. DM je LE)

Gefahren für die Preiskalkulation

Wenngleich die verschiedenen Varianten der herkömmlichen, auch heute noch in weiten Bereichen der Praxis angewandten Vollkostenrechnung historisch gesehen in erster Linie für den **Rechnungszweck „Preiskalkulation"** entwickelt wurden, muß man bei einer Orientierung an den Anforderungen, die aus heutiger Sicht an die Preiskalkulation und Preispolitik zu stellen sind, zu der Auffassung gelangen, daß die Vollkostenrechnung diese Aufgaben nicht in befriedigender Weise erfüllt, daß mit ihrer Hilfe weder ein optimaler Angebotspreis ermittelt noch die Auskömmlichkeit vorgegebener Marktpreise überprüft werden kann. Sie ist auch nicht in der Lage, brauchbare Informationen über kostenmäßige Preisuntergrenzen zu liefern. Die wichtigsten der hierfür im einzelnen ausschlaggebenden Gründe werden im folgenden aufgelistet:

(1) Besondere Gefahren einer „anteiligen" Verrechnung von Bereitschaftskosten auf Basis der jeweiligen Ist-Beschäftigung

Gefahr der Orientierung an der Ist-Beschäftigung

Besonders gefährlich ist eine sich an den Selbstkosten orientierende Preiskalkulation dann, wenn die Bereitschaftskosten der einzelnen Kostenstellen grundsätzlich auf Basis der jeweiligen Ist-Beschäftigung auf die Kostenträger verrechnet werden. Diese Gefahren veranschaulicht die auf einen Einproduktbetrieb abstellende Abb. 2.2.2.

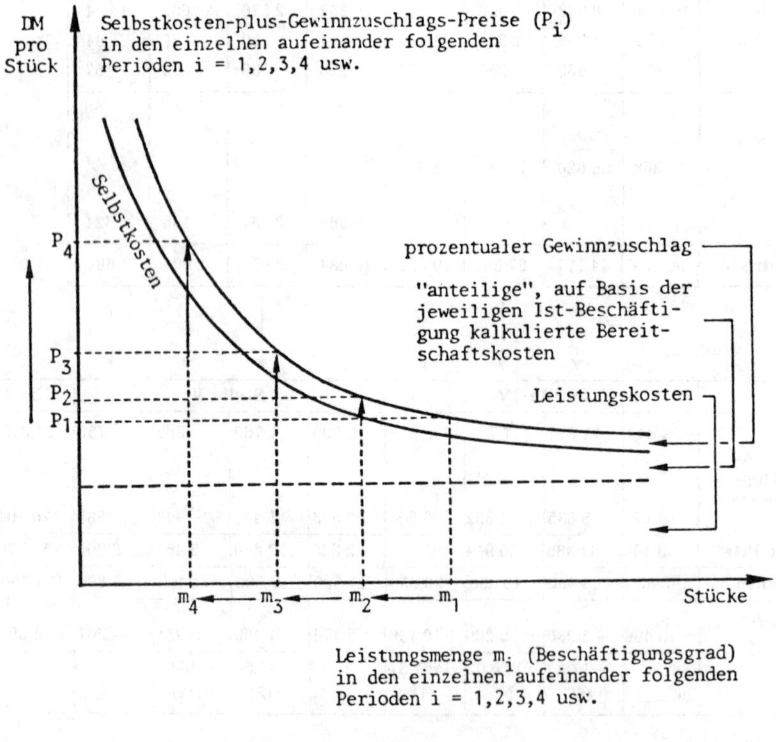

Abb. 2.2.2: Bei „anteiliger" Verrechnung der Bereitschaftskosten auf Basis der jeweiligen Ist-Beschäftigung speziell in Zeiten rückläufiger Beschäftigung besonders stark ausgeprägte Gefahr des „Sich aus dem Markt-Kalkulierens"

Das betreffende Unternehmen verkaufte in der ersten Planungsperiode die Menge m_1. Mit dem sich für diese Kapazitätsauslastung ergebenden „Selbstkosten-plus-Gewinnzuschlags-Preis" P_1 offerierte es sein Erzeugnis auch in der nächsten Planungsperiode. In dieser ging jedoch der Absatz – möglicherweise aufgrund eines zu hohen Preises oder auch wegen einer allgemein schlechten Marktlage – auf die Menge m_2 zurück. Dies führte, wenn die Fixkostenproportionalisierung stets auf die effektive Beschäftigung abstellt, zur Kalkulation eines höheren Preises, dessen Niveau bei P_2 liegt. Versucht der Betrieb, eine solche Preiserhöhung am Markt durchzusetzen, wird er auf noch größeren Widerstand stoßen. Es ist daher damit zu rechnen, daß man bei einem solchen Kalkulieren immer weniger mit den anderen Anbietern zu konkurrieren vermag und daß sich dadurch die Beschäftigungslage des eigenen Betriebes immer mehr verschlechtert. „Die Praxis hat Instinkt genug, um sich im ‚Ernstfalle', wenn der Selbstkostenpreis im Markt nicht durchsetzbar erscheint oder zu große Umsatzverluste in Kauf genommen werden müßten, nicht starr an die Selbstkostenpreise zu halten. Aber auch wenn man die Selbstkostenpreise nur als Richtwert betrachtet, der je nach Marktlage über- oder unterschritten wird, muß es dennoch als unbefriedigend angesehen werden, daß die abzudeckenden Gemeinkosten und der angestrebte Gewinn zunächst je Leistungseinheit schematisch errechnet vorgegeben werden und es dann den Verkaufsorganen von Fall zu Fall überlassen bleibt, mit den Kostenrechnern über mögliche Nachlässe zu feilschen. Gerade für die dazu erforderliche Ermittlung der verschiedenen Arten von Preisuntergrenzen ist jedoch die Vollkostenrechnung völlig ungeeignet"[1].

(2) Abhängigkeit des für eine Produktart kalkulierten Preises von der zum Kalkulationszeitpunkt noch unbekannten Zusammensetzung des gesamten Produktions- und Absatzprogramms

Abhängigkeit der Selbstkosten von der Programmstruktur

Die soeben für einen Einproduktbetrieb aufgezeigten Gefahren kommen, wenn man konsequent an einer allein kostenorientierten, die Bereitschaftskosten entsprechend des jeweiligen effektiven Beschäftigungsgrades auf die einzelnen Leistungen verrechnenden Kalkulation festhält, in analoger Weise auch bei Mehrproduktbetrieben zum Tragen. Zur Demonstration dieses Effektes ist in den Abbildungen 2.2.3 und 2.2.4 ein einfaches numerisches Beispiel wiedergegeben.

Abb. 2.2.3 muß bei demjenigen, der an die Richtigkeit von Vollkostenkalkulationen glaubt, den Eindruck erwecken, der Preis (Erlös) der Produktart X_1 sei so niedrig, daß bei diesem Erzeugnis keine Deckung der vollen Kosten erreicht wird. Demgemäß muß es einem solchen Kalkulator vorteilhaft (streng genommen sogar zwingend geboten) erscheinen, X_1 (sofern dessen Preis nicht erhöht werden kann) nicht länger herzustellen.

Welche Konsequenzen sich aus einem derartigen Verhalten unter sonst gleichen Umständen ergeben würden (bzw. hätten), veranschaulicht Abb. 2.2.4. Da in den Materialgemeinkosten, in den Maschinenstundensätzen der Fertigungskosten sowie in den Verwaltungs- und Vertriebsgemeinkosten Fixkosten enthalten sind, weil diese Kostenarten zumindest teilweise oder sogar vollständig remanent sind, reduzieren sich die betreffenden in Abb. 2.2.3 in den Spalten I, VI und XI und dort in den Zei-

1 Riebel, Paul: Die Preiskalkulation auf Grundlage von Selbstkosten oder von relativen Einzelkosten und Deckungsbeiträgen, in: Zeitschrift für betriebswirtschaftliche Forschung, 16. Jg. (1964), S. 548–612, hier S. 582.

	Spalten →	I	II	III	IV	V	VI	VII	VIII	IX	X	XI
1	Produktsparten	Sparte X					Sparte Y					$\sum$
2	Endprodukte	$\sum$		X_1	X_2	X_3	$\sum$		Y_1	Y_2	Y_3	
3	Produktions- und Absatzmenge (in Stück)			440	330	150			100	20	40	
	Materialkosten											
4	Rohstoffeinzelkosten	25.457		12.739	8.841	3.877	6.513		3.717	1.058	1.738	31.970
5	Produktverpackungsmaterial	7.186		1.342	2.319	3.525	344		180	70	94	7.530
6	Materialgemeinkosten	1.632	5,00%	704	558	370	343	5,00%	195	56	92	1.975
	Fertigungskosten											
7	Stundensatz Stelle I	13.230	(42,00)	2.772	4.158	6.300	6.720	(42,00)	3.360	1.344	2.016	19.950
8	Stundensatz Stelle II	43.368	(55,00)	26.620	11.798	4.950						43.368
9	Stundensatz Stelle III						2.964	(31,20)	2.184	156	624	2.964
10	Herstellkosten der Endprodukte	90.873		44.177	27.674	19.022	16.884		9.636	2.684	4.564	107.757
11	Vertriebseinzelkosten	24.414		11.374	7.722	5.318	2.909		1.769	382	758	27.323
12	Verwaltungs- und Vertriebsgemeinkosten (in % der Herstellkosten, nach Produktsparten differenziert)	18.174	20,00%	8.835	5.535	3.804	2.533	15,00%	1.445	403	685	20.707
13	Selbstkosten der Endprodukte	133.461		64.386	40.931	28.144	22.326		12.850	3.469	6.007	155.787
14	Nettoerlöse der Endprodukte	143.850		59.400	46.200	38.250	27.800		17.300	4.400	6.100	171.650
15	Umsatzergebnis der Abrechnungsperiode	+10.389		-4.986	+5.269	+10.106	+5.474		+4.450	+931	+93	+15.863
16	Stückergebnis			-11,33	+15,97	+67,37			+44,50	+46,55	+2,33	
17	Rang			(6)	(4)	(1)			(3)	(2)	(5)	

Beträge: DM in der Periode; Zeile 16: DM/Stück; Zeile 3: Stückzahlen; Zeile 17: Rangziffern;
Spalten II und VII: DM/Std. bzw. %-Sätze.

Scheinbar ist der Preis (Erlös) der Produktart X_1 so niedrig, daß keine Kostendeckung erreicht wird. Die Resultate der Vollkosten- und Nettoergebnisrechnung lassen es vorteilhaft erscheinen, diese Erzeugnisart - sofern keine Preiserhöhung möglich ist - aus dem Produktions- und Absatzprogramm zu streichen. Tab. 2 veranschaulicht die sich aus einer solchen Maßnahme ergebenden Konsequenzen.

Abb. 2.2.3: Analyse der „Preis-Kosten-Relationen" (kurzfristige Erfolgsrechnung) für einen Mehrproduktbetrieb mit zwei Produktsparten nach den Grundsätzen der traditionellen Vollkosten- und Nettoergebnisrechnung

	Spalten →	I	II	III	IV	V	VI	VII	VIII	IX	X	XI
1	Produktsparten	Sparte X					Sparte Y					Σ
2	Endprodukte	Σ		X_1	X_2	X_3	Σ		Y_1	Y_2	Y_3	
3	Produktions- und Absatzmenge (in Stück)			o	33o	15o			1oo	2o	4o	
	Materialkosten											
4	Rohstoffeinzelkosten	12.718			8.841	3.877	6.513		3.717	1.o58	1.738	19.231
5	Produktverpackungsmaterial	5.844			2.319	3.525	344		18o	7o	94	6.188
6	Materialgemeinkosten	1.114	6,oo%		67o	444	411	6,oo%	234	67	11o	1.525
	Fertigungskosten											
7	Stundensatz Stelle I	11.2o5	(45,oo)		4.455	6.75o	7.2oo	(45,oo)	3.6oo	1.44o	2.16o	18.4o5
8	Stundensatz Stelle II	27.4o5	(9o,oo)		19.3o5	8.1oo						27.4o5
9	Stundensatz Stelle III						2.964 =====	(31,2o)	2.184	156	624	2.964 =====
1o	Herstellkosten der Endprodukte	58.286			35.59o	22.696	17.432		9.915	2.791	4.726	75.718
11	Vertriebseinzelkosten	13.o4o			7.722	5.318	2.9o9		1.769	382	758	15.949
12	Verwaltungs- und Vertriebsgemeinkosten (in % der Herstellkosten, nach Produktsparten differenziert)	18.174 ======	31,18%		11.o97	7.o77	2.533 =====	14,53%	1.441	4o5	687	2o.7o7 ======
13	Selbstkosten der Endprodukte	89.5oo			54.4o9	35.o91	22.874		13.125	3.578	6.171	112.374
14	Nettoerlöse der Endprodukte	84.45o			46.2oo	38.25o	27.8oo		17.3oo	4.4oo	6.1oo	112.25o
15	Umsatzergebnis der Abrechnungsperiode	-5.o5o			-8.2o9	+3.159	+4.926		+4.175	+822	-71	-124
16	Stückergebnis				-24,88	+21,o6			+41,75	+41,1o	-1,78	
17	Rang				(5)	(3)			(1)	(2)	(4)	

Beträge: DM in der Periode; Zeile 16: DM/Stück; Zeile 3: Stückzahlen; Zeile 17: Rangziffern; Spalten II und VII: DM/Std. bzw.%-Sätze.

Unterstreichungen markieren teilweise remanente, doppelte Unterstreichungen voll remanente Kosten.

Abb. 2.2.4: Kalkulatorische Erfassung der kosten- und erfolgsmäßigen Auswirkungen der Eliminierung des scheinbaren „Verlustproduktes" X_1 bei konsequenter Anwendung der Grundsätze der traditionellen Vollkosten- und Nettoergebnisrechnung

len 6–8 sowie 12 ausgewiesenen Beträge bei Eliminierung des scheinbar Verlust bringenden Produktes X_1 nur geringfügig (gemäß dem Anteil der vom Beschaffungs-, Produktions- und Vertriebsvolumen abhängigen, variablen Kosten) auf die in Abb. 2.2.4 an den entsprechenden Stellen ausgewiesenen Beträge. Dies hat eine Erhöhung der Zuschläge für Materialgemeinkosten, bei Produktsparte X darüber hinaus auch des Zuschlags für Verwaltungs- und Vertriebsgemeinkosten und für die Fertigungskosten der Stellen I und II eine Erhöhung der Stundensätze zur Folge. Eine solche Kalkulation nach den Prinzipien der Vollkostenrechnung wirkt sich belastend auf die sonstigen im Produktions- und Absatzprogramm verbliebenen Endproduktarten aus. Im Beispielfall hat es zur Folge, daß nunmehr scheinbar auch die Preise (Erlöse) der Produktarten X_2 und X_3 nicht mehr zu einer Kostendeckung führen und daß der Betrieb in die Verlustzone geraten würde (bzw. geraten wäre). Beim Festhalten an den traditionellen Kalkulationsprinzipien der Vollkostenrechnung müßten demzufolge nunmehr – wenn Preiserhöhungen ausgeschlossen sind – auch die eben genannten Erzeugnisse aus dem Herstellungs- und Vertriebsprogramm gestrichen werden.

Wie die vorausgehenden Darlegungen erkennen lassen, kalkuliert der Vollkostenrechner ein neues Produkt in der Regel „ohne zu überlegen, welche Mengen abgesetzt werden können und produziert werden sollen und wie sich das neue Produkt in das bisherige Produktionsprogramm einordnet"[2]. Er übersieht also, daß in Mehrproduktunternehmen der für eine Produktart unter Orientierung an den Vollkosten kalkulierte Preis von der Zusammensetzung des gesamten Produktions- und Absatzprogramms abhängig ist. Dieses müßte also im Grunde bereits zum Kalkulationszeitpunkt bekannt sein. Solche Voraussetzungen liegen in der Praxis jedoch nicht vor. Die den Kalkulationen – insbesondere der Errechnung der Zuschlags- und Verrechnungssätze – implizit zugrunde liegenden Annahmen über die Beschäftigungslage des Gesamtbetriebes stimmen mit den sich später als effektiv erweisenden Verhältnissen allenfalls ausnahmsweise überein. Durch die Vollkostenrechnung wird daher keineswegs generell eine Deckung der Gemeinkosten sowie darüber hinaus die Erzielung des kalkulierten Gewinns sichergestellt.

(3) Unbefriedigende Ergebnisse auch bei einer sich an der Durchschnitts-, Normal- bzw. Optimalbeschäftigung orientierenden Kalkulation

Grenzen einer Orientierung an der Durchschnitts-, Normal- oder Optimalbeschäftigung

Es ist zwar erfreulich, daß heute immer mehr Unternehmen bei der Weiterverrechnung von Fixkosten auf Kostenträger nicht mehr auf den jeweils effektiven Beschäftigungsgrad, sondern auf die Durchschnitts-, Normal- oder Optimalbeschäftigung abstellen, so daß ein Ansteigen der Verrechnungssätze bzw. Gemeinkostenzuschläge bei rückläufiger Beschäftigung vermieden wird. Aber auch solche Kalkulationen bieten keineswegs einen sicheren Schutz vor Kostenunterdeckungen. Sind die auf diese Weise ermittelten „Selbstkosten-plus-Gewinnzuschlags-Preise" in Relation zur Nachfrage- und Konkurrenzsituation zu hoch, hat die betreffende Unternehmung häufig keine Chance, die angestrebte normale oder gar optimale Auslastung der personellen und maschinellen Kapazitäten zu erreichen. So kalkulierende Betriebe halten zwar

---

2 Riebel, Paul: Einzelkosten- und Deckungsbeitragsrechnung, 3., erweiterte Aufl., Wiesbaden 1979, S. 253.

ihre Preise hoch, müssen jedoch nicht selten erhebliche Nachfrageeinbußen hinnehmen, die sie trotz „sorgfältiger“ Kalkulation in die Verlustzone bringen. Andererseits verzichten Betriebe, die ihre Preisforderungen unmittelbar von den kalkulierten Selbstkosten ableiten, in Zeiten einer guten Marktlage häufig auf durchaus realisierbare Preiserhöhungen und somit auf die Erzielung von Gewinnen, die sie als Reserven für die Überbrückung von Jahren mit schlechten Betriebsergebnissen dringend benötigen.

(4) Vernachlässigung von Art, Lage und Ausprägungsintensität effektiver bzw. potentieller betrieblicher Engpässe

Besonders aus dem anhand der Abbildungen 2.2.3 und 2.2.4 erläuterten numerischen Beispiel dürfte unmittelbar hervorgehen, daß Produkte, die schlecht beschäftigte Kostenstellen durchlaufen, mit einem verhältnismäßig hohen (ins Gewicht fallende Anteile für Gemeinkosten enthaltenden) Verrechnungssatz belastet werden, während man den Leistungen vollbeschäftigter Fertigungsstellen über die Verrechnung von Zuschlägen oder Stundensätzen nur verhältnismäßig niedrige Gemeinkosten aufbürdet. Dies führt dazu, daß die ohnehin unterbeschäftigten Betriebsteile in Zukunft noch schlechter ausgelastet werden, während die Engpässe weiter überlastet bleiben. Es ist offensichtlich, daß dies jenen Anforderungen, die an eine ökonomisch richtige Preispolitik zu stellen sind, diametral entgegenläuft. Daß sich ein Unternehmen durch ein solches Vorgehen sukzessive aus seinen Märkten „herauskalkuliert“ und eine ungünstige Kapazitätsauslastung geradezu provoziert, ist unmittelbar einleuchtend.

Vernachlässigung von Engpässen

Weder die sich an der jeweiligen Ist-Beschäftigung orientierende Preiskalkulation noch das Kalkulieren von Selbstkosten und Preisen unter Orientierung an der Normal- bzw. Optimalbeschäftigung trägt der Art, der konkreten Lage und der Ausprägungsintensität betrieblicher Engpässe in befriedigender Weise Rechnung. Eine erfolgreiche Preis- und Marktpolitik setzt aber eine Differenzierung nach der Beschäftigungslage der jeweils relevanten Fertigungsstellen des Unternehmens voraus: In Zeiten der Unterbeschäftigung ist ein anderes preispolitisches Verhalten erforderlich als in Zeiten der Voll- bzw. Überbeschäftigung.

(5) Die Gefahr einer indirekten Preis- und Programmpolitik durch die für die Wahl der Gemeinkostenschlüssel und Kalkulationsverfahren verantwortlichen Mitarbeiter der Abteilung Kostenrechnung

Eine besonders große Gefahr für die Preis- und Programmpolitik resultiert daraus, daß über die Gemeinkostenschlüssel in der Regel allein unter rein kostenrechnerischen Aspekten fruchtlos gestritten und entschieden wird. Denn durch die Festlegung der Gemeinkostenschlüssel – und in analoger Weise durch die Entscheidung für ein bestimmtes Kalkulationsverfahren – wird innerhalb der Kostenrechnung indirekt (über die Beeinflussung der Selbstkostenpreise durch die Art der Verrechnung von Gemeinkosten) die Nachfrage nach den verschiedenen Produkten und somit das Produktions- und Absatzprogramm – mithin also die gesamte Beschäftigungslage des Betriebes – „gesteuert“, ohne daß die für die Gemeinkostenschlüsselwahl verantwortlichen Mitarbeiter der Abteilung Kostenrechnung diese oft gravierenden produktions- und betriebswirtschaftlichen Konsequenzen in ihre Überlegungen einbeziehen.

indirekte Preispolitik über die Modifikation der Gemeinkostenschlüsselung

(6) Zusätzliche Nachteile bei starker Dezentralisierung preispolitischer Entscheidungen

Wie an anderer Stelle schon angemerkt, kann man in der Praxis häufig feststellen, daß im Rahmen der Preispolitik an den ermittelten ,,Selbstkosten-plus-Gewinnzuschlags-Preisen" im Streben nach einer Adaption an die jeweiligen Marktverhältnisse nicht immer starr festgehalten wird. Auch dadurch können jedoch die aufgezeigten Mängel nicht voll ausgeglichen werden. Dies gilt insbesondere für jene Unternehmen, die vor allem wegen ihrer Größe preispolitische Entscheidungen weitgehend dezentralisiert haben. Sie sind gezwungen, mit innerbetrieblichen Verrechnungspreisen zu arbeiten. Werden diese auf Vollkostenbasis ermittelt, so ist ein an der ,,Peripherie" des Unternehmens operierender Disponent in der Regel nicht in der Lage, aus den ihm vorgegebenen Vollkosten-Verrechnungspreisen die für eine preispolitische Entscheidung nicht relevanten Kosten wieder ,,herauszurechnen", weil ihm meist nicht bekannt ist, inwieweit sich der Verrechnungspreis aus fixen und variablen Bestandteilen zusammensetzt. In stark dezentralisierten Unternehmen ist daher selbst dann, wenn die jeweiligen Entscheidungsträger der Vollkostenrechnung kritisch gegenüberstehen, ein rechtzeitiges Erkennen der beschriebenen Gefahren erschwert.

Grenzen des „Herausrechnens" irrelevanter Kosten

(7) Grenzen des „Nach-Kalkulierens" von Preisen der Konkurrenz

Eine gewisse Aussagekraft mag eine auf Vollkosten basierende Preiskalkulation allenfalls für jene haben, die mit Hilfe einer solchen Kalkulation ganz bewußt lediglich den wahrscheinlichen Preis eines ebenfalls nach den Prinzipien der Vollkostenrechnung kalkulierenden Mitanbieters erfassen wollen, um sich bei der eigenen Preisstellung hieran orientieren zu können. Dies setzt jedoch voraus, daß ein solcher Konkurrent nach dem gleichen Verfahren kalkuliert und zumindest annähernd dieselbe Kostenstruktur aufweist. Diese Prämissen sind allerdings auch innerhalb desselben Wirtschaftszweiges nur selten erfüllt.

Grenzen des ,,Nach-Kalkulierens" von Preisen der Konkurrenz

(8) Eingeschränkte Brauchbarkeit des traditionellen Kalkulationsschemas

Viele der im vorausgehenden angesprochenen Fakten sind auch bereits von anderen Wissenschaftlern und Praktikern kritisiert worden. Doch haben einige von ihnen aus dieser Kritik nur unzureichende Konsequenzen gezogen. So ist es z. B. mit den Grundprinzipien der Deckungsbeitragsrechnung nicht vereinbar, wenn W. Roth empfiehlt, die Lohnkosten nach der Vorgehensweise der Äquivalenzziffernrechnung auf die einzelnen Leistungseinheiten, die in einer Kostenstelle produziert werden, aufzuteilen: ,,Man ermittelt die veränderlichen Lohnkosten einer Abteilung, registriert zugleich die Stückzahlen der verschiedenen Erzeugnisse, die in dieser Abteilung bearbeitet werden, und berechnet mit Hilfe von Äquivalenzziffern den Lohnkostenanteil, der auf eine Erzeugniseinheit entfällt"[3].

Ungeeignetes herkömmliches Kalkulationsschema

Andere Autoren verzichten demgegenüber zwar prinzipiell auf eine Aufschlüsselung von Fixkosten bzw. Gemeinkosten, wenden aber nach wie vor das übliche Kalkulationsschema – dies dann aber lediglich auf variable Kosten abstellend – an. So gibt

3 Vgl. hierzu Roth, Werner: Deckungsbeitragsrechnung – Mittel zur wirtschaftlichen Sortimentsgestaltung, hrsg. von RKW, 4. Aufl., Berlin-Bielefeld-München 1972, S. 41.

es z. B. Kalkulationsvorschläge, die einen materialwertbezogenen Zuschlag für variable Materialgemeinkosten (z. B. Eingangsfrachten, Verpackungskosten usw.) vorsehen. Ein solches Vorgehen ist ebenfalls fehlerhaft, weil variable Kosten der eben genannten Art keineswegs (oder allenfalls teilweise) eine Funktion des Materialwertes sind. In Preiskalkulationen dürfen stets nur die für Preisentscheidungen relevanten Kosten einbezogen werden. Die Erfüllung dieses Postulats erfordert nicht nur unter inhaltlich-materiellen Aspekten, sondern auch unter kalkulationstechnisch-formellen Gesichtspunkten eine Abkehr von den einschlägigen Vorgehensweisen der Vollkostenrechnung. In diesem Sinne kann auch das von K. H. Engel empfohlene Vorgehen zu keinen brauchbaren Ergebnissen führen. Er schlägt vor, sich bei der Kalkulation eines neuen Artikels grundsätzlich am durchschnittlichen Deckungsgrad (gemeint ist die für das gesamte Produktions- und Absatzprogramm des Unternehmens ermittelte – also durchschnittliche – Relation zwischen Deckungsbeitrag und Umsatz) zu orientieren[4].

(9) Fehlen einer Differenzierung nach der Fristigkeit preispolitischer Entscheidungen sowie nach der Beschäftigungslage des Betriebes

Fristigkeit und Beschäftigungslage als Determinanten der Kalkulation

Die herkömmliche Rechnung zur Ermittlung der Selbstkosten ist als ein Schema konzipiert, das möglichst universell anwendbar sein soll. Im Sinne dieser Schematisierung sieht es z. B. für Mehrproduktbetriebe vor, daß jede Erzeugnisart pro in Anspruch genommene Maschinenstunde die gleichen Kosten zu tragen bzw. dieselben Erlöse zur Deckung dieser Kosten zu erwirtschaften hat. Gerade hieraus ergeben sich jedoch gravierende Mängel. Wer eine ökonomisch sinnvolle Preispolitik betreiben will, muß dabei insbesondere eine Spaltung der Kosten in beschäftigungsunabhängige und beschäftigungsabhängige Elemente vornehmen und je nach der Fristigkeit solcher Entscheidungen und je nach der Beschäftigungslage des Betriebes unterschiedlich kalkulieren und in den Kalkül unterschiedliche Kalkulationselemente einbeziehen. Diesbezüglich liegt bei der Vollkostenrechnung ein Zirkelschluß vor: Die Höhe der Stückkosten, an denen sich die Preisforderungen orientieren sollen, hängt von der Beschäftigung des Betriebes ab. Diese ist aber ihrerseits wegen der Preiselastizität der Nachfrage wieder eine Funktion des verlangten Preises[5].

falsche Entscheidungen über Eigenfertigung und Fremdbezug

Ebensowenig geeignet ist das System der Vollkostenrechnung z. B. für die Fundierung von Entscheidungen im Rahmen der **Wahl zwischen Eigenfertigung und Fremdbezug**. So drängt sich z. B. für die Betriebe, die von der Eigenerzeugung zum Fremdbezug übergehen wollen, der Eindruck auf, man könne Eigenfertigungskosten in Höhe der kalkulierten Vollkosten einsparen, während in einem solchen Fall in Wirklichkeit auf kurze Sicht nur die kurzfristig variablen Kosten der Selbstherstellung wegfallen. Umgekehrt fallen beim Wechsel vom Fremdbezug zur Eigenherstellung, der vor allem in Zeiten der Unterbeschäftigung erwogen werden muß, im Gegensatz zu den Ergebnissen, die ein Vollkosten-Vergleich vortäuscht, für die Eigenfertigung meist nur rein erzeugungsabhängige Kosten zusätzlich an, also Beträge, die oft bei weitem nicht so hoch sind, wie die vollen Herstellkosten, welche

---

4 Vgl. hierzu im einzelnen Engel, Karl Heinz: Unternehmensplanung als Instrument der Gewinnoptimierung, Baden-Baden und Bad Homburg 1971, S. 49.

5 Siehe hierzu auch Männel, Wolfgang: Die Preisgestaltung muß elastisch sein, in: Blick durch die Wirtschaft, 15. Jg. (1972), Nr. 127, S. 5.

stets auch einen mehr oder weniger großen Anteil fixer Gemeinkosten enthalten. Daher wird in mit der Vollkostenrechnung operierenden Betrieben häufig ein an sich wirtschaftlicher Wechsel vom Zukauf zur Eigenherstellung unterlassen, mithin also von der Möglichkeit einer Verbesserung der Kapazitätsauslastung nicht Gebrauch gemacht. In besonderem Maße gilt dies für Großbetriebe, die unter Anwendung des Prinzips der Dezentralisierung Entscheidungsbefugnisse weitgehend delegieren und zu diesem Zweck den dezentralen Entscheidungsinstanzen Verrechnungspreise auf Vollkostenbasis vorgeben. Denn ein dezentraler Disponent ist in der Regel nicht in der Lage, aus solchen Vollkostenwerten die für die jeweilige Entscheidung eigentlich relevanten Kosten herauszurechnen.

2.3 Die Problematik der Kostenzurechnung

Die im vorausgehenden Abschnitt aufgezeigten Mängel und Gefahren der Vollkosten- und Nettoerfolgsrechnung offenbaren die Problematik der Kostenzurechnung: Gemeinkosten lassen sich nicht ohne Willkür aufteilen, somit also auch den jeweils relevanten Kalkulationsobjekten – wie etwa vor allem den Kostenträgern – nicht eindeutig zurechnen.

Dennoch wurde für das System der Vollkostenrechnung in frühen Phasen seiner Entwicklung mit Nachdruck gefordert, die Kosten grundsätzlich nach dem **Verursachungsprinzip** weiterzuverrechnen. Viele Praktiker und Unternehmensberater sind auch der Auffassung, daß insbesondere die modernen Formen der Vollkostenrechnung (wie z. B. die Maschinenstundensatz-Rechnung) dem Verursachungsprinzip durchaus gerecht werden. Jedoch kann man zu einer solchen Meinung nur deshalb gelangen, weil der Begriff des Verursachungsprinzips, der von den Befürwortern der Vollkostenrechnung im Grunde nie präzise definiert wurde, ganz offensichtlich entschieden zu weit ausgelegt wird.

Verursachungsprinzip

Inzwischen hat man durch neuere betriebswirtschaftliche Untersuchungen, die bis zur philosophischen Interpretation der Begriffe Ursache bzw. Verursachung zurückgingen, überzeugend nachweisen können, daß bei den Gemeinkosten (insbesondere bei den fixen Kosten) eine Verrechnung bzw. Aufteilung nach dem Verursachungsprinzip unmöglich ist. Das gilt auf jeden Fall dann, wenn man dieses Prinzip *kausal* im Sinne einer Ursache-Wirkung-Beziehung auslegt. Denn Leistungen und Kosten stehen nicht in einem solchen Kausal-Zusammenhang. Doch deutet man das Verursachungsprinzip teilweise – und dies vor allem in letzter Zeit – auch final im Sinne von Mittel-Zweck-Beziehungen mit der Begründung, daß Kosten und Leistungen zueinander im Verhältnis von Mitteln und Zwecken stehen: Damit Leistungen erstellt werden können, müssen geeignete Produktionsfaktoren eingesetzt werden. So weist man beispielsweise darauf hin, daß der Anfall bestimmter Kosten der Betriebsbereitschaft das Mittel für den angestrebten Zweck der Erzeugung bestimmter Produkte ist, und daß es daher im finalen Sinne verursachungsgerecht erscheint, solche Kosten im Verhältnis der zeitlichen oder räumlichen Inanspruchnahme auf die einzelnen Leistungsarten bzw. Leistungseinheiten aufzuteilen. Doch führt ebenso diese Art der Kostenzurechnung, die mitunter auch **Veranlassungsprinzip** genannt wird, nicht zu brauchbaren Ergebnissen.

Veranlassungsprinzip

Das eben Ausgeführte gilt auch für das sogenannte **Durchschnittsprinzip**, das teilweise als Ersatzkriterium für das Kostenverursachungsprinzip vorgeschlagen wird. Man sollte es zweckmäßiger „Kostenanteilsprinzip" nennen, denn es führt nicht zur Berechnung echter Durchschnittskosten im Sinne der Statistik, sondern bedeutet z. B. nur, daß bei Einproduktfertigung zur Bestimmung der Stückkosten die gesamten Fixkosten der Periode einfach durch die Anzahl der in diesem Zeitraum produzierten bzw. abgesetzten Leistungseinheiten dividiert werden. Für Mehrproduktunternehmen ist dieser Verrechnungsmodus ohnehin nicht anwendbar. Für solche Fälle bemühte man sich daher, über die Bestimmung geeignet erscheinender Schlüsselgrößen Proportionalitätsbeziehungen zwischen Kosten und Leistungen herzustellen. Man nennt dies eine Verrechnung von Kosten nach dem **Proportionalitätsprinzip**. Materiell sind jedoch solche proportionalen Beziehungen zwischen Kosten und Leistungen bei den echten Gemeinkosten niemals vorhanden, so daß auch dieses Kostenverrechnungsprinzip abzulehnen ist, jedenfalls dann, wenn man bei dessen Beurteilung von den heute relevanten Rechnungszwecken, also von der entscheidungsorientierten Grundausrichtung des innerbetrieblichen Rechnungswesens ausgeht. Aus einer solchen Orientierung folgt nämlich, daß das eigentliche Kalkulationsobjekt die verschiedenen Entscheidungen des Unternehmens sind: Primäre Aufgabe des internen Rechnungswesens ist der Ausweis jener Kostenveränderungen, welche durch die ex ante zu beurteilenden bzw. ex post zu kontrollierenden Dispositionen hervorgerufen werden bzw. wurden. Dieser Rechnungszweck bestimmt letztlich das Kostenzurechnungsprinzip.

Durchschnittsprinzip

Proportionalitätsprinzip

Auf die einzelnen durch Entscheidungen festgelegten Handlungen sind demgemäß sämtliche Kosten zu projizieren, die sich aus den durch die Verwirklichung dieser Handlungen ausgelösten Kausalprozessen oder den hieraus resultierenden rechtlichen Folgen ergeben bzw. ergeben haben. Die Erfüllung dieses für das entscheidungsorientierte Rechnungswesen maßgeblichen Zurechnungsprinzips macht es notwendig, daß Grenzüberlegungen angestellt werden. Folgt man der Auffassung, daß sich der Begriff „Grenzkosten" nicht nur auf infinitesimal kleine Änderungen des Kostenvolumens bezieht, so kann man feststellen, daß für das entscheidungsorientierte Rechnungswesen letztlich das **Marginalprinzip** zum Zurechnungsprinzip wird. Damit ist folgendes gemeint:

Marginalprinzip

Einer einzelnen Leistung sind nur jene Kosten zuzurechnen, die durch deren Herstellung (bzw. durch ihren Absatz) zusätzlich ausgelöst wurden, oder – anders formuliert – die beim Verzicht auf Herstellung und/oder Absatz nicht angefallen wären. Dies sind die Einzelkosten jener Leistung.

Um eine solche stets eindeutige Zurechnung von Einzelkosten von den verschiedenen Prinzipien der mit Willkür behafteten Gemeinkostenschlüsselung auch begrifflich deutlich abzugrenzen, erscheint es zweckmäßig, letztere als **Kostenanlastungsprinzipien** zu bezeichnen. Eine anteilige „Anlastung" von Gemeinkosten kann z. B. auch nach dem **Kostentragfähigkeitsprinzip** erfolgen, d. h. derart, daß man sich dabei an der Belastbarkeit der jeweiligen Kalkulationsobjekte (z. B. der Leistungen) orientiert, die man gewöhnlich am Überschuß der Erlöse über die direkt zurechenbaren Kosten (Einzelkosten) mißt.

Kostenanlastungsprinzip

Kostentragfähigkeitsprinzip

Aufgaben Nr. 1 bis 4

1. *Welche Arten von Gemeinkosten werden innerhalb der Vollkostenrechnung aufgeschlüsselt und in welchen abrechnungstechnischen Schritten geschieht dies? Ergänzen Sie Ihre allgemeinen Ausführungen durch Beispiele!*
2. *Welche Nachteile ergeben sich aus der Proportionalisierung fixer Kosten für die Erfolgsprognose und Erfolgsplanung und welche kritischen Einwände sind aus dieser Sicht gegen die Vollkostenrechnung zu erheben?*
3. *Weshalb sind die Nettostückgewinne kein geeignetes Kriterium für die Zusammenstellung des Produktionsprogramms?*
4. *Welche besonderen Gefahren ergeben sich für eine Selbstkosten-plus-Gewinnzuschlags-Preiskalkulation, wenn die Fixkosten jeweils auf Basis der Ist-Beschäftigung verrechnet werden?*

3. Systeme von Teilkosten- und Bruttoerfolgsrechnungen

Der größte Teil der in Abschnitt 2.2 dargelegten Mängel und Gefahren der traditionellen Vollkosten- und Nettoerfolgsrechnung ist in der Vergangenheit (und zwar teilweise schon recht früh) vor allem Theoretikern der Kostenrechnung und der Betriebswirtschaftslehre, in jüngster Zeit aber auch weiten Bereichen der Praxis, bewußt geworden. Dies hat zur Entwicklung verschiedener Systeme der Teilkosten- und Bruttoerfolgsrechnung geführt. Ihnen ist als Hauptziel gemeinsam, die aus den Mängeln der Vollkosten- und Nettoergebnisrechnung resultierenden Gefahren des Treffens von Fehlentscheidungen zu vermeiden. Da diese Systeme jedoch sehr unterschiedlich ausgestaltet sind, müssen sie im folgenden getrennt behandelt und beurteilt werden.

3.1 Das einfache Direct Costing

Das Direct Costing wurde zwischen 1950 und 1960 in den USA als ein System der Teilkostenrechnung entwickelt und ist dann im Zuge seiner Einführung in die Praxis auch in Großbritannien und Deutschland auf großes Interesse gestoßen. Allerdings sind wesentliche Grundideen dieses Konzepts schon 1934 von Harris und in Deutschland teilweise noch früher von Schär und Schmalenbach, später vor allem von Rummel vorgetragen worden. Anerkennung und praktische Verbreitung fand das Direct Costing jedoch – wie erwähnt – erst einige Zeit nach dem 2. Weltkrieg.

geschichtliche Entwicklung

Trotz zahlreicher Übersetzungsversuche hat sich die Bezeichnung „Direct Costing" auch im deutschen wissenschaftlichen und praktischen Sprachgebrauch durchgesetzt, wenn auch teilweise von *„Direktkostenrechnung"* oder *„Grenzkostenrechnung"* gesprochen wird.

andere Bezeichnungen

„Direct" soll bei der Kennzeichnung dieses Systems besagen, daß auf die Produkte nur solche Kosten weiterverrechnet werden, die direkt mit der Beschäftigung des Betriebes variieren. Diese sind – und das ist irreführend – nicht mit den direkt zurechenbaren Kosten (Einzelkosten) identisch, sondern entsprechen den variablen Kosten. „Direct costs" sind hier also ein Synonym für „variable costs". Daher erscheint der teilweise in den USA übliche, in Deutschland jedoch kaum gebrauchte Terminus *„Variable Costing"* im Grunde treffender. Noch aussagefähiger wäre die Bezeichnung *„Proportionalkostenrechnung"*.

Das Direct Costing will speziell jene Mängel der Vollkosten- und Nettoergebnisrechnung vermeiden, die sich aus der Proportionalisierung fixer Kosten und der fehlenden Aufspaltung der Kosten in fixe und variable Bestandteile ergeben. Auf diese Weise sollen bessere, brauchbare Kosteninformationen für die Erfolgsplanung und Erfolgsanalyse, die Programmplanung und andere absatzpolitische Entscheidungen sowie für die Ermittlung von Preisuntergrenzen, die Überwachung der Betriebsgebarung und ähnliche Rechnungszwecke bereitgestellt werden. Insbesondere will das

Hauptziele des Direct Costing

Direct Costing die Beziehungen zwischen Umsatz, Kosten und Gewinn sachgerecht darstellen. Für die meisten amerikanischen Firmen war speziell dies der Hauptgrund für die Einführung des Direct Costing.

Wesensmerkmale und Erfolgskonzeption

Eines der wichtigsten systemimmanenten Merkmale des Direct Costing ist die **Auflösung der Gesamtkosten in (beschäftigungs-)fixe und (beschäftigungs-)variable Kostenelemente**. Dabei wird in der Regel von der Annahme eines linearen Gesamtkostenverlaufs ausgegangen. Dies bedeutet:

Die variablen Kosten werden im System des Direct Costing als proportionale Kosten interpretiert.

Man unterstellt also, daß für jedes Stück einer Leistungsart variable Kosten in derselben Höhe anfallen (konstante Höhe der Stückkosten). Für die Fixkosten wird eine reine Zeitabhängigkeit angenommen. Sie werden als Periodenkosten behandelt.

Das Direct Costing verzichtet bewußt auf die Ermittlung von Vollkosten und Nettoerfolgen für einzelne Leistungsarten und Leistungseinheiten. Seine **Erfolgskonzeption** wird hier zunächst am einfachen Beispiel des **Einproduktbetriebes** erläutert: Den einzelnen Leistungen (den Halb- und Fertigfabrikaten) werden in diesem System der Teilkostenrechnung nur die variablen Kosten zugerechnet. Die Differenz zwischen dem Erlös (Preis) einer Leistungseinheit (p) und deren variablen Kosten (k_v) ist eine Bruttoerfolgsgröße, die man **„Deckungsspanne"** bzw. **„contribution margin"** (d) nennt. Multipliziert man diese pro Leistungseinheit erzielbare Dekkungsspanne mit der Absatzmenge (m), so ergibt sich der in der betreffenden Abrechnungsperiode insgesamt erzielte Bruttogewinn. Von ihm werden die gesamten fixen Kosten der Periode (K_f) en bloc in Abzug gebracht, so daß sich folgende fundamentale Grundgleichung des Direct Costing für die Bestimmung des Periodengewinns (G) ergibt:

$$G = m \cdot \underbrace{(p - k_v)}_{d} - K_f.$$

Graphisch ist dieses Konzept in Abb. 3.1.1 dargestellt. Aus dieser Abbildung 3.1.1 sind die Beziehungen zwischen Absatz (Umsatz), Kosten und Gewinn deutlich ersichtlich. Vor allem kann man aus ihr entnehmen, ab welcher Menge (m_x) bei gegebenen Preisen und gegebener Kostenstruktur ein Gewinn erzielt wird, bzw. wann man bei einem Umsatzrückgang in die Verlustzone gerät.

In **Mehrproduktbetrieben** wird bei der Gewinnermittlung analog verfahren. Der Fixkostenblock wird nicht auf die verschiedenen Leistungsarten aufgeteilt, sondern global von der Summe der Bruttoerfolge der einzelnen Leistungsarten abgezogen, wie dies in dem einfachen Beispiel der Abb. 3.1.2 erläutert ist. Sie läßt auch den für Teilkostenrechnungen typischen retrograden Weg der Erfolgsermittlung erkennen.

Moderne Formen des Direct Costing differenzieren allerdings innerhalb der fixen Kosten insoweit, wie sich diese auf einzelne Kostenstellen oder Kostenträger direkt (als Einzelkosten) zurechnen lassen. Hierauf wird jedoch erst in den beiden nächsten Abschnitten näher eingegangen, da diese Differenzierung für die beiden anderen Formen der Teilkosten- und Bruttoerfolgsrechnung in besonderem Maße kennzeichnend ist.

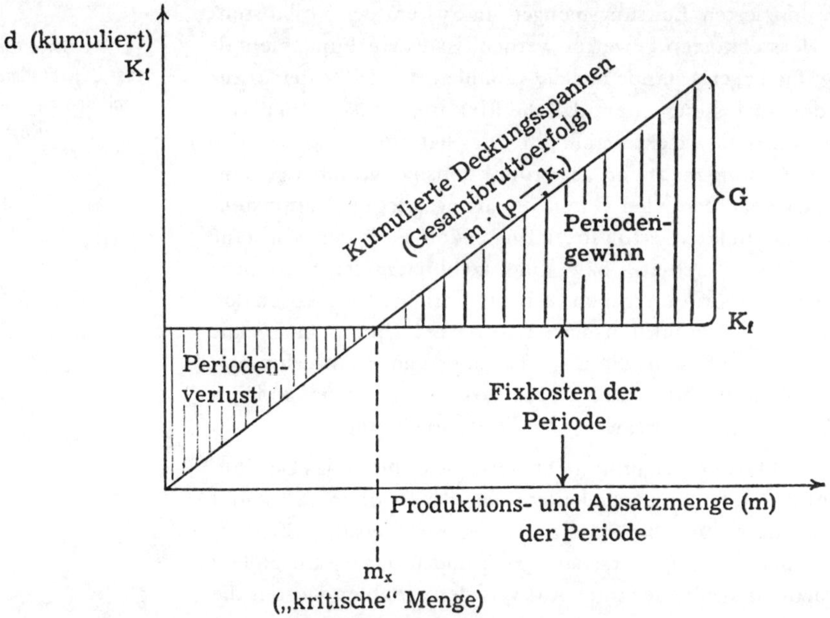

Abb. 3.1.1: Die Erfolgskonzeption des Direct Costing für den Einproduktbetrieb

Leistungs-arten →	Erzeugnis A (60 000 Stück)	Erzeugnis B (30 000 Stück)	Erzeugnis C (10 800 Stück)	Insgesamt DM
Erlöse	120 000,—	150 000,—	108 000,—	378 000,—
⁒ Variable (direkte) Kosten	96 000,—	70 000,—	84 000,—	250 000,—
Brutto-gewinn	24 000,—	80 000,—	24 000,—	128 000,—
⁒ Nicht auf-teilbare Fixkosten		⁒ 118 000,—		118 000,—
Netto-gewinn	—	—	—	10 000,—

Abb. 3.1.2: Die Erfolgskonzeption des Direct Costing für den Mehrproduktbetrieb)*

*) Dieses einfache Beispiel stammt von Schönfeld, Hanns-Martin: Kostenrechnung II, 6. Aufl., Stuttgart 1972, S. 81.

Während die auf Lager produzierten Leistungsmengen im System der Vollkostenrechnung mit den vollen Herstellkosten bewertet werden, ist es ein Fundamentalprinzip des Direct Costing, **für Lagerbestände nur die variablen Herstellkosten anzusetzen**. Man läßt sich von der Auffassung leiten, daß die Fixkosten stets jenen Perioden zuzurechnen sind, in denen sie effektiv anfallen. Dies hat zur Folge, daß der Periodengewinn beim Direct Costing **nicht von der Produktionsmenge abhängt**, sondern – solange die Preise der abzusetzenden Güter, die als proportional unterstellten variablen Kosten und alle anderen erfolgsbeeinflussenden Faktoren konstant bleiben – **allein eine Funktion des Absatz- bzw. Umsatzvolumens ist**. Besondere Probleme dieser Bewertungskonzeption ergeben sich in Betrieben mit saisonalen Schwankungen der Absatz- bzw. Produktionsmenge sowie bei Unternehmen mit langfristiger Einzelfertigung. Sofern sich die Lagerbestände einer Abrechnungsperiode erhöhen oder vermindern, führt das Direct Costing zu einem anderen Erfolgsausweis als die herkömmlichen Systeme der Vollkostenrechnung[6].

Bewertung der Lagerbestände mit den variablen Kosten

Das Direct Costing ist der Vollkostenrechnung nicht nur – wie durch das Gewinnschwellen-Diagramm der Abb. 3.1.1 schon angedeutet – bei der Erfolgsplanung und Erfolgsanalyse überlegen, sondern auch bei der Ermittlung von Preisuntergrenzen, bei der Produktpolitik, bei Make-or-Buy-Entscheidungen und in bezug auf andere Dispositionen. So vereinfacht z. B. der separate Ausweis der variablen Kosten die Bestimmung kurzfristiger Preisuntergrenzen, und die Ermittlung der Deckungsspannen (Bruttoerfolge) für einzelne Leistungsarten und Leistungseinheiten schafft günstige Voraussetzungen für die Entscheidungen über die Zusammensetzung des Produktionsprogramms. Auf diese und die sonstigen Vorteile des Direct Costing soll jedoch nicht hier, sondern erst später näher eingegangen werden, da diese Vorzüge bei den in den beiden folgenden Abschnitten zu behandelnden Systemen der Teilkostenrechnung noch stärker ausgeprägt sind.

Vorteile des Direct Costing

Wenngleich das Direct Costing – wie eben erwähnt – gegenüber der herkömmlichen Vollkostenrechnung einige wesentliche Vorteile aufweist, so ist dieses System andererseits doch auch in mehrfacher Hinsicht zu kritisieren[7]:

Einwände gegen das Direct Costing

1. Gegen die dominierende Kategorisierung der Kosten nach ihrer *Abhängigkeit von der Beschäftigung* läßt sich einwenden, daß der Beschäftigungsgrad – ganz abgesehen davon, daß man bei seiner Messung oft auf erhebliche Schwierigkeiten stößt – *nur eine neben mehreren anderen wichtigen Kosteneinflußgrößen* ist, die (wie z. B. die Auftragszusammensetzung) im Direct Costing vollständig vernachlässigt werden.
2. Den meisten Varianten des Direct Costing liegt *keine sachgerechte Kostenspaltung* zugrunde, speziell insofern, als teilweise auch solche Kosten als variabel

fehlende Kostenspaltung

6 Zu den Unterschieden, die sich aus der andersartigen Bestandsbewertung im Direct Costing zwischen Vollkostenrechnung und diesem System der Teilkostenrechnung ergeben, vgl. vor allem Hummel, Siegfried: Die Auswirkungen von Lagerbestandsveränderungen auf den Periodenerfolg – Ein Vergleich der Erfolgskonzeptionen von Vollkostenrechnung und Direct Costing, in: Zeitschrift für betriebswirtschaftliche Forschung, 21. Jg. (1969), H. 2/3, S. 155–180.

7 Zu den folgenden kritischen Einwendungen gegen das Direct Costing vgl. vor allem auch Riebel, Paul: Systemimmanente und anwendungsbedingte Gefahren von Differenzkosten- und Deckungsbeitragsrechnungen, in: Betriebswirtschaftliche Forschung und Praxis, 26. Jg. (1974), S. 493–529, hier speziell S. 499 ff.

behandelt werden, die zumindest auf kurze Sicht als beschäftigungsunabhängig anzusehen sind. Hierzu gehören vor allem die Fertigungslöhne (präziser: die Zeitlöhne), die man als variabel einstuft, die aber in Wirklichkeit zu den Fixkosten zu zählen sind, weil man beim Einstellen der Arbeitskräfte gewöhnlich längerfristige vertragliche Bindungen eingehen muß und die gesetzlichen Kündigungsfristen eine vorzeitige Entlassung bereits eingestellter Arbeitskräfte unmöglich machen.

nicht proportionale variable Kosten

3. Ferner ist es *nicht gerechtfertigt, variable Kosten mit proportionalen Kosten gleichzusetzen*. So gibt es z. B. gerade in Form der eben betrachteten Kostenart „Fertigungslöhne" und ähnlicher Kostenarten auch solche Kosten, die mit dem Produktionsvolumen nur sprunghaft variieren, die also für größere Bereiche der Beschäftigung konstant bleiben und dann – beim Überschreiten eines bestimmten Beschäftigungsgrades – sprunghaft ansteigen. So gesehen werden im Direct Costing also doch noch bestimmte Teile kurzfristig fixer Kosten proportionalisiert. Ganz abgesehen davon ist der Gesamtkostenverlauf auch von der Art der Variation des Produktionsvolumens abhängig. Steigert ein Betrieb seine Ausstoßmenge, z. B. durch eine Erhöhung der Produktionsgeschwindigkeit (intensitätsmäßige Anpassung) oder etwa durch das zusätzliche Einschalten von meist im Vergleich zur Eigenfertigung kostspieligeren Fremdlieferanten (selektive Anpassung), so nehmen die variablen Kosten der Tendenz nach überproportional zu. Doch werden solche progressiven Kosten in der Literatur des Direct Costing nicht erwähnt. Allein aus diesen Gründen ist der Gesamtkostenverlauf – entgegen der fundamentalen Prämisse des Direct Costing – nicht linear. Man rechnet in diesem System daher häufig nicht mit echt proportionalen, sondern mit durchschnittlichen variablen Kosten – dies nicht zuletzt auch deshalb, weil vielfach nur der mengenmäßige Produktionsfaktor-Verzehr proportional zur Erzeugungsmenge ist, während die für die Produktionsfaktor-Bereitstellung anfallenden Entgelte (Auszahlungen bzw. Ausgaben) keine Proportionalität zum Produktionsfaktor-Verzehr aufweisen, wie dies etwa dann der Fall ist, wenn man beim Einkauf Mengenrabatte erhält oder wenn – man denke z. B. an den Energiebezug – mengenunabhängige, periodenbezogene Pauschalpreise zu entrichten sind. Hinzu kommt schließlich außerdem, daß sich variable Kosten der Hilfskostenstellen nicht generell proportional zur Ausbringungsmenge der Hauptkostenstellen verhalten.

nicht proportionale Nettoerlöse

4. Analoges ist gegen die *unterstellte Proportionalität der Verkaufserlöse (Preise)* einzuwenden, die insbesondere dort, wo man von dem absatzpolitischen Instrument der Preisdifferenzierung Gebrauch macht, *nicht gegeben* ist.

variable Gemeinkosten

5. Da die Entwicklung des Direct Costing am einfachen Modell des Einproduktbetriebes ansetzte, kam es dazu, *daß dieses System der Teilkosten- und Bruttoerfolgsrechnung zu stark auf die Beschäftigungsabhängigkeit der Kosten und zu wenig auf deren Zurechenbarkeit abstellt*. So wird meist übersehen, daß keineswegs alle variablen Kosten den Leistungen direkt (als Einzelkosten) zugerechnet werden können, daß es also auch variable Gemeinkosten gibt, zu denen – wie an anderer Stelle schon erwähnt – vor allem die leistungsabhängigen Kosten eines Kuppelproduktionsprozesses gehören, beispielsweise aber auch die für einen „gemischten", d. h. aus mehreren Leistungsarten bestehenden Auftrag anfallenden Transport- und Verpackungskosten. Da solche variablen Gemeinkosten eben-

falls auf die Kostenträger verrechnet (aufgeschlüsselt) werden, ist die Aussagefähigkeit der Bruttoerfolge („Deckungsspannen") beeinträchtigt.

6. Aus der Erkenntnis, daß eine Fixkosten-Proportionalisierung zu falschen Ergebnissen führt, ist *nicht zwingend zu schließen, man müsse die Fixkosten en bloc (in ihrer Gesamtheit) den verschiedenen Leistungen des Betriebes gegenüberstellen.* Meist können Teile der Fixkosten durchaus einzelnen speziellen Bezugsobjekten, wie etwa einzelnen Betriebsbereichen, Kostenstellen, Kostenträger-Gruppen, Kostenträger-Arten, direkt (als fixe Einzelkosten) zugerechnet werden, wie dies allerdings in einigen modernen, mit den in den nächsten Abschnitten zu besprechenden Systemen der Teilkostenrechnung eng verwandten Varianten des Direct Costing auch geschieht. **undifferenzierter Fixkostenblock**

7. Schließlich ist gegen das Direct Costing noch einzuwenden, *daß die Problematik der Aufschlüsselung von Periodengemeinkosten nicht erkannt wird.* Es wird also unterstellt, daß sich *alle* Kosten einzelnen Abrechnungsperioden eindeutig zurechnen lassen. Dadurch wird die Aussagefähigkeit der für eine Periode ausgewiesenen Fixkosten problematisch, so daß sich unter anderem die Gefahr ergibt, daß im Rahmen von Gewinnschwellen-Analysen falsche Kostendeckungspunkte ermittelt werden. **Aufschlüsselung von Periodengemeinkosten**

8. Außerdem werden die *Fixkosten im Direct Costing nicht nach ihrer Abbaufähigkeit unterteilt*, es wird also nicht danach differenziert, ob man über bestimmte Arten fixer Kosten bereits kurzfristig oder erst langfristig disponieren kann. **disponierbare Fixkosten**

3.2 Die Fixkostendeckungsrechnung

Die Fixkostendeckungsrechnung wurde in Deutschland von Agthe und Mellerowicz konzipiert[8]. Da sie eine Weiterentwicklung und Ergänzung des im vorangehenden Abschnitt beschriebenen Direct Costing ist, sind hier nur ihre Besonderheiten gegenüber diesem schon besprochenen System der Teilkostenrechnung hervorzuheben.

Die Fixkostendeckungsrechnung unterscheidet sich vom Direct Costing, dem sie im Grundaufbau weitgehend entspricht, insbesondere dadurch, daß sie die Fixkosten des Betriebes nicht einfach en bloc (in ihrer Gesamtheit) den Bruttoerfolgen der verkauften Leistungen gegenüberstellt. Die Befürworter dieses Systems sehen in der Behandlung der gesamten Fixkosten des Unternehmens als undifferenzierten Block einen Rückschritt zu den summarischen Verrechnungsmethoden überkommener Abrechnungssysteme. Der notwendige Verzicht auf die Verrechnung von Fixkosten auf das einzelne Stück darf nach ihrer Auffassung nicht den Verzicht auf die Zuordnung bestimmter Teile der Fixkosten zu einzelnen Erzeugnisarten, Erzeugnisgruppen und anderen Kalkulationsobjekten zur Folge haben.

In diesem Sinne wird z. B. von Agthe darauf hingewiesen, daß es wenig zweckmäßig sei, die Kapitalkosten von Produktionsanlagen, die speziell für eine bestimmte

8 Zur Vertiefung des Stoffes wird vor allem auf folgende Quellen hingewiesen: Agthe, Klaus: Stufenweise Fixkostendeckung im System des Direct Costing, in: Zeitschrift für Betriebswirtschaft, 29. Jg. (1959), S. 404–418. – Mellerowicz, Konrad: Neuzeitliche Kalkulationsverfahren, Freiburg i. Br. 1966, S. 154–222 (2. Aufl., S. 169–249).

Erzeugnisart angeschafft wurden, z. B. mit dem Gehalt des für den gesamten Betrieb tätigen Pförtners „in einen gemeinsamen Topf" zu werfen. Die fixen Kosten der spezialisierten Produktionsanlagen hätten doch zweifellos zu dem Produkt, das auf diesen Anlagen erzeugt wird, eine wesentlich engere Beziehung als das Pförtnergehalt. Die Tatsache, daß beide Kostenarten Fixkosten sind, dürfe nicht zu einer rechnerischen Gleichbehandlung verleiten.

Aufspaltung des Fixkostenblocks in mehrere Fixkostenschichten

Aus den eben genannten Gründen wird der Fixkostenblock in verschiedene Teilblöcke, in **mehrere Fixkostenschichten** aufgespalten. Dies geschieht derart, daß man die Fixkosten innerhalb einer nach leistungswirtschaftlichen sowie institutionellen Aspekten differenzierenden Hierarchie von Kalkulationsobjekten jeweils dem Kalkulationsobjekt zurechnet, für das sie sich direkt als Einzelkosten erfassen lassen. Dabei werden – und dies muß betont werden – allerdings die Grenzen der direkten Zurechenbarkeit nicht überschritten, zumindest nicht im Rahmen der im System der Fixkostendeckungsrechnung ebenfalls retrograden Periodenerfolgsrechnung. Es wird also beispielsweise innerhalb der vergangenheitsbezogenen kurzfristigen Ergebnisrechnung keine Aufteilung der fixen Kosten auf einzelne Leistungsarten vorgenommen, da dies wiederum einer Gemeinkostenschlüsselung gleichkäme.

Im vorstehend genannten Sinne schlägt z. B. Mellerowicz vor, folgende – hier teilweise etwas anders genannte – Fixkostenschichten zu bilden:

einzelne Fixkostenschichten

(1) **Fixkosten einzelner Erzeugnisarten**

Hierher gehören z. B. pauschale Patentgebühren, die allein für eine Produktart anfallen, oder die Abschreibungen, Mieten und Zinsen sowie die sonstigen erzeugungsmengenunabhängigen Kosten einer spezialisierten Einproduktmaschine, mithin also solche Fixkosten, die der Gesamtstückzahl der betreffenden Produktart direkt zugerechnet werden können.

(2) **Fixkosten einzelner Erzeugnisgruppen**

Diese Kosten werden durch eine Gruppe von meist artähnlichen Produktsorten verursacht, würden also nur bei Eliminierung der betreffenden Produktgruppe aus dem Fertigungsprogramm fortfallen. Zu ihnen zählen solche Fixkosten, die sich zwar nicht für einzelne Erzeugnisarten, aber doch für die betreffende Erzeugnisgruppe als Ganzes direkt erfassen lassen, wie beispielsweise fixe Kosten für das Bereithalten einer Universalmaschine, auf der in wechselnder Fertigung mehrere verschiedene Leistungsarten bearbeitet werden.

(3) **Fixkosten einzelner Kostenstellen**

Fixkosten dieser Art lassen sich direkt nicht für einzelne Erzeugnisse und auch nicht für einzelne Erzeugnisgruppen erfassen, sondern nur für bestimmte Kostenstellen des Betriebes. Als Beispiel hierfür kann das Gehalt eines Meisters genannt werden, der allein für die Beaufsichtigung einer einzigen Kostenstelle verantwortlich ist.

(4) **Fixkosten einzelner Betriebsbereiche**

Dies sind Kosten, die wegfielen, wenn man die Tätigkeit eines bestimmten Betriebsbereichs völlig einstellen würde. Zu ihnen gehören beispielsweise die Abschreibungen eines Gebäudes, in dem mehrere Kostenstellen des Betriebsbereiches untergebracht sind, Gehälter für die technische oder kaufmännische Bereichsleitung und ähnliche Kostenarten.

(5) **Fixkosten der Gesamtunternehmung**

Das ist der unverteilbare Fixkosten-Rest des Gesamtunternehmens. Es sind Fixkosten, die für mehrere oder sogar alle Betriebsbereiche gemeinsam anfallen (wie die Kosten der Unternehmensleitung, die Kosten der Betriebsüberwachung usw.), die sich also keinem spezielleren Kalkulationsobjekt direkt zurechnen lassen.

Eine solche Differenzierung führt zu einer Erfassungshierarchie für die Fixkosten. Beim Aufbau dieser Hierarchie kann man unter Umständen noch weiter aufgliedern und so beispielsweise auch Fixkosten einzelner Kostenplätze gesondert erfassen. Man kann sich aber auch mit einer gröberen Unterteilung begnügen. So wird z. B. teilweise nur zwischen *speziellen*, einzelnen Erzeugnisarten oder -gruppen direkt zurechenbaren Fixkosten und *allgemeinen* Fixkosten unterschieden. In der Praxis muß man, wenn man den **Grad der Fixkostendifferenzierung** festlegt, Genauigkeitsaspekte und Wirtschaftlichkeitsgesichtspunkte gegeneinander abwägen.

Grad der Differenzierung des Fixkostenblocks

Wie die in der eben aufgeführten Aufzählung unter den Ziffern (1) und (2) genannten Fälle erkennen lassen, hat die für die Fixkostendeckungsrechnung typische Bildung von Fixkostenschichten zwangsläufig zur Folge, daß **fixe Kostenelemente** – anders als im Direct Costing – auch in die Kostenträgerrechnung eingehen, allerdings nur **in die Kostenträgerzeitrechnung**, dagegen niemals in die Kostenträgerstückrechnung. Gleichzeitig wird deutlich, daß die Fixkostendeckungsrechnung im Gegensatz zum einfachen Direct Costing unbedingt den Aufbau einer nach Zurechenbarkeitsgesichtspunkten differenzierenden Kostenstellenrechnung erforderlich macht.

Fixkosten in der Kostenträgerzeitrechnung

Aus den beschriebenen Differenzierungen im Bereich der leistungsunabhängigen Kosten folgt weiterhin eine **stufenweise Abdeckung der Fixkosten**, die unter sukzessiver Zusammenfassung der im System der Fixkostendeckungsrechnung auch „Deckungsbeiträge" genannten Bruttoerfolge von der am engsten spezialisierten Fixkostenschicht ausgeht und bis zur allgemeinsten Fixkostenschicht (den Fixkosten des Gesamtunternehmens) fortschreitet. Dieses Konzept der **mehrstufigen Aggregation von Deckungsbeiträgen**, das man mitunter auch mehrstufiges Direct Costing nennt, wird schematisch durch Abb. 3.2.1 erläutert (in der allerdings nur 3 Fixkostenschichten unterschieden werden: Erzeugnisfixkosten, Erzeugnisgruppenfixkosten und Unternehmensfixkosten):

stufenweise Abdeckung der Fixkosten

mehrstufige Aggregation von Deckungsbeiträgen

Im ersten Schritt wird für die einzelnen Erzeugnisarten (im Beispielfall A_1, A_2, B_1 und B_2) zunächst – wie im Direct Costing – der hier als Deckungsbeitrag I bezeichnete Überschuß der Nettoerlöse über die variablen Kosten ermittelt. Hiervon werden die für eine einzelne Erzeugnisart direkt erfaßbaren Fixkosten abgezogen. Man erhält dann Deckungsbeitrag II. Diese Bruttoerfolgsgröße gibt an, welche Gewinne beim Verzicht auf die Herstellung und den Absatz der betreffenden Leistungsart nicht angefallen wären (vorausgesetzt, man hätte in diesem Fall die für diese Leistungsart direkt erfaßbaren Fixkosten abbauen können). Faßt man die Deckungsbeiträge II einzelner Erzeugnisgruppen zusammen und zieht dann von der Summe

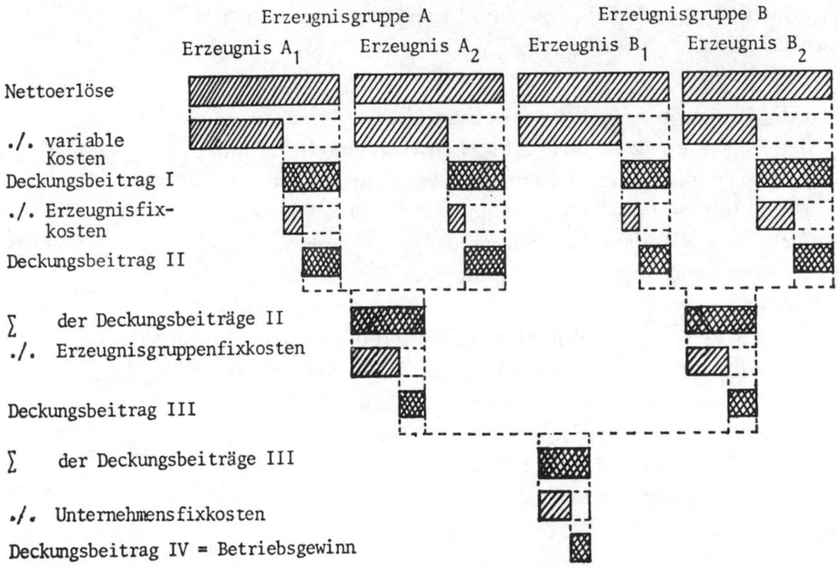

Abb. 3.2.1: Grundzüge des Erfolgskonzepts der Fixkostendeckungsrechnung)*

*) Dieses ursprünglich von Karl Weber stammende Schema ist entnommen aus: Schönfeld, Hanns-Martin: Kostenrechnung II, 6. Auflage, Stuttgart 1972, Seite 85.

dieser Bruttoerfolge die jeweiligen Erzeugnisgruppenfixkosten ab, so ergibt sich Deckungsbeitrag III, der über den Erfolgsbeitrag der gesamten Produktgruppe Auskunft gibt. Letztlich wird der Gesamtgewinn des Betriebes ausgewiesen. Er ist der Überschuß sämtlicher Erzeugnisgruppen-Deckungsbeiträge über die nur für das Unternehmen als Ganzes direkt erfaßbaren Fixkosten (Deckungsbeitrag IV).

bessere Einblicke in die Erfolgsstruktur des Unternehmens

Die Fixkostendeckungsrechnung will durch einen so konzipierten Erfolgsausweis **bessere Einblicke in die Erfolgsstruktur des Unternehmens** ermöglichen, indem sie offenlegt, ob und inwieweit die einzelnen Erzeugnisarten bzw. Erzeugnisgruppen über die Deckung der speziell durch sie verursachten Fixkosten hinaus auch noch zur Abdeckung der allgemeinen Fixkosten des Unternehmens sowie zur Erzielung des Gewinns beitragen bzw. beigetragen haben. Ein solches System der Teilkostenrechnung läßt, wenn tatsächlich eine sachlich richtige Zurechnung der Fixkosten erfolgt, ohne Zweifel besser als das einfache Direct Costing erkennen, welche Produkte des Sortiments zu fördern oder zu streichen sind bzw. in welchen Kostenstellen oder Betriebsbereichen man Stillegungen oder Erweiterungsinvestitionen zu erwägen hat. Es liefert vor allem **bessere Informationen für mittel- und längerfristige Dispositionen**, z. B. Informationen für Entscheidungen über die generelle Eliminierung von Produktarten aus dem Programm, dies deshalb, weil von solchen Dispositionen neben den variablen Kosten eben auch die Erzeugnisfixkosten betroffen werden, die sich, wenn auf die Herstellung einer Produktsorte gänzlich verzichtet wird, abbauen lassen. Allerdings sind gerade zur Fundierung von Entscheidungen dieser und ähnlicher Art in der Regel zusätzliche Sonderrechnungen erforderlich, weil man dabei auch die genauen Termine eines möglichen Fixkostenabbaus kennen muß. Diese gehen aber aus der Fixkostendeckungsrechnung nicht unmittelbar hervor: Es

bessere Informationen für mittel- und längerfristige Dispositionen

ist nicht direkt ersichtlich, welche Fixkosten kurzfristig und welche nur mittel- oder gar erst langfristig abbaufähig sind.

Agthe schlägt zusätzlich zu der Aufspaltung der Fixkosten nach ihrer Zurechenbarkeit eine **Differenzierung der Fixkosten nach ihrer Ausgabenwirksamkeit** (zumindest eine Unterscheidung in ausgabenwirksame und nicht ausgabenwirksame Fixkosten) vor, um gleichzeitig Liquiditäts- und Sicherheitsgesichtspunkten Rechnung zu tragen. Maßgeblich hierfür ist vor allem die Vorstellung, daß in bestimmten Ausnahmesituationen – z. B. bei der Festlegung der Preisuntergrenze für einen Auftrag in Zeiten der Liquiditätsknappheit – vorübergehend auf die Deckung der nicht bzw. nicht kurzfristig ausgabenwirksamen Kosten verzichtet werden kann, daß also ein positiver Deckungsbeitrag über die unmittelbar ausgabenwirksamen Kosten ausreicht. Gibt man dem Liquiditäts- und Sicherheitsdenken auch beim Aufbau der retrograden Erfolgsrechnung den Vorrang, so werden von den Erlösen nach den variablen Kosten stets zuerst die ausgabenwirksamen Fixkosten und erst dann in einem zweiten Schritt die nicht ausgabenwirksamen Fixkosten des betreffenden Kalkulationsobjektes abgezogen.

Differenzierung der Fixkosten nach ihrer Ausgabenwirksamkeit

Die im System der Fixkostendeckungsrechnung als Ergänzung vorgeschlagene Untergliederung der Kosten nach ihrer Ausgabennähe hat sich jedoch weitgehend als unfruchtbar erwiesen, da sie eine Finanzplanung nicht ersetzen, sondern hierfür allenfalls sehr grobe Anhaltspunkte liefern kann.

Skeptisch sind außerdem die Vorschläge für eine **progressive Kalkulation zum Zwecke der Angebotspreis-Ermittlung** zu beurteilen, die innerhalb des Systems der Fixkostendeckungsrechnung **mit Hilfe von stufenweise differenzierten Fixkostenzuschlägen** (entweder in % der jeweiligen Restdeckungsbeiträge oder in % der variablen Kosten) zu den vollen Stückkosten der Erzeugnisse hinführen soll:

progressive Kalkulation mit Hilfe von differenzierten Fixkostenzuschlägen

Ein Rechnen mit solchen prozentualen Zuschlägen kommt einem Rückschritt zu den Prinzipien der traditionellen Vollkostenrechnung gleich.

Anders als die Befürworter der Fixkostendeckungsrechnung meinen, kann dies niemals zu einer „hinreichend aussagefähigen" Selbstkostenermittlung führen.

In den übrigen Aspekten stimmt die Grundkonzeption der Fixkostendeckungsrechnung weitgehend mit der des Direct Costing überein, so daß hierauf an dieser Stelle nicht näher eingegangen werden muß.

3.3 Die Einzelkosten- und Deckungsbeitragsrechnung

3.3.1 Das Wesen der Einzelkosten- und Deckungsbeitragsrechnung

Die Einzelkosten- und Deckungsbeitragsrechnung[9], deren vornehmlich von Riebel getragene, Ende der fünfziger Jahre einsetzende Entwicklung weitgehend parallel zur Übertragung des anglo-amerikanischen Direct Costing auf deutsche Verhältnisse erfolgte,

ist in besonderem Maße entscheidungsorientiert, d. h. als Informationsquelle für die Untermauerung bzw. Kontrolle unternehmerischer Planungen und Dispositionen konzipiert.

Hauptziel der Einzelkosten- und Deckungsbeitragsrechnung

Als **Hauptziel** wird verfolgt, über den Ausweis verschiedener Deckungsbeiträge jene Änderungen des Erfolgs und seiner Komponenten offenzulegen, die sich als Folge bestimmter Entscheidungen bzw. infolge der Variation maßgeblicher Kosten- oder Erlös-Einflußgrößen ergeben haben oder ergeben werden.

Begriff des Deckungsbeitrags

Die Ausrichtung auf diese Zielsetzung erfordert eine präzise, sehr eng an den pagatorischen Größen „Ausgaben" und „Einnahmen" orientierte Festlegung des **Begriffs Deckungsbeitrag**: Der Deckungsbeitrag eines bestimmten Kalkulationsobjektes wird zwar zunächst als Überschuß der Einzelerlöse über die Einzelkosten definiert, dann aber sehr präzis festgelegt als der Überschuß jener Erlöse (bzw. Einnahmen) über jene Kosten (bzw. Ausgaben), die auf dieselbe (*identische*) Entscheidung zurückzuführen sind wie die Existenz des betreffenden Kalkulationsobjektes selbst. Hieraus wird das für die Einzelkosten- und Deckungsbeitragsrechnung maßgebliche, weitgehend dem marginalanalytischen Denken entspringende Zurechnungsprinzip deutlich, das Riebel **„Identitätsprinzip"** nennt.

Identitätsprinzip

Arten von Deckungsbeiträgen

Deckungsbeiträge im vorstehend dargelegten Sinne werden nicht nur für einzelne Leistungseinheiten oder Leistungsarten ermittelt, sondern auch für alle anderen angesichts der Informationsbedürfnisse des Unternehmens relevanten Untersuchungsobjekte, so z. B. auch für einzelne Aufträge, im Vertriebsbereich für Kunden, Kundengruppen, Absatzbezirke usw., ferner – wenn sich die Erlöse entsprechend zurechnen lassen – für bestimmte Betriebsbereiche und schließlich auch für einzelne Abrechnungsperioden (wie z. B. im Rahmen der kurzfristigen Erfolgsrechnung für einzelne Monate). Man berücksichtigt also möglichst alle für den Kosten- und Erlösanfall relevanten Entscheidungstatbestände (Kalkulationsobjekte). Auf der Leistungsebene werden Deckungsbeiträge insbesondere für einzelne Leistungseinheiten (als Stückdeckungsbeiträge), für Produktarten (als Erzeugnisbeiträge), für Produktgruppen (als Erzeugnisgruppenbeiträge) sowie für Aufträge (als Auftragsbeiträge) ermittelt, auf der institutionellen Ebene, soweit dies angesichts der sich für die

9 Als wichtige Quelle hierzu sei zunächst vor allem genannt Riebel, Paul: Einzelkosten- und Deckungsbeitragsrechnung, 3., erweiterte Aufl., Wiesbaden 1979. Weitere Quellenangaben sind innerhalb der Literaturhinweise zu finden.

Zurechenbarkeit von Kosten und Erlösen ergebenden Grenzen möglich ist, für einzelne Kostenstellen, Betriebsbereiche und profit centers und schließlich auf der zeitlichen Ebene für einzelne Monate (als Monatsbeiträge), einzelne Quartale (als Quartalsbeiträge), einzelne Halbjahre (als Halbjahresbeiträge) und schließlich für einzelne aufeinanderfolgende Jahre (als Jahresbeiträge).

Die Deckungsbeiträge treten demnach als Bruttoerfolge generell an die Stelle der im herkömmlichen System der Vollkostenrechnung ermittelten Nettoerfolge.

Ein Deckungsbeitrag darf niemals weiter aufgespalten bzw. aufgeteilt werden. Die von manchen Kritikern gestellte Frage, welcher Teil des Deckungsbeitrags für die Deckung der Gemeinkosten bestimmt ist und welcher Teil als echter Gewinn angesehen werden kann, läßt sich vor allem wegen der Unmöglichkeit einer Aufschlüsselung von Gemeinkosten grundsätzlich nicht beantworten. So läßt sich z. B. der einer Leistungseinheit „anzulastende" Betrag für Gemeinkosten niemals objektiv ermitteln. Es besteht daher kein gangbarer vernünftiger Weg, den als Gesamtgröße errechneten Deckungsbeitrag weiter aufzuspalten. Schematisch wird die Unzulässigkeit einer Aufspaltung von Deckungsbeiträgen durch Abb. 3.3.1.1 veranschaulicht.

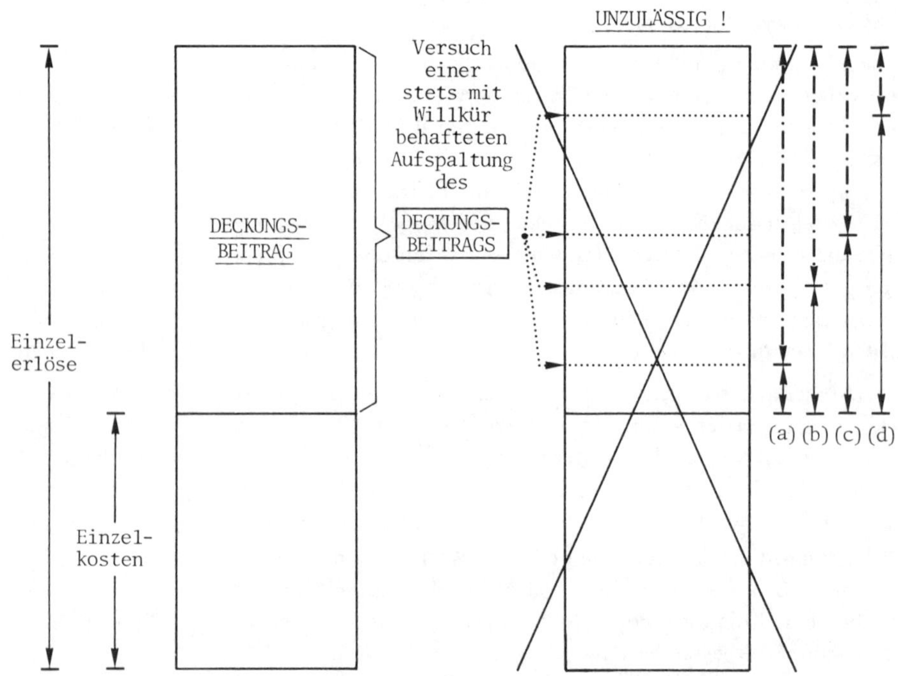

Bei der generell unzulässigen Aufspaltung des Deckungsbeitrags sich ergebende, jedoch wegen der grundsätzlich nicht als richtig beweisbaren Gemeinkosten-Schlüsselung stets willkürlich bleibende "vermeintliche" Nettogewinne (◄·—·—·►) und "vermeintliche" Beiträge zur Deckung der Fixkosten (◄————►) - schematisch dargestellt für vier Schlüsselungsalternativen.

Abb. 3.3.1.1: Schematische Darstellung der Unzulässigkeit einer Aufspaltung von Deckungsbeiträgen

3.3.2 Bildung von Kostenkategorien

Im System der Einzelkosten- und Deckungsbeitragsrechnung **spaltet man die Kosten** ähnlich wie in anderen Teilkostenrechnungssystemen **ebenfalls in leistungsabhängige und leistungsunabhängige Komponenten auf**, versucht dabei allerdings die viel zu grob und unbestimmt definierten Begriffe „variabel" und „fix" zu vermeiden. Stattdessen unterscheidet man zwischen

– den **Leistungskosten**, die in ihrer Höhe vom tatsächlich realisierten Leistungsprogramm abhängen, die auch kurzfristig (bei gegebenen Kapazitäten und festliegender Betriebsbereitschaft) automatisch mit Art, Menge oder Wert der erzeugten bzw. abgesetzten Leistungen variieren (**erzeugungsabhängige und absatzabhängige** Kosten), und

– den **Bereitschaftskosten**, die auf Grund von Erwartungen über das künftige Leistungsvolumen disponiert werden und demzufolge nur mit dem Auf- oder Abbau der Betriebsbereitschaft oder der Kapazität (mithin also nur längerfristig) eine Veränderung erfahren.

Aufspaltung der Kosten in Leistungskosten und Bereitschaftskosten

Im traditionellen System der Vollkostenrechnung wird auf eine derartige Kostenspaltung – von gewissen Ansätzen im Rahmen der flexiblen Plankostenrechnung und von einigen „modifizierten" Formen der Vollkostenrechnung abgesehen – prinzipiell verzichtet. Gerade das ist aber einer der Hauptgründe dafür, daß dieses herkömmliche Konzept der Kostenrechnung nicht imstande ist, die für das Treffen und Kontrollieren unternehmerischer Dispositionen erforderlichen Kosteninformationen zu liefern. Neuere produktions- und kostentheoretische Untersuchungen haben gezeigt, daß sowohl für die Untermauerung und nachträgliche Beurteilung kurzfristiger Entscheidungen als auch für die Vorbereitung und Überwachung langfristiger Entscheidungen eine Kostenspaltung im oben genannten Sinne erforderlich ist.

Für **kurzfristige Dispositionen**, die vor dem Hintergrund einer gegebenen Kapazität und einer gegebenen Betriebsbereitschaft getroffen werden müssen, sind grundsätzlich nur die Leistungskosten relevant.

Fristigkeit von Dispositionen

Demgegenüber beeinflussen zwar **langfristige Dispositionen** regelmäßig auch die auf kurze Sicht vom Produktions- und Absatzvolumen unabhängigen Bereitschaftskosten, doch vollziehen sich solche nur auf längere Sicht möglichen Kostenveränderungen unter völlig anderen Bedingungen und nach völlig anderen Gesetzmäßigkeiten als eine Erhöhung oder Verminderung der kurzfristig variablen Kostenelemente. Allein aus diesem Grund muß auch im Rahmen langfristiger Kalküle – z. B. im Rahmen von Break-even-Analysen für die Beurteilung eines Auf- oder Abbaus der Betriebsbereitschaft – sorgfältig zwischen den oben genannten Kostenkategorien differenziert werden.

Sowohl in der betriebswirtschaftlichen Theorie als auch in der Praxis wird häufig argumentiert, daß eine solche für die Anwendung der Deckungsbeitragsrechnung erforderliche **Bildung von Kostenkategorien** auf große, teils unüberwindliche Schwierigkeiten stoße und daß deshalb die Einführung der Deckungsbeitragsrechnung in der Praxis zum Scheitern verurteilt sei. Solche nach dem heutigen Stand der modernen Kostentheorie nicht mehr haltbaren Auffassungen kamen jedoch nur zustande, weil man sich an den beschränkten Möglichkeiten der **traditionellen Kostenauflösungsmethoden** orientierte.

„mathematisch-statistische" Kostenauflösung

Mathematisch-statistische Verfahren (einschließlich der „graphischen" Methode) sind eindeutig vergangenheitsorientiert. Sie basieren auf empirischen Informationen über die Höhe der Gesamtkosten (des Betriebes, einer Kostenstelle oder einer Kostenart), die bei unterschiedlich großen Leistungsmengen angefallen sind. Ihre einfachste Variante ist die Schmalenbachsche „Methode des proportionalen Satzes". Ihr liegt die Vorstellung zugrunde, man könne die Höhe der variablen Kosten pro Leistungseinheit einfach dadurch ermitteln, daß man die Gesamtkosten zweier verschiedener Beschäftigungsgrade voneinander abzieht und dann durch die Differenz der diesen Beschäftigungsgraden entsprechenden Leistungsmengen dividiert. Demgegenüber gehen die „statistischen" Verfahren regelmäßig von einer größeren Anzahl von Beobachtungswerten (Gesamtkosten unterschiedlicher Leistungsmengen) aus. Die Auflösung der Kosten in fixe und variable Bestandteile erfolgt dabei vor allem mit Hilfe der „Methode der kleinsten Quadrate" und ähnlicher Verfahren.

Grenz- und Residualkosten

Eine spezielle Variante der Kostenzerlegung, die an der „Methode des proportionalen Satzes" ansetzt und der prinzipiell (wenngleich nicht zwingend) die Annahme eines ertragsgesetzlichen Kostenverlaufs zugrunde liegt, ist die **Auflösung der Kosten in Grenzkosten und Residualkosten**. Ausgangsbasis hierfür sind zwar die in einer realen Beziehung zur Ausbringungsmenge stehenden Kosten, doch wird diese Beziehung **in den weiteren Schritten des Verfahrens** nicht aufrechterhalten: Im ersten Schritt bestimmt man die Grenzkosten der letzten (marginalen) Ausbringungs-Mengeneinheit bzw. zunächst auf Basis einer Differenzbetrachtung die zusätzlichen Kosten der letzten **„Produktionsschicht"** („Grenzschicht"). Über eine Division dieser **Schichtkosten** durch die **Schichtausbringung** wird der Kostenverlauf innerhalb der betreffenden „Produktionsschicht" proportionalisiert. Mit den so ermittelten, als **„Schicht-Stückkosten"** bezeichenbaren Grenzkosten wird die gesamte Leistungsmenge der Abrechnungsperiode bewertet. Sofern in einem Betrieb nicht ausschließlich leistungsmengenproportionale Kosten anfallen (und dies ist die Regel), sind die „Grenzkosten der Periodenleistung" – gemeint ist damit jener Betrag, der sich bei einer Bewertung der gesamten Leistungsmenge der Periode zu Grenzkosten der letzten Produktionsschicht ergibt – nicht mit den effektiv angefallenen Periodenkosten identisch. Daher werden die „Grenzkosten der Periodenleistung" in einem weiteren Rechenschritt von den effektiven Periodenkosten subtrahiert. Die verbleibenden „restlichen Kosten" sind die „Residualkosten der Periodenleistung". Sie entsprechen dem Abstand zwischen dem Schnittpunkt der Tangente an die Gesamtkostenkurve mit der Ordinate und dem Nullpunkt.

Kosten-elastizität

Die **Höhe der Residualkosten** hängt vom Kostenverhalten – von der **Kostenelastizität** (ϵ) – der Gesamtkostenfunktion ab. Das wird zunächst durch Abb. 3.3.2.1 und Abb. 3.3.2.2 anhand eines numerischen Beispiels für einen diskontinuierlichen Kostenverlauf und sodann verbal in allgemeiner Form anhand der Abb. 3.3.2.3 erläutert, wobei für die Gesamtkostenkurve ein ertragsgesetzlicher Verlauf, aufbauend auf einem Fixkostensockel, unterstellt wird. Lediglich dann, wenn die Periodenkosten **fix** sind, also bei einer Kostenelastizität von $\epsilon = 0$, sind die Residualkosten ebenso hoch wie die Fixkosten (**Fall I**). Für einen – bezogen auf die Gesamtkosten (einschließlich der Fixkosten) – **unterproportionalen** (degressiven) Verlauf der Periodenkosten, für eine Kostenelastizität $\epsilon < 1$ **(Fall II)**, ergeben sich stets posi-

Spalten → / Kostenverhalten ↓		1	2	3	4	5	6	7	8	9
				(2 : 1)				(6 : 5)	(1 · 7)	(2 - 8)
		Produktions- und Absatzmenge der Periode	gesamte Periodenkosten	anteilige Kosten pro Stück	"Produktionsschichten"	Produktions- und Absatzmenge der einzelnen "Produktionsschicht"	Kosten einer "Produktionsschicht" (Schichtkosten)	Grenzkosten je Stück für eine einzelne "Produktionsschicht"	Grenzkosten der Periodenleistung	Residualkosten der Periodenleistung
		(x_i)	(K_i)	(k_i)		$(x_i - x_{i-1})$	$(K_i - K_{i-1})$	(k'_i)	(K'_i)	(R_i)
I	fix	x_1 = 0	K_1 = 9.000	-	-	-	-	-	-	-
		x_1 = 0 x_2 = 100	K_1 = 9.000 K_2 = 9.000	- 90,00	(a)	100	0	0	0	+ 9.000
		x_2 = 100 x_3 = 200	K_2 = 9.000 K_3 = 9.000	90,00 45,00	(b)	100	0	0	0	+ 9.000
II	degressiv	x_3 = 200 x_4 = 300	K_3 = 9.000 K_4 = 9.200	45,00 30,67	(c)	100	200	2,00	600	+ 8.600
		x_4 = 300 x_5 = 400	K_4 = 9.200 K_5 = 9.700	30,67 24,25	(d)	100	500	5,00	2.000	+ 7.700
		x_5 = 400 x_6 = 500	K_5 = 9.700 K_6 = 10.600	24,25 21,20	(e)	100	900	9,00	4.500	+ 6.100
		x_6 = 500 x_7 = 600	K_6 = 10.600 K_7 = 12.000	21,20 20,00	(f)	100	1.400	14,00	8.400	+ 3.600
III	proportional	x_7 = 600 (x_8 = 650)*) x_9 = 700	K_7 = 12.000 (K_8 = 13.000) K_9 = 14.000	20,00 (20,00) 20,00	(g)	100	2.000	20,00	14.000	0
IV	progressiv	x_9 = 700 x_{10} = 800	K_9 = 14.000 K_{10} = 16.700	20,00 20,88	(h)	100	2.700	27,00	21.600	- 4.900
		x_{10} = 800 x_{11} = 900	K_{10} = 16.700 K_{11} = 20.200	20,88 22,44	(i)	100	3.500	35,00	31.500	-11.300

*) Der stück-kostenminimale Beschäftigungsgrad (Betriebsoptimum) liegt bei einer Produktions- und Absatzmenge von 650 Stück in der Periode bei Periodenkosten in Höhe von DM 13.000,-. Dieser Beschäftigungsgrad wird gleich 100 % gesetzt.

Abb. 3.3.2.1: Numerisches Beispiel für die Zerlegung der Kosten einer Periode in Grenzkosten und Residualkosten

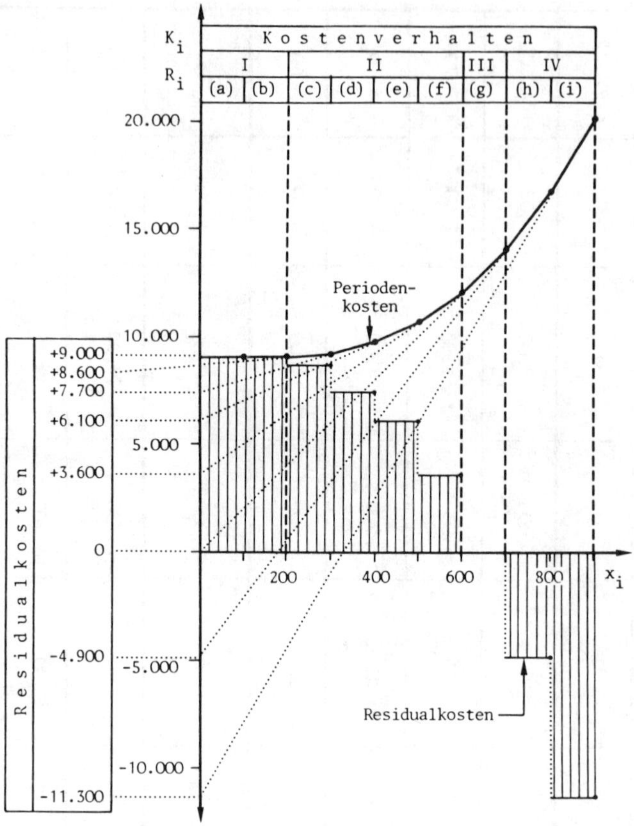

Abb. 3.3.2.2: Graphische Darstellung der Zerlegung der Kosten einer Periode in Grenzkosten und Residualkosten

Spalten → / ↓ Kosten-Verhalten		1	2	3	4	5
		Kosten-elastizität	Residual-Kosten der Perioden-Leistung	"Dek-kungs-grad" der Kosten*	"Sättigungs-grad" der Kosten	"Drang" zur Veränderung der Kapazitäts-auslastung
I	fix	ε = 0	gleich der Höhe der Fixkosten der Periode	keine Deckung	"total unge-sättigte" Kosten	intensiver Drang nach Mehrbeschäftigung
II	unterpropor-tional	ε < 1	positiv	Unter-deckung	"teilweise gesättigte" Kosten	Drang nach Mehrbeschäftigung
III	proportional	ε = 1	Null	Voll-deckung	"gesättigte" Kosten	Weder Drang nach Mehr- noch nach Min-derbeschäftigung
IV	überpropor-tional	ε > 1	negativ	Über-deckung	"über-sättigte" Kosten	Drang nach Minder-beschäftigung

* Verhältnis zwischen effektiven Gesamtkosten der Periode und für die Leistungsmenge der Periode insgesamt verrechnete Kosten

Abb. 3.3.2.3: Bedeutung der für „Kostenschichten" mit unterschiedlicher Kostenelastizität ermittelten Residualkosten

tive Residualkosten. Bei **proportionalen** Periodenkosten, also einer Kostenelastizität von $\epsilon = 1$, sind die Residualkosten gleich Null **(Fall III)** und bei einem – wiederum bezogen auf die Gesamtkosten (einschließlich der Fixkosten) – **überproportionalen** (progressiven) Kostenverlauf, dem eine Kostenelastizität von $\epsilon > 1$ entspricht, errechnen sich negative Residualkosten (**Fall IV**). Dies folgt zwingend daraus, daß man dann, wenn man tatsächlich sämtliche produzierten und abgesetzten Mengen der Abrechnungsperiode mit Grenzkosten bewertet, in den **Fällen I und II weniger**, im **Fall III** gerade **genauso viel** und schließlich im **Fall IV mehr** Kosten verrechnet, als in dem betreffenden Abrechnungszeitraum angefallen sind. Es kommt daher je nach relevantem Kostenverlauf zu einer **Unterdeckung, Volldeckung oder Überdekkung** der Periodenkosten.

Kosten-
verläufe

Die Befürworter einer Zerlegung der Gesamtkosten einer Periode in ,,Grenzkosten der Periodenleistung" und ,,Residualkosten der Periodenleistung" betrachten die Residualkosten (deren Höhe) als ökonomischen Indikator für das Maß der **Kapazitätsauslastung**; genauer: für den Grad der Abweichung von jenem Beschäftigungsgrad, bei dem mit minimalen Kosten pro Leistungseinheit produziert wird (Optimalbeschäftigung). **Vor dem Hintergrund dieses Rechnungszwecks muß die Auflösung der Kosten in Grenzkosten und Residualkosten gesehen werden.**

Als rechentechnische Restgröße dürfen die Residualkosten nicht mit den Fixkosten der Periode gleichgesetzt bzw. als fixe Kosten bezeichnet werden. Hieraus folgt, daß dieses spezielle Verfahren der Kostenzerlegung für den Aufbau der Deckungsbeitragsrechnung nicht geeignet ist.

„buchtechnische"
Kostenauflösung

Die **„buchtechnische" Kostenauflösung** erfolgt in der Form, daß alle verbuchten Kostenbelege von den Kostenrechnern daraufhin überprüft werden, ob die betreffenden Beträge zu den fixen oder variablen Kosten gehören. Welche Kriterien hierfür maßgeblich sind, wird jedoch in der einschlägigen Literatur meist nicht näher ausgeführt. Deshalb läßt sich auch nicht eindeutig sagen, ob dieses Verfahren allein auf den Erfahrungen der Vergangenheit oder zugleich auch auf zukunftsbezogenen Planungsüberlegungen basiert.

„planmäßige"
oder „mengenmäßige"
Kostenauflösung

So gesehen, steht dieses Verfahren zwischen der ausschließlich vergangenheitsorientierten mathematisch-statistischen Kostenspaltung und der vor allem in jüngerer Zeit von seiten der Betriebswirtschaftslehre immer mehr propagierten **„planmäßigen" oder „mengenmäßigen" Kostenauflösung**. Diese Methode geht in erster Linie von den theoretischen Erkenntnissen über die technischen Beziehungen zwischen Leistungsmengen und Kostengütereinsatzmengen (also von den ,,Verbrauchsfunktionen") aus und projiziert diese auf die Produktions- und Kostenpläne.

Die herkömmlichen Kostenauflösungsmethoden sind wenig geeignet, eine exakte Kostenspaltung zu erreichen. Vielmehr muß man die im folgenden genannten Grundsätze beachten, um zu einer brauchbaren Aufteilung der Kosten in Leistungs- und Bereitschaftskosten zu gelangen[10].

schrittweises
Vorgehen bei der
Kostenspaltung

Die Kostenspaltung erfordert ein **schrittweises Vorgehen**, das vor allem die folgenden Teilaufgaben bewältigen muß:

10 Die folgenden Ausführungen stützen sich weitgehend auf Männel, Wolfgang: Kostenspaltung, in: Management Enzyklopädie, Bd. III, München 1970, Sp. 1144–1151.

(1) Differenzierung der Gesamtkosten nach Kostenstellen bzw. Kostenplätzen,
(2) Weitere Differenzierung nach primären Kostenarten,
(3) Bezugnahme auf die relevanten Anpassungsarten und die Fristigkeit der Betrachtung,
(4) Trennung zwischen den Kosten für Gebrauchsgüter (Potentialfaktoren) und Verbrauchsgüter (Repetierfaktoren),
(5) Analyse der Kosten für Gebrauchsgüter unter Berücksichtigung des Verzehrs-Charakters der einzelnen Potentialfaktoren,
(6) Analyse der Kosten für Verbrauchsgüter unter Berücksichtigung der Preissysteme und der Bereitstellungspolitik.

Auf diese einzelnen Schritte wird im folgenden näher eingegangen.

(1) Differenzierung nach Kostenstellen bzw. Kostenplätzen

Bezugnahme auf Kostenstellen und Kostenplätze

Daß man bei der Kostenspaltung nach verschiedenen Kostenstellen bzw. Kostenplätzen differenziert, ist vor allem deshalb notwendig, weil kein einheitlicher Leistungsmaßstab für alle Kostenstellen des Betriebes gefunden werden kann. Die Leistungen der verschiedenen Stellen sind nicht streng miteinander korreliert, sondern weichen unter Umständen erheblich voneinander ab. Dies gilt speziell für Betriebe mit lagerfähigen Zwischen- und Endleistungen. Sie müssen Vertrieb und Produktion – und innerhalb des Produktionsbereichs die einzelnen Fertigungsstufen – bei der Kostenauflösung getrennt behandeln, mithin also innerhalb der Leistungskosten zwischen absatzabhängigen Kosten einerseits und – nach Leistungsstellen getrennt erfaßten – erzeugungsabhängigen Kosten andererseits unterscheiden.

(2) Differenzierung nach Kostenarten

Ansatz bei einzelnen Kostenarten

Die Notwendigkeit der Differenzierung nach Kostenarten, und zwar nach „natürlichen" (primären) Kostenarten ergibt sich deshalb, weil häufig – wenngleich nicht immer – bereits aus den besonderen Merkmalen einer Kostenart gewisse Schlüsse auf deren Zugehörigkeit zu einer der beiden Kostenkategorien „fix" und „variabel" gezogen werden können. Hierauf wird später näher eingegangen werden.

(3) Bezugnahme auf die für die Ausgestaltung des Rechnungswesens bedeutsamen Anpassungsarten und die Fristigkeit der Betrachtung

Wie sich eine Veränderung der Leistungsmenge auf die Höhe der Gesamtkosten einer Leistungsstelle auswirkt, hängt sehr stark davon ab, auf welche Weise der betreffende Betriebsbereich eine solche Variation seines Leistungsvolumens realisiert. Die jüngere Betriebswirtschaftslehre weist darauf hin, daß innerhalb produktions- und kostentheoretischer Analysen zumindest zwischen zeitlicher, intensitätsmäßiger und quantitativer Anpassung unterschieden werden muß. Für jede dieser Anpassungsformen ergibt sich ein anderer Kostenverlauf. Davon wird auch die Spaltung der Kosten in fixe und variable Bestandteile betroffen. Im Hinblick auf sie ist es vor allem nicht gleichgültig, ob man die Möglichkeiten der quantitativen Anpassung in die Betrachtungen einbezieht oder ausklammert.

Abstellen auf Anpassungsarten

Dies wird wiederum in erster Linie von der jeweiligen Fristigkeit dieser Betrachtungen bestimmt: Quantitative Anpassungsmaßnahmen erlangen in der Regel nur im Hinblick auf langfristige Dispositionen Bedeutung. Bei kurzfristigen Planungen muß man – wie eingangs schon erwähnt – meistens von einer unveränderlichen Betriebsbereitschaft ausgehen. Da die laufende Kosten- und Leistungsrechnung vornehmlich Informationen für die Vorbereitung und Kontrolle kurzfristiger Dispositionen zu liefern hat, erscheint es zweckmäßig, bei ihrem Aufbau für die Spaltung der Kosten in fixe und variable Bestandteile eine gegebene Betriebsbereitschaft zu unterstellen. Dies bedeutet, **daß nur solche Kosten als Leistungskosten (als variabel) behandelt werden, deren Höhe gewissermaßen „automatisch" (ohne zusätzliche Dispositionen über Kapazität und/oder Betriebsbereitschaft) mit der Leistungsmenge variiert.**

Die Bereitschaftskosten enthalten demgegenüber alle jene Beträge, die für die Beschaffung, Bereithaltung und Unterhaltung der Kapazitäten und der Betriebsbereitschaft aufgewandt werden.

(4) Trennung zwischen den Kosten für Gebrauchsgüter und Verbrauchsgüter

Art der eingesetzten Produktionsfaktoren

Ist der Weg für die Kostenspaltung durch die vorstehend erläuterten Differenzierungen und Festlegungen geebnet, so hilft in der Regel schon eine an der Art der eingesetzten Produktionsfaktoren (bzw. an deren Verzehrs-Charakter) anknüpfende deduktive Analyse der einzelnen Kostenarten erheblich weiter, und zwar zunächst zu der Unterscheidung zwischen:

- Kosten für die Beschaffung, Bereithaltung und Unterhaltung von Gebrauchsgütern (Potentialfaktoren) und
- Kosten für die Beschaffung und den Einsatz von Verbrauchsgütern (Repetierfaktoren).

Die weiteren Schritte der Kostenspaltung müssen für Potentialfaktoren und Repetierfaktoren getrennt erfolgen.

(5) Analyse der Kosten für Gebrauchsgüter (Potentialfaktoren)

Potentialfaktoren

Bei den Gebrauchsgütern kommt es darauf an, ob das „Nutzenbündel", das diese verkörpern, nur zeitbedingt, sowohl zeit- als auch nutzungsbedingt oder nur nutzungsbedingt „verzehrt" wird.

Kosten für **Potentiale, die allein zeitbedingt „verzehrt" werden**, stellen generell Bereitschaftskosten dar. Deren Höhe kann nur auf längere Sicht verändert werden.

Bei **Potentialen, die allein nutzungsbedingt „verzehrt" werden**, wird man normalerweise zu der Auffassung neigen, daß die Benutzung der betreffenden Gebrauchsgüter zum Anfall von Leistungskosten führt. Doch ist diese Meinung nicht generell zutreffend, sondern nur dann, wenn über relativ lange Zeit Bedarf an jenen Potentialfaktoren besteht, so daß diese (nach ihrer vollständigen Abnutzung) immer wieder erneuert (bzw. repariert) werden müssen. Unter diesen Bedingungen hat die Inanspruchnahme solcher Gebrauchsgüter eine Vorverlegung von Wiederbeschaffungs- bzw. Reparaturkosten zur Folge. Angesichts dieser Tatsache ist es prinzipiell richtig, wenn solche Kosten als „variabel" behandelt werden. Das geschieht durch Verrechnung von Standardsätzen für die gebrauchsbedingte Entwertung jener Einsatzfaktoren. Da solche Standardsätze oft nur recht grob geschätzt werden können, sollte man solche Kosten möglichst von den für die einzelnen Leistungen direkt erfaßbaren Kosten getrennt halten.

Steht von Anfang an fest, daß die Totalkapazität von allein gebrauchsbedingt verschleißenden Potentialen nicht voll ausgenutzt werden kann, weil deren Leistungen nur für relativ kurze Zeit erforderlich sind, muß man die für ihre Bereitstellung angefallenen Kosten meist als leistungsunabhängig betrachten, denn es liegen nahezu dieselben Verhältnisse vor wie bei Potentialen, die sich allein zeitbedingt entwerten.

Auf Kosten für **Potentiale, die sowohl zeitbedingt als auch nutzungsbedingt „verzehrt" werden**, stößt man beispielsweise dann, wenn die Nutzungsdauer einer Maschine nicht nur vom technisch-wirtschaftlichen Fortschritt, sondern in erheblichem Maße auch von der Intensität ihrer Benutzung mitbestimmt wird. Unter solchen Umständen wird man versucht sein, die Abschreibung in einen fixen und einen variablen Bestandteil aufzuspalten. Hierfür konnten aber bis heute noch keine wirklich brauchbaren Verfahren entwickelt werden. Doch wird dies auch in Zukunft nicht gelingen, weil sich die einerseits vom Gebrauch und andererseits vom Zeitablauf ausgehenden Entwertungswirkungen nicht addieren, wie dies bei einer Aufspaltung der Abschreibungen in fixe und variable Elemente unterstellt wird.

Auch die Frage nach der richtigen Behandlung der Instandhaltungs- und Instandsetzungskosten läßt sich in der Praxis meist nicht leicht beantworten, weil vielfach nicht genau festgestellt werden kann, ob und inwieweit eine solche Anlagenerhaltungs-Maßnahme der Beseitigung gebrauchsbedingter oder „natürlicher" (zeitbedingter) Verschleißerscheinungen dient. Vielfach wird jedoch die Variabilität bzw. Beschäftigungsabhängigkeit dieser Kosten durch die jeweils angewandte Instandhaltungspolitik bestimmt: Repariert man Maschinen und Apparaturen in festen Zeitintervallen, so müssen die hierfür aufzuwendenden Beträge als beschäftigungsunabhängige Kosten behandelt werden. Variable, beschäftigungsabhängige Instandhaltungs- bzw. Reparaturkosten liegen demgegenüber vor, wenn die Reparaturen z. B. jeweils nach Ablauf einer bestimmten Anzahl von Betriebsstunden oder jeweils nach dem Erstellen einer bestimmten Leistungsmenge durchgeführt werden.

Auch die Zinskosten sind nicht ausschließlich fix. Zum Teil ist ihre Höhe ebenso vom Produktions- und Absatzvolumen der Periode abhängig, da auch die Fertigungszeit und die Ausstandszeit der Forderungen einen Kapitalbedarf auslösen. Grundsätze für eine derartige differenzierte Kapitalbedarfs-Ermittlung werden von der Betriebswirtschaftslehre gegenwärtig erst im Rahmen der finanzwirtschaftlichen Produktionstheorie entwickelt. Nur über diese Ansätze läßt sich eine Aufspaltung der zunächst nur als „Mischkosten" erfaßbaren Zinskosten in fixe und variable Bestandteile erreichen.

(6) Analyse der Kosten für Verbrauchsgüter (Repetierfaktoren)

Die für die Bereitstellung bzw. für den Einsatz von Roh-, Hilfs- und Betriebsstoffen, Energien und anderen Verbrauchsgütern aufzuwendenden Beträge sind in der Regel zu den Leistungskosten zu zählen, und zwar einschließlich der beschaffungsbedingten Nebenkosten. Allerdings dürfen diese **Beschaffungsnebenkosten** (z. B. die Eingangsfrachten, die separat in Rechnung gestellten Verpackungskosten und dgl.) nicht einfach als proportionaler Zuschlag zum Materialwert erfaßt bzw. verrechnet werden, wie dies im traditionellen Rechnungswesen weit verbreitet ist, denn die effektive Höhe dieser beschaffungsbedingten Kosten steht keineswegs in einem pro- Repetierfaktoren portionalen Verhältnis zum Wert solcher Stoffe. Sie ist eher von Art und Menge der beschafften Güter sowie von den speziellen Beschaffungsbedingungen (z. B. vom Transportweg und den Transportverfahren) abhängig.

Beachtung der Preissysteme

Daß die Aufwendungen für Verbrauchsgüter in die Kategorie der Leistungskosten einzuordnen sind, gilt allerdings nur dann uneingeschränkt, wenn die betreffenden Beschaffungspreise mengenabhängig, so z. B. mengenproportional, sind. Enthält der zwischen dem Abnehmer und dem Lieferanten bestehende Vertrag auch mengenunabhängige, periodenbezogene Preiskomponenten, so sind diese pauschalen Entgelte zu den Bereitschaftskosten zu rechnen. Solche Preissysteme findet man in der Praxis z. B. beim Energiebezug vor.

Einfluß der Beschaffungs- und Lagerpolitik

Bei der Bestimmung der für die Kosten für Verbrauchsgüter zutreffenden Kostenkategorie ist auch die jeweilige Beschaffungs- und Lagerpolitik zu berücksichtigen. Wenn Repetierfaktoren in größeren Quanten auf einmal beschafft werden und dann für mehr oder weniger lange Zeit auf Lager liegen, sind diese „Lose" den Potentialfaktoren sehr ähnlich. Sie können auch allein durch den „Zahn der Zeit" an Wert verlieren (z. B. leicht verderbliche Güter). Eindeutig variabel sind diese Kosten lediglich dann, wenn solche Güter prinzipiell nur bei Bedarf in den erforderlichen Mengen bereitgestellt oder nur sehr kurzfristig gelagert werden.

Relevante Wertansätze

Darüber hinaus muß man auch danach differenzieren, ob die betreffenden Verbrauchsgüter erst noch beschafft werden müssen oder bereits auf Lager liegen. Im ersten dieser beiden Fälle bestimmen die Anschaffungskosten den Wertansatz. Im letzeren muß man weiter danach unterscheiden, ob diese schon vorhandenen Materialien dann, wenn sie verbraucht werden, in Zukunft wiederbeschafft werden müssen oder nicht. Löst der Verbrauch eine Wiederbeschaffung der entsprechenden Mengen aus, so bilden die Wiederbeschaffungskosten die kalkulatorische Grundlage. Dagegen sind als Kosten für den Einsatz solcher Verbrauchsgüter, die in Zukunft nicht wiederbeschafft werden (wie Abfälle, Restbestände u. dgl.), die bei einer anderweitigen Verwendung erzielbaren Deckungsbeiträge anzusetzen („Opportunitätskosten"). Bei Verwertung von Stoffen, die andernfalls unter Inkaufnahme zusätzlicher Kosten vernichtet werden müßten, gehen auf diese Weise in die Kalkulation „negative variable Kosten" – in Höhe der Ersparnisse an Vernichtungskosten – ein. Man kann diese Beträge „Opportunitätserlöse" nennen[11].

In Abb. 3.3.2.4 sind die vorangehenden verbalen Erläuterungen zur Aufspaltung der Kosten für Potential- und Repetierfaktoren nochmals schematisch zusammengefaßt.

Gefahr einer falschen Kostenspaltung

Manchen in letzter Zeit als „Deckungsbeitragsrechnung" vorgestellten Teilkostenrechnungssystemen liegt eine **falsche, für die praktische Anwendung gefährliche Kostenspaltung** zugrunde. Weit verbreitet ist vor allem der Fehler, daß man auch die Fertigungslöhne (in Form der Zeitlöhne) zu den leistungsabhängigen Kosten zählt, obwohl diese zumindest auf kurze Sicht eindeutig den Charakter von Bereitschaftskosten haben, weil es angesichts der heute gültigen gesetzlichen Bestimmungen unmöglich ist, Arbeitskräfte kurzfristig zu entlassen und weil dies die meisten Betriebe auch aus rein ökonomischen Gründen nicht tun, da es in der Regel sehr

11 Vgl. dazu auch Männel, Wolfgang: Möglichkeiten und Grenzen des Rechnens mit Opportunitätserlösen, in: Beiträge zur betriebswirtschaftlichen Ertragslehre, Festschrift für Erich Schäfer zum 70. Geburtstag, hrsg. von Paul Riebel, Opladen 1971, S. 201–245.

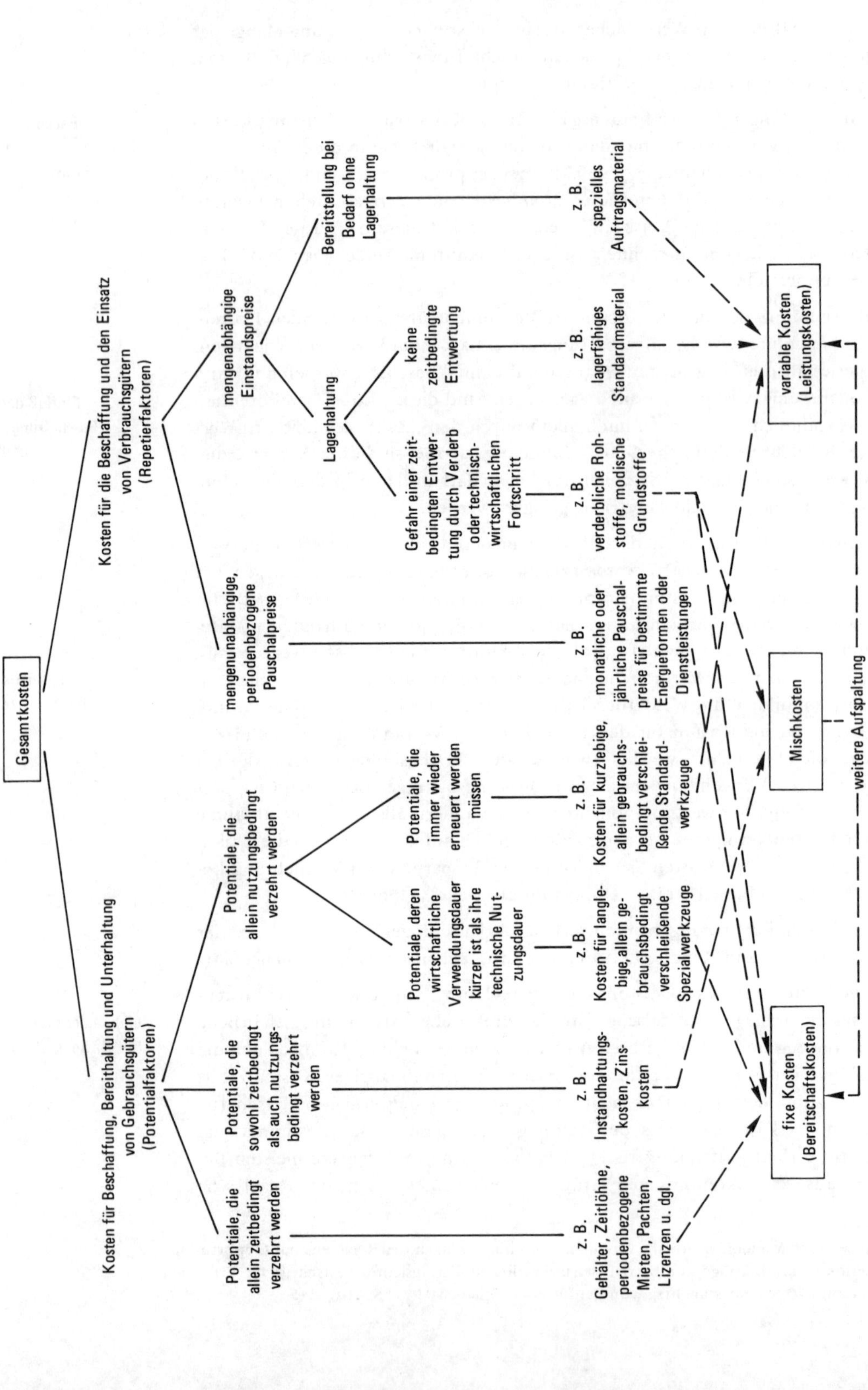

Abb. 3.3.2.4: Nach Potential- und Repetierfaktoren differenzierende Aufspaltung der Kosten in Leistungs- und Bereitschaftskosten

schwierig und kostspielig, mitunter sogar unmöglich ist, während der Rezession entlassene Arbeitskräfte später (wenn sich die Beschäftigungslage des Betriebes wieder gebessert hat) zurückzugewinnen.

3.3.3 Erfassung und Zurechnung der Kosten

Ein weiteres wichtiges Merkmal des in diesem Abschnitt behandelten Systems der Teilkostenrechnung ist die **Erfassung aller Kosten als Einzelkosten**. Diese wird durch die systemimmanente **Relativierung des Einzelkostenbegriffs** ermöglicht. Dieser Terminus wird nämlich – genauso wie der Begriff „Deckungsbeitrag" – nicht nur kostenträgerbezogen gebraucht, sondern grundsätzlich für sämtliche relevanten Kalkulationsobjekte. Maßgeblich hierfür ist die bereits im Konzept der Fixkostendeckungsrechnung anklingende Erkenntnis, daß jede Kostenart wenigstens einem Kalkulationsobjekt direkt zurechenbar sein muß, und sei es, daß dieses Zurechnungsobjekt das Unternehmen als Ganzes ist. Kosten, die in bezug auf sehr spezielle Kalkulationsobjekte Gemeinkosten sind, lassen sich so gesehen stets als Einzelkosten übergeordneter Kalkulationsobjekte erfassen. Im System der Einzelkosten- und Deckungsbeitragsrechnung ist daher der **Aufbau mehrstufiger Bezugsgrößenhierarchien** für die Erfassung aller Kosten als Einzelkosten vorgesehen. Diese müssen stets „problemadäquat" sein: Die Art der Untergliederung und die Detaillierung richten sich nach den Informationsbedürfnissen (Rechnungszwecken) und den vorliegenden produktions- sowie absatzwirtschaftlichen Verbundenheiten. Unter Umständen sind daher für den Kostenausweis mehrere Bezugsgrößenhierarchien nebeneinander erforderlich.

Erfassung aller Kosten als Einzelkosten

Aufbau mehrstufiger Bezugsgrößen-hierarchien

Beispiel für eine primär produktionswirtschaftlich-institutionell orientierte Bezugsgrößenhierarchie:

sachbezogene Bezugsgrößen-hierarchien

- **Unternehmen** als Ganzes,
- **Produktionsbereich** als Ganzes (daneben die sonstigen Funktionsbereiche des Unternehmens),
- verschiedene **Betriebe** des Produktionsbereichs,
- verschiedene **Abteilungen** eines Betriebes,
- einzelne **Kostenstellen** einer Abteilung,
- einzelne **Kostenplätze** einer Kostenstelle.

Beispiel für eine primär absatzwirtschaftliche, leistungsbezogene Bezugsgrößenhierarchie:

- **Gesamtumsatz** des Unternehmens.
- einzelne **Kundengruppen** des Unternehmens,
- einzelne **Kunden** einer Kundengruppe,
- einzelne **Aufträge** eines Kunden,
- einzelne **Positionen eines Auftrags**,
- einzelne **Leistungseinheiten**.

Durch Abb. 3.3.3.1 wird, bezugnehmend auf ein Unternehmen der Bauindustrie, der Aufbau einer sachbezogenen Bezugsgrößen- bzw. Zurechnungshierarchie, die

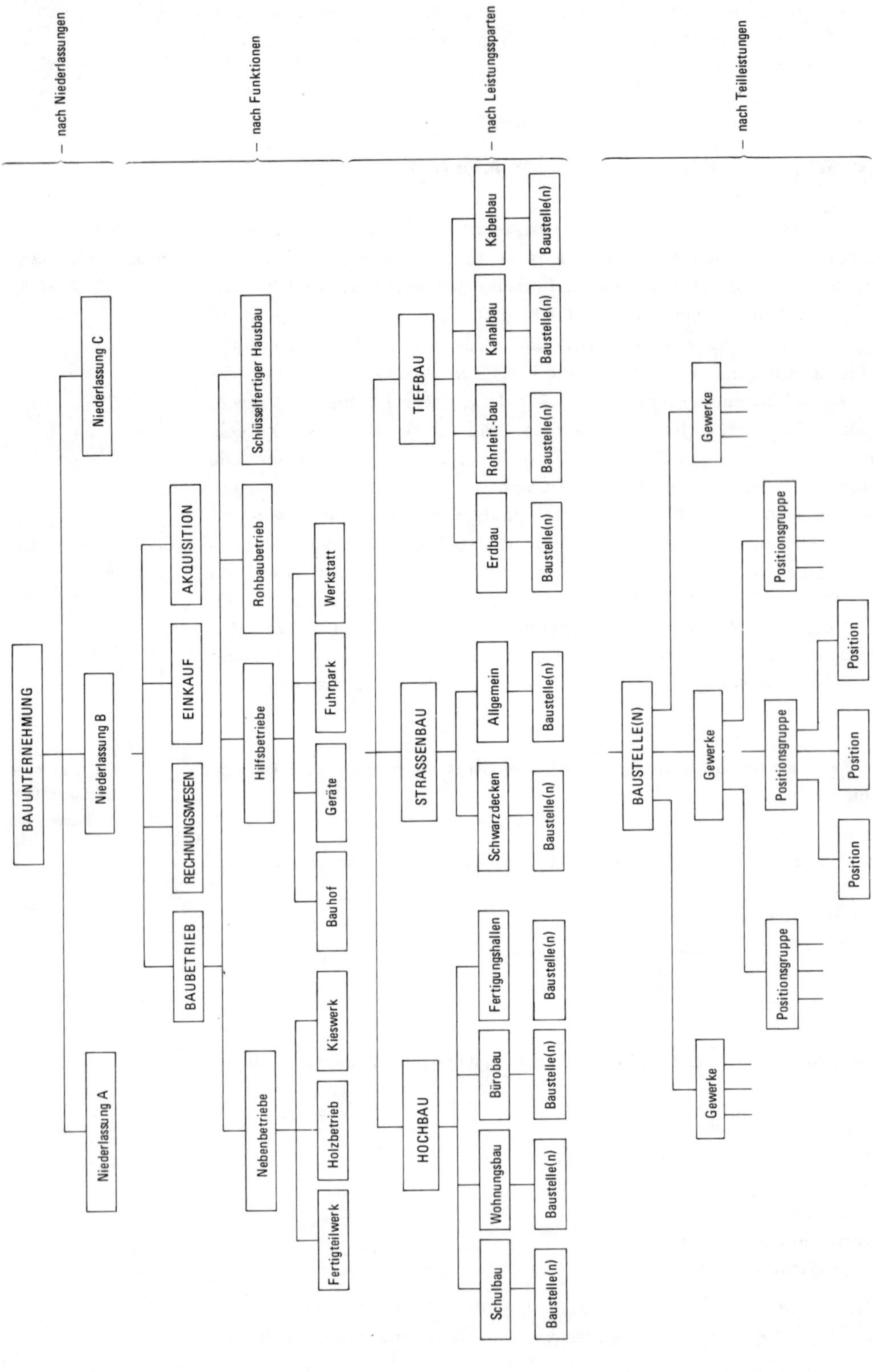

Abb. 3.3.3.1: Aufbau einer sachbezogenen Bezugsgrößen- bzw. Zurechnungshierarchie für Unternehmen der Bauindustrie

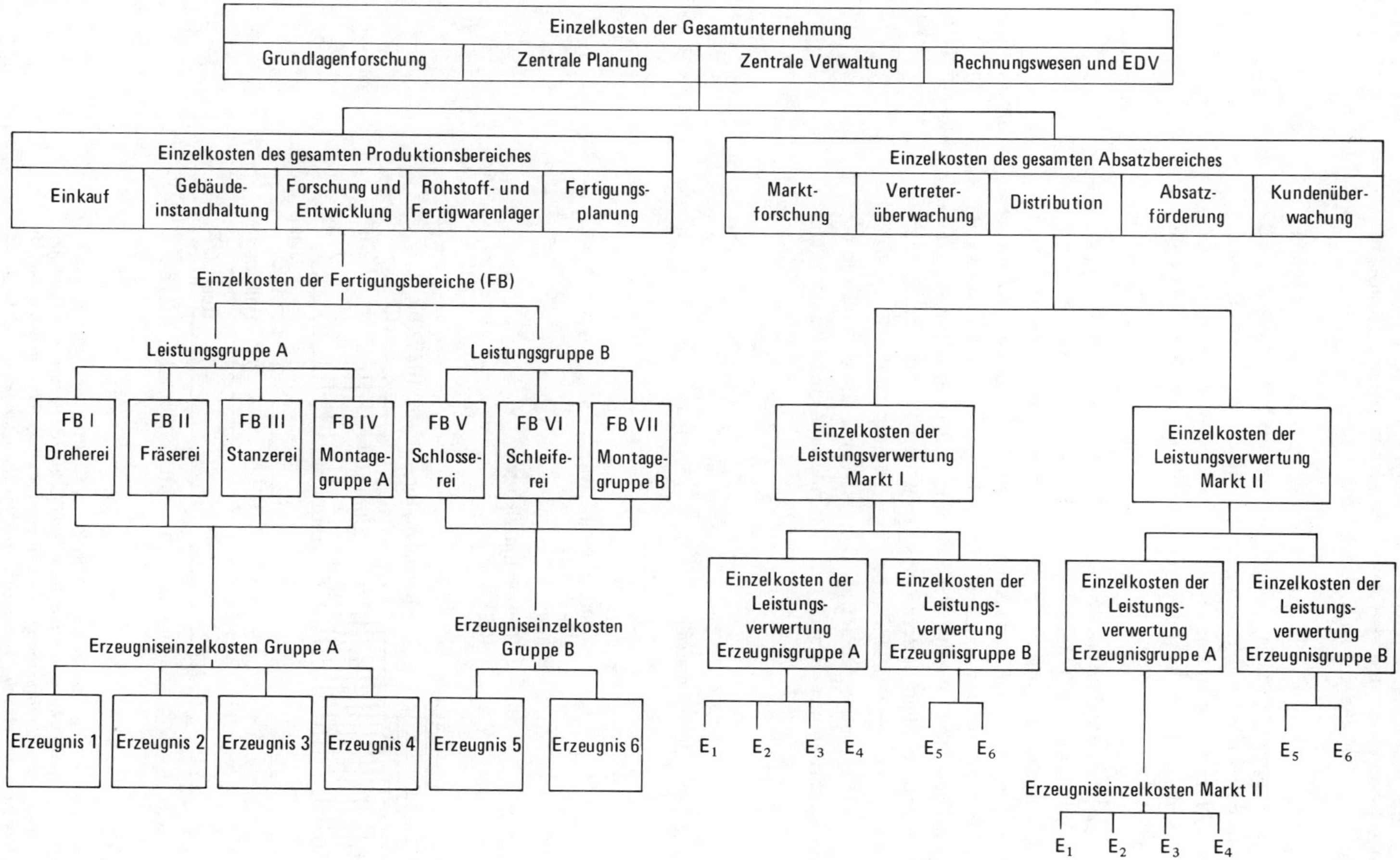

Abb. 3.3.3.2: Beispiel für den Aufbau einer sachbezogenen Bezugsgrößen- bzw. Zurechnungshierarchie eines Industriebetriebes)*

*) Dieses Schema ist entnommen aus: Heinen, Edmund (Hrsg.): Industriebetriebslehre, 6. Aufl., Wiesbaden 1978, S. 871.

sowohl nach Niederlassungen als auch nach Funktionen, Leistungssparten und Teilleistungen differenziert, schematisch veranschaulicht. Ein weiteres, auf einen Industriebetrieb abstellendes Beispiel für den Aufbau einer sachbezogenen Bezugsgrößen- bzw. Zurechnungshierarchie läßt sich Abb. 3.3.3.2 entnehmen.

Der Bildung von Bezugsgrößenhierarchien liegt die Erkenntnis zugrunde, daß solche Kosten, die sich für eine bestimmte Bezugsgröße gerade noch als Einzelkosten erfassen lassen, in bezug auf speziellere, in der Bezugsgrößenhierarchie tiefer eingeordnete Kalkulationsobjekte Gemeinkosten sind (Beispiel: Das Gehalt eines Abteilungsleiters zählt zu den Einzelkosten der betreffenden Abteilung; für deren einzelne Kostenstellen stellt es jedoch Gemeinkosten dar).

Die Relativierung des Einzelkostenbegriffs sowie der Aufbau von Bezugsgrößenhierarchien erfolgt auch in der zeitlichen Dimension, und zwar speziell in bezug auf die Bereitschaftskosten. An Bereitschaftskosten ist man meist für eine ganz bestimmte Zeit fest gebunden, so daß sie sich erst nach Ablauf dieser **Bindungsdauer** abbauen lassen. Besonders deutlich wird dies etwa an jenen kurzfristig fixen Kosten, die sich aus verbindlich eingegangenen Miet-, Pacht-, Versicherungs- oder Anstellungsverträgen ableiten. Im Gegensatz zu allen anderen Systemen der Teilkostenrechnung berücksichtigt die Einzelkosten- und Deckungsbeitragsrechnung ausdrücklich, daß solche Kosten jeweils nur der Bindungsdauer als Ganzes zugerechnet werden können. So muß z. B. ein Unternehmen, das für ein Kalenderjahr einen bestimmten

Differenzierung der Kosten nach der zeitlichen Zurechenbarkeit

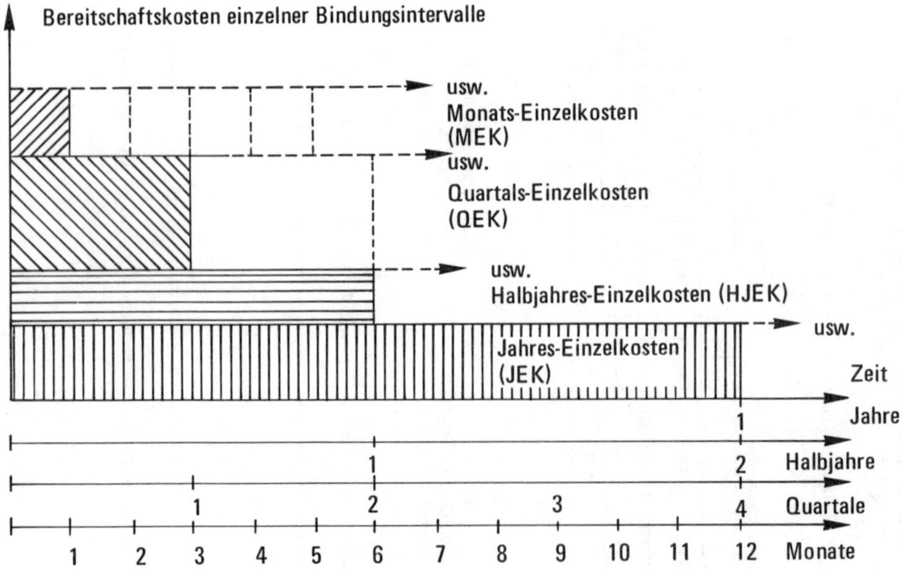

Abb. 3.3.3.3: Schematische Darstellung der zeitlichen Struktur (der Bindungsdauer und damit der zeitlichen Disponierbarkeit) der Bereitschaftskosten eines Unternehmens (unter der allein zur Vereinfachung der Darstellung eingeführten Annahme, die Bereitschaftskosten der einzelnen Dispositionsintervalle seien jeweils gleich hoch)

Versicherungsvertrag fest abgeschlossen hat, die Summe der hierfür zu zahlenden Versicherungsprämien als Einzelkosten des Jahres ausweisen – und zwar unabhängig von der jeweiligen Zahlungsweise, mithin also auch dann, wenn diese Versicherungsprämien in 4 oder 12 Raten bezahlt werden. In bezug auf kürzere Zeitabschnitte (im eben genannten Beispielfall also etwa in bezug auf einzelne Monate) sind derartige Kosten Periodengemeinkosten.

zeitbezogene Zurechnungshierarchien

Zeitbezogene Zurechnungshierarchien, die durch die Beachtung der Grenzen der zeitlichen Zurechenbarkeit zustande kommen, beinhalten vor allem die **Differenzierung zwischen verschiedenen Arten von Periodeneinzelkosten**, so vor allem die Unterscheidung zwischen **Monats-, Quartals-, Halbjahres- und Jahreseinzelkosten**. Neben diesen für einen fest umrissenen, „geschlossenen" Abrechnungszeitraum direkt erfaßbaren Kosten stehen die **Einzelkosten „offener" Perioden**, die für eine zunächst noch unbestimmte Anzahl von Zeitabschnitten anfallen, wie beispielsweise die Anschaffungsausgaben für Investitionen mit ex ante nicht exakt bekannter wirtschaftlicher Nutzungsdauer.

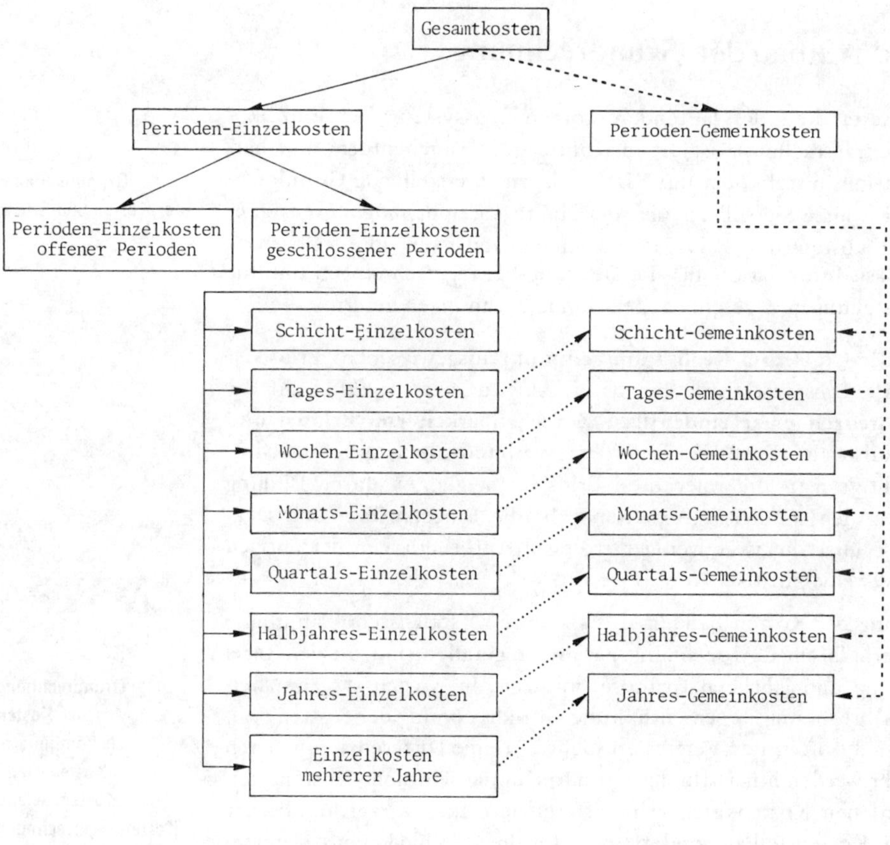

Abb. 3.3.3.4: Schematische Darstellung des Aufbaues einer zeitbezogenen Zurechnungshierarchie

Aus der Differenzierung der Kosten nach der zeitlichen Zurechenbarkeit, mit der die Einzelkosten- und Deckungsbeitragsrechnung gleichzeitig die im System der Fixkostendeckungsrechnung fehlenden, für langfristige Dispositionen aber äußerst wichtigen Informationen über die **Abbaufähigkeit der Bereitschaftskosten liefert**, folgt, daß für die einzelnen Abrechnungsperioden (speziell für kürzere Zeitabschnitte) keine Nettoerfolge, sondern „nur" **Periodenbeiträge** ermittelt werden. Denn es erfolgt keine Aufschlüsselung von Periodengemeinkosten. Ein echter Nettogewinn läßt sich streng genommen nur für die Gesamtlebensdauer des Unternehmens bestimmen.

Berücksichtigung der Abbaufähigkeit der Bereitschaftskosten

Die für die Erfassung der Bindungsdauer und damit der zeitlichen Disponierbarkeit von Bereitschaftskosten vorzunehmenden Differenzierungen werden schematisch zunächst durch Abb. 3.3.3.3 und sodann durch Abb. 3.3.3.4 veranschaulicht. Betriebe, die die Bereitschaftskosten innerhalb ihres internen Rechnungswesens nach den eben erläuterten Grundsätzen differenziert ausweisen, verfügen über ein Dispositionsinstrument, das ihnen nicht nur Kosteninformationen für die Untermauerung kurzfristiger Entscheidungen, sondern darüber hinaus auch mittel- bzw. langfristiger Entscheidungen mit unterschiedlicher zeitlicher Reichweite liefert.

3.3.4 Inhalt und Aufbau der Grundrechnung

Ein fundamentaler Bestandteil des laufenden Abrechnungssystems der Einzelkosten- und Deckungsbeitragsrechnung ist die in Konto- oder Tabellenform, mit herkömmlichen Organisationsmitteln oder mit EDV-Anlagen zu erstellende **Grundrechnung der Kosten und Erlöse**. Sie soll für die Abrechnungsperiode *möglichst zweckneutral* die relevanten Kosten- und Erlösdaten sammeln und so in unmittelbar verfügbarer Form die Basis-Information für die Deckungsbeitragsrechnungen und die auf spezifische Fragestellungen zugeschnittenen Sonderrechnungen liefern.

Grundrechnung der Kosten und Erlöse

Die **Grundrechnung der (stets zum Realisationszeitpunkt ausgewiesenen) Erlöse** ist eine mehrdimensionale Umsatzstatistik, bei deren Aufbau sehr sorgfältig auf die **Möglichkeiten und Grenzen einer eindeutigen Zurechenbarkeit von Erlösen und Erlösschmälerungen** (also auf die Formen der Erlösverbundenheit) geachtet wird. Außerdem berücksichtigt man die relevanten Erlösabhängigkeiten durch **Bildung von Erlöskategorien**. Auch in diesen Aspekten geht die Einzelkosten- und Dekkungsbeitragsrechnung über die weit weniger strengen Anforderungen der übrigen Teilkostenrechnungssysteme hinaus.

Bei der **Grundrechnung der Kosten** handelt es sich um eine statistische Sammlung aller Kosten, die innerhalb einer Abrechnungsperiode angefallen sind. In der Regel erstellt man monatliche und jährliche Grundrechnungen. Im Gegensatz zum herkömmlichen Betriebsabrechnungsbogen enthält die Grundrechnung der Kosten (vgl. das Beispiel in Abb. 3.3.4.1) in der Vertikalen nicht nur eine Differenzierung nach Kostenarten. Vielmehr werden innerhalb der Grundrechnung sämtliche Kostenarten primär nach verschiedenen Kostenkategorien differenziert ausgewiesen, und zwar nicht nur für einzelne Kostenstellen, sondern auch für die verschiedenen Arten von Kostenträgern. Während in den traditionellen Betriebsabrechnungsbogen der Vollkostenrechnung auch Kosten aufgenommen werden, die sich den einzelnen Abrech-

Grundrechnung der Kosten als kombinierte Kostenarten-, Kostenstellen-, Kostenträgerrechnung

	KOSTENKATEGORIEN			KOSTENARTEN (Beispiele)	I	II	III	IV	V	VI	VII	VIII	IX	X	XI	XII	XIII	XIV
				ZURECHNUNGSOBJEKTE	KOSTENSTELLEN								KOSTENTRÄGER					
					Hilfsstelle	Fertigungsstellen			Material-stelle	Verwalt.-stelle	Vertriebs-stelle	Gesamtunternehmen	Erzeugnisarten					Σ
					H	F_1	F_2	F_3	M	VW	V	G	P_1	P_2	P_3	P_4	P_5	
1	LEISTUNGSKOSTEN	absatzabhängige Kosten	absatzwertabhängige Kosten	Verkaufsprovision									20	10	5	15	10	60
2				Umsatzlizenzen									—	5	15	—	20	40
3				Zölle									5	—	—	10	5	20
4			von sonstigen Faktoren abhängige Kosten	Ausgangsfrachten							80							80
5				Verpackungskosten							50							50
6		erzeugungsabhängige Kosten	losgrößenunabhängige Kosten	Materialverluste		5	—	5										10
7				Energie		30	15	20										65
8			erzeugungsmengen-abhängige Kosten	Rohstoffe	30								60	75	100	50	70	385
9				Hilfsstoffe	50								10	10	20	5	15	110
10				Energie									5	10	15	10	5	45
11				Lizenzen									10	—	—	15	—	25
12				Überstunden-Löhne			10			5			5	10	—	10	15	55
13				Personal-Leasing-Kosten						10			—	5	5	—	—	20
14	Σ	Leistungskosten			80	35	25	25	—	15	130	—	115	125	160	115	140	965
15	BEREITSCHAFTSKOSTEN	Monatseinzelkosten		Fertigungslöhne	10	80	85	70									10*)	255
16				Betriebsstoffe	5	10	10	5	5	5	15							55
17				Fremddienste	5	—	5	10	10	10	5							45
18				Büromaterial	5	5	10	5	5	10	10							50
19				Heizmaterial	5	10	5	10	5	5	5							45
20		Quartalseinzelkosten		Miete								30					5*)	35
21				Versicherung								10						10
22				Gehälter	10	20	30	25	30	40	30						10*)	195
23		Jahreseinzelkosten		Miete								20						20
24				Vermögensteuer								50						50
25				Grundsteuer								5						5
26				Gewerbekapitalsteuer								10						10
27				Pacht								10						10
28				Pauschallizenzen										5*)				5
29	Σ	Bereitschaftskosten			40	125	145	125	55	70	65	135	—	5	—	—	25	790
30	Σ	Gesamtkosten (Zeile 14 + Zeile 29)			120	160	170	150	55	85	195	135	115	130	160	115	165	1 755

*) Hier werden Einzelkosten der Produktart als Ganzes (und nicht Einzelkosten einer Leistungseinheit der jeweiligen Produktart) ausgewiesen.

Abb. 3.3.4.1: Der Aufbau der Grundrechnung im System der Einzelkosten- und Deckungsbeitragsrechnung (Beispiel einer Jahres-Grundrechnung der Kosten)

nungsperioden nur anteilig zuschlüsseln lassen (z. B. in Form der Verrechnung von Abschreibungen), beinhaltet eine Grundrechnung stets nur jene Kosten, die man der betreffenden Periode direkt als Periodeneinzelkosten zurechnen kann. Die Grundrechnung ist somit schon in zeitlicher Hinsicht keine echte Vollkostenrechnung.

Die einzelnen Kostenarten werden jeweils bei den Kostenstellen, Kostenträgern und sonstigen Zurechnungsobjekten ausgewiesen, für die sie sich direkt erfassen lassen. Es werden also keineswegs alle Kosten auf die Kostenträger weitergewälzt: Jene, die nur den Kostenstellen zurechenbar sind, verbleiben bei diesen. Somit ist die Grundrechnung auch unter kostenträgerbezogener Blickrichtung keine Vollkostenrechnung.

vertikale Gliederung der Grundrechnung

Anhand der Abb. 3.3.4.1 läßt sich das Wesentliche des Aufbaus einer Grundrechnung kurz erläutern. Die **vertikale Gliederung** läßt neben der Differenzierung nach natürlichen Kostenarten die vorrangige Gruppierung der Kosten nach ihrer Zugehörigkeit zu bestimmten Kostenkategorien deutlich erkennen. Die im Rahmen der Kostenspaltung durchgeführte Trennung zwischen Leistungskosten (vgl. Zeilen 1–14) und Bereitschaftskosten (vgl. Zeilen 15–29) findet hier ihren Niederschlag. Um diese Trennung realisieren zu können, muß man bereits bei der primären Kostenerfassung dafür Sorge tragen, daß neben den übrigen relevanten Erfassungsmerkmalen auch die Zugehörigkeit des einzelnen Kostenbetrages zu der (den) betreffenden Kostenkategorie(n) festgehalten wird.

Untergliederung der Leistungskosten

Für die **Leistungskosten** erweist sich eine weitere Differenzierung in **erzeugungs- und absatzabhängige Kosten** für Betriebe, in denen Fertigwarenlager entstehen können, als zweckmäßig.

Zu den **absatzabhängigen Kosten** (vgl. Zeilen 1–5), die erst dann anfallen, wenn das Produkt verkauft wird, zählen die absatzwertabhängigen Kosten und die von sonstigen Faktoren abhängigen Kosten. Während die ersteren direkt für die einzelnen Erzeugnisse erfaßt werden können, braucht dies für die zuletzt genannten nicht unbedingt der Fall zu sein. So können im Beispielfall zwar die Verkaufsprovisionen (vgl. Zeile 1) und Umsatzlizenzen (vgl. Zeile 2) den einzelnen Erzeugnissen direkt zugerechnet werden. Doch kann man die Ausgangsfrachten (vgl. Zeile 4) den einzelnen Erzeugnisarten nicht direkt zurechnen, da für die „gemischten“ Versandaufträge (Sendungen) jeweils gestaffelte Frachttarife in Ansatz gebracht werden. Desgleichen ist auch keine direkte Erfassung der Verpackungskosten für die einzelnen Produktarten möglich (vgl. Zeile 5).

Unter den **erzeugungsabhängigen Kosten** müssen einmal jene ausgewiesen werden, die zwar mit der Beschäftigung variieren, jedoch von der Losgröße unabhängig sind. Diese Kosten sind den einzelnen Leistungseinheiten (Stücken) nicht direkt zurechenbar, sondern allenfalls dem Los als Ganzem. So sind z. B. die Kosten für Materialverluste (vgl. Zeile 6) und die Energiekosten für das Anheizen von Apparaturen (vgl. Zeile 7) in der Regel völlig – zumindest aber weitgehend – unabhängig von der Größe des einzelnen Fertigungsloses. Man weist solche Kosten in der Grundrechnung bei den Kostenstellen aus, in denen sie anfallen. Die erzeugungsmengenabhängigen Kosten dagegen sind in der Regel den einzelnen Erzeugnissen direkt zurechenbar, wie z. B. die Materialkosten (vgl. Zeile 8), die Hilfsstoffkosten (vgl. Zeile 9), die leistungsmengenproportionalen Energiekosten (vgl. Zeile 10) und dergleichen. Am Beispiel der Lizenzen wird deutlich, daß im Rahmen der Grundrechnung dieselbe natürliche Kostenart häufig in verschiedenen Kostenkategorien ausgewiesen werden muß. So erscheint z. B. die Umsatzlizenz in der Kategorie „absatzabhängige Kosten" (vgl. Zeile 2), während die für jeweils eine produzierte Einheit zu zahlenden Lizenzen in der Kategorie „erzeugungsmengenabhängige Kosten" erscheinen (vgl. Zeile 11).

Im Beispiel der Abb. 3.3.4.1 wurde unterstellt, daß die erzeugungsmengenabhängigen Hilfsstoffe für die verschiedenen Erzeugnisarten direkt erfaßt werden können (vgl. Zeile 9). Sofern eine solche sehr detaillierte Erfassung aus Wirtschaftlichkeitsgründen nicht zweckmäßig erscheint, müssen diese Kosten bei den entsprechenden Kostenstellen gesammelt und dann anschließend – gestützt auf brauchbare Maßgrößen – weiterverrechnet werden. Diese Vorgehensweise ist im System der Dekkungsbeitragsrechnung zulässig, da es sich bei solchen Kosten nicht um echte, sondern nur um „unechte" Gemeinkosten der einzelnen Erzeugnisse handelt.

Untergliederung der Bereitschaftskosten

Auch die **Bereitschaftskosten** werden in der Grundrechnung noch weiter untergliedert, und zwar insbesondere nach ihrer Zurechenbarkeit auf Perioden. Im vorliegenden Beispiel ist eine Differenzierung nach Monats-, Quartals- und Jahreseinzelkosten vorgenommen worden. Die ausgewiesenen Monatseinzelkosten (vgl. Zeilen 15–19) sind nur monatlich abbaubar und fallen unabhängig vom realisierten Produktionsvolumen in der ausgewiesenen Höhe an. Besonders hervorzuheben ist in diesem Zusammenhang der Ausweis der Fertigungslöhne (vgl. Zeile 15). Wie bereits an anderer Stelle ausführlich dargelegt wurde, muß davon ausgegangen werden, daß Fertigungslöhne in der Regel zu den auf kurze Sicht fixen Bereitschaftskosten zu zählen sind. Dies schließt jedoch eine Zurechenbarkeit auf bestimmte Erzeugnisarten nicht unbedingt aus. Die Zuordnung einer Kostenart zur Kategorie der Bereitschaftskosten sagt nämlich nur etwas aus über deren Verhalten gegenüber Beschäftigungsänderungen, jedoch nicht zwangsläufig über deren Zurechenbarkeit auf Kalkulationsobjekte. So wurde in unserem Beispiel unterstellt, daß ein Teil der Fertigungslöhne zur Bezahlung spezieller Facharbeiter ausschließlich für die Herstellung des Produktes P_5 aufgewandt wurde. Daraus folgt, daß diese Löhne zwar nicht einer einzelnen Einheit des Produktes von P_5, jedoch der gesamten Anzahl der produzierten Einheiten von P_5 zurechenbar sind (vgl. Zeile 15, Sp. XIII). Im Rahmen der Quartalseinzelkosten, also jener Kosten, die nur quartalsweise abbaubar sind, fallen Teile der Mietkosten (vgl. Zeile 20, Sp. XIII) sowie Teile der Gehälter (vgl. Zeile 22, Sp. XIII) ebenfalls ausschließlich für die Produktion von P_5 an und sind daher dieser Produktart zurechenbar, während die Versicherungen lediglich dem Gesamtunternehmen zuzuordnen sind (vgl. Zeile 21, Sp. VIII). Die Jahreseinzelkosten binden das Unternehmen für ein ganzes Jahr: Im Beispiel sind Mietkosten, Vermögensteuer, Grundsteuer, Gewerbekapitalsteuer und die Pacht nur für das gesamte Unternehmen direkt erfaßbar (vgl. Zeilen 23–27, Sp. VIII). Die jährlich unabhängig von Wert und Menge der hergestellten Produkte zu zahlende Pauschallizenz für das Produkt P_2 ist der gesamten in der Abrechnungsperiode erzeugten Menge von P_2 zurechenbar (vgl. Zeile 28, Sp. X).

horizontale Gliederung der Grundrechnung

Die **horizontale Gliederung der Grundrechnung** weist die verschiedenen Zurechnungsobjekte aus. In erster Linie muß hier zwischen Kostenstellen und Kostenträgern unterschieden werden. Diese können noch weiter untergliedert werden, z. B. nach eigenen Erzeugnissen und Handelswaren oder nach Produktgruppen und Produktsorten bzw. nach Export- und Inlandsprodukten. Kostenstellen lassen sich zunächst nach Funktionsbereichen, dann weiter nach Hilfsstellen und Hauptkostenstellen untergliedern. Dabei sollte bereits bei der Auswahl und Festlegung der Zurechnungsobjekte darauf geachtet werden, inwieweit überhaupt eine Zurechnungsmöglichkeit von Kosten gegeben ist. Außerdem hängt die Wahl der Zurechnungsobjekte selbstverständlich von den jeweiligen Entscheidungserfordernissen des Unternehmens ab. So könnte es z. B. für absatzpolitische Fragestellungen sinnvoll sein, unter weiterer Differenzierung der Vertriebsstelle Absatzbezirke, Kundengruppen, Vertreterbezirke usw. als spezielle Erfassungs- und Zurechnungsobjekte auszuweisen.

Verrechnung innerbetrieblicher Leistungen im Rahmen der Grundrechnung

Nach welchen Grundsätzen die **Verrechnung innerbetrieblicher Leistungen im Rahmen der Grundrechnung** zu erfolgen hat, läßt sich an dem in der Abb. 3.3.4.2 aufgeführten numerischen Beispiel, dessen Zahlenangaben auf der in Abb. 3.3.4.1 dargestellten Grundrechnung basieren, nachvollziehen. Es ist zunächst zu beachten, daß stets nur die kurzfristig variablen Kosten (Leistungskosten) der innerbetriebliche Leistungen erbringenden Stellen weiterverrechnet werden dürfen. Die Bereitschaftskosten der Hilfskostenstelle, die hier in den Zeilen 15–19 sowie in Zeile 22 der Spalte I der Abb. 3.3.4.2 ausgewiesen sind, müssen bei dieser Stelle verbleiben. Sie werden im Zuge der retrograden Deckungsbeitragsrechnung durch die Summe der Deckungsbeiträge der Leistungen des Unternehmens abgedeckt.

Bei der Verrechnung von Leistungskosten der Hilfskostenstellen muß weiterhin danach differenziert werden, ob die durch innerbetriebliche Leistungen abzudeckenden Bedarfe von Hauptkostenstellen mit dem Leistungsvolumen dieser empfangenden Stellen korrelieren oder davon unabhängig sind. Dies hat nämlich zur Konsequenz, daß Kosten, die aus der Sicht einer Hilfskostenstelle Leistungskosten darstellen, aus der Sicht der empfangenden Stellen teilweise zu Leistungskosten (die später auf die jeweiligen Kostenträger weiterverrechnet werden) und teilweise zu Bereitschaftskosten werden. Letztere lassen sich dann lediglich in die verschiedenen Kategorien der Bereitschaftskosten einordnen, nicht jedoch weiter auf einzelne Kostenträger verrechnen. Das wiedergegebene Zahlenbeispiel macht deutlich, wie nach den eben geschilderten Grundsätzen innerhalb einer gemäß den Prinzipien des Rechnens mit Einzelkosten und Deckungsbeiträgen gestalteten Grundrechnung der Kosten die innerbetriebliche Leistungsverrechnung vorzunehmen ist: Die Leistungskosten der Hilfskostenstelle in Höhe von 80 DM werden teilweise wiederum zu Leistungskosten, teilweise jedoch zu Bereitschaftskosten der die betreffenden innerbetrieblichen Leistungen in Anspruch nehmenden Fertigungsstellen (vgl. Zeile 14a und 14b, Spalte I–III sowie Zeile 29a, Spalte II–IV der Abb. 3.3.4.2). Diese Bereitschaftskosten in Höhe von 15 bzw. 5 DM können beispielsweise aus Reparaturarbeiten resultieren, die eine Werkstatt als Hilfsstelle in den Fertigungsstellen ausführt, um den allein durch den „Zahn der Zeit" bedingten Verschleiß zu beseitigen. Streng genommen müssen die in Zeile 29a auf die Fertigungsstellen verrechneten Leistungskosten der Hilfskostenstelle nach ihrer zeitlichen Disponierbarkeit in die Kategorien Monatseinzelkosten, Quartalseinzelkosten und Jahreseinzelkosten eingeordnet werden. Auf die Erörterung dieses Teilproblems soll an dieser Stelle jedoch verzichtet werden.

Integration der Grundrechnungen verschiedener Perioden

Grundrechnungen der Kosten bzw. Grundrechnungen der Erlöse lassen sich prinzipiell (wie vorstehend bereits angedeutet) für jede mögliche Abrechnungsperiode erstellen. Wählt man beispielsweise einen Monat als kleinste Periode für die Grund-

	Kostenkategorien	Kostenarten (Beispiele)	I	II	III	IV	V	VI	VII	VIII	IX	X	XI	XII	XIII	XIV
		Zurechnungsobjekte		Kostenstellen							Kostenträger					
			Hilfsstelle	Fertigungsstellen			Materialstelle	Verwaltungsstelle	Vertriebsstelle	Gesamtunternehmen	Erzeugnisarten					∑
			H	F_1	F_2	F_3	M	VW	V	G	P_1	P_2	P_3	P_4	P_5	
1	Leistungskosten – absatzabhängige Kosten – absatzwertabhängige Kosten	Verkaufsprovision									20	10	5	15	10	60
2		Umsatzlizenzen									–	5	15	–	20	40
3		Zölle									5	–	–	10	5	20
4	von sonstigen Faktoren abhängige Kosten	Ausgangsfrachten							80							80
5		Verpackungskosten							50							50
6	erzeugungsabhängige Kosten – losgrößenunabhängige Kosten	Materialverluste		5	–	5										10
7		Energie		30	15	20										65
8	erzeugungsmengenabhängige Kosten	Rohstoffe	30								60	75	100	50	70	385
9		Hilfsstoffe	50								10	10	20	5	15	110
10		Energie									5	10	15	10	5	45
11		Lizenzen									10	–	–	15	–	25
12		Überstunden – Löhne			10			5			5	10	–	10	15	55
13		Personal- Leasing-Kosten						10			–	5	5	–	–	20
14	∑ Leistungskosten		80	35	25	25	–	15	130	–	115	125	160	115	140	965
14a	verrechnete Leistungskosten der Hilfsstelle		–80													–80
				+20	+25	–										+45
14b	∑ Leistungskosten nach innerbetrieblicher Leistungsverrechnung		0	55	50	25	–	15	130	–	115	125	160	115	140	930
15	Bereitschaftskosten – Monatseinzelkosten	Fertigungslöhne	10	80	85	70									10*)	255
16		Betriebsstoffe	5	10	10	5	5	5	15							55
17		Fremddienste	5	–	5	10	10	10	5							45
18		Büromaterial	5	5	10	5	5	10	10							50
19		Heizmaterial	5	10	5	10	5	5	5							45
20	Quartalseinzelkosten	Miete								30					5*)	35
21		Versicherung								10						10
22		Gehälter	10	20	30	25	30	40	30						10*)	195
23	Jahreseinzelkosten	Miete								20						20
24		Vermögensteuer								50						50
25		Grundsteuer								5						5
26		Gewerbekapitalsteuer								10						10
27		Pacht								10						10
28		Pauschallizenzen										5*)				5
29	∑ Bereitschaftskosten		40	125	145	125	55	70	65	135	–	5	–	–	25	790
29a	verrechnete Leistungskosten der Hilfsstelle			+15	+15	+5										+35
29b	∑ Bereitschaftskosten nach innerbetrieblicher Leistungsverrechnung		40	140	160	130	55	70	65	135	–	5	–	–	25	825
30	∑ Gesamtkosten (14b + 29b) nach innerbetrieblicher Leistungsverrechnung		40	195	210	155	55	85	195	135	115	130	160	115	165	1755

*) Hier werden Einzelkosten der Produktart als Ganzes (und nicht Einzelkosten einer Leistungseinheit der jeweiligen Produktart) ausgewiesen.

Abb. 3.3.4.2: Numerisches Beispiel für die Verrechnung innerbetrieblicher Leistungen (Leistungskosten der leistenden Stelle) in die Kategorie der Leistungskosten und der Bereitschaftskosten der empfangenden Stellen

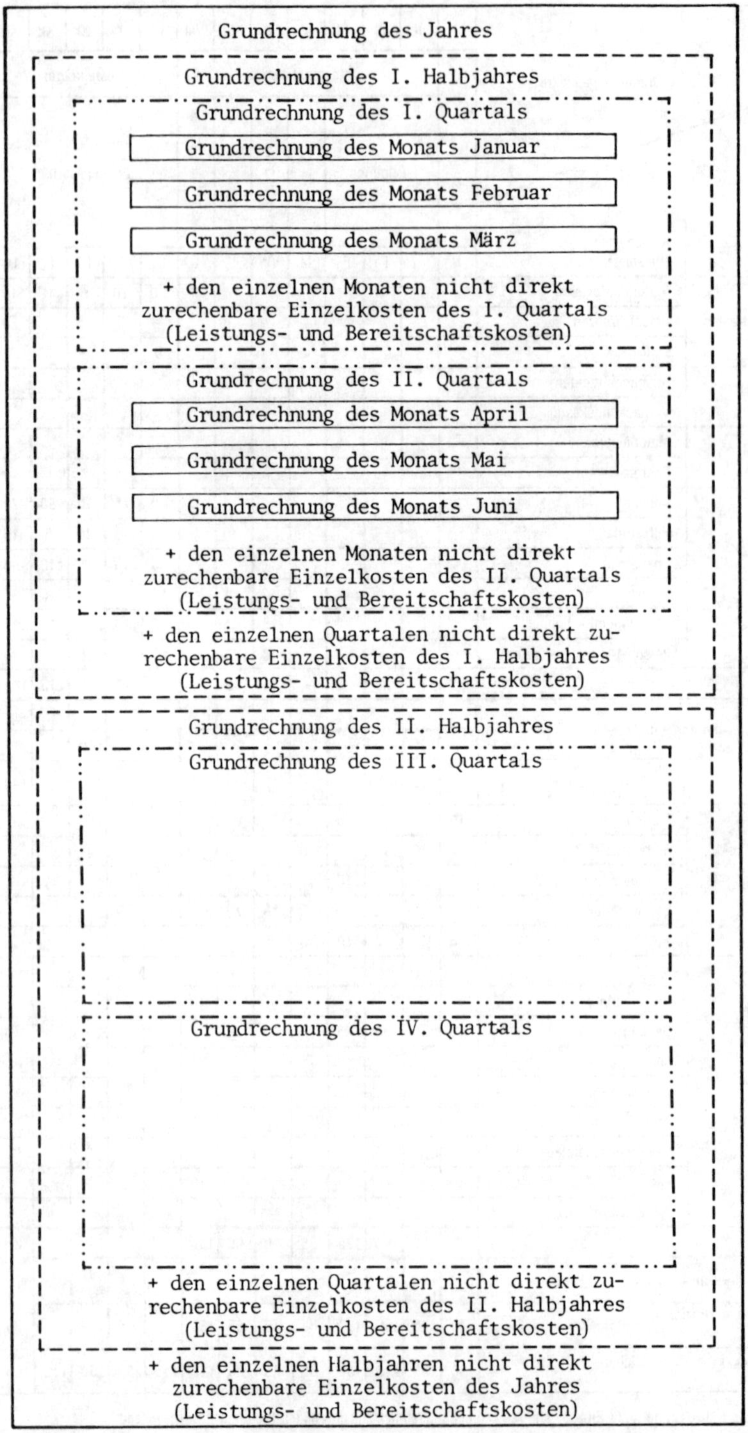

Abb. 3.3.4.3: Schematische Darstellung der Integration der Grundrechnungen unterschiedlicher Zeiträume (Monats-, Quartals-, Halbjahresgrundrechnungen und Jahresgrundrechnung)

rechnung der Kosten, so sind neben den Leistungskosten nur solche Bereitschaftskosten, über die innerhalb dieser Zeitspanne disponiert werden kann, auszuweisen. Die Fortführung solcher Monatsgrundrechnungen zur Quartals-, Halbjahres- und Jahresgrundrechnung darf sich nicht auf die reine Addition der in den Monatsgrundrechnungen ausgewiesenen Leistungs- und Bereitschaftskosten beschränken. Es müssen noch jeweils

- für die Grundrechnung eines Quartals die den einzelnen Monaten nicht direkt zurechenbaren Quartalseinzelkosten,
- für die Grundrechnung eines Halbjahres die den einzelnen Quartalen nicht direkt zurechenbaren Halbjahreseinzelkosten und
- für die Grundrechnung eines Jahres die den einzelnen Halbjahren nicht direkt zurechenbaren Jahreseinzelkosten

hinzugefügt werden (vgl. zur Veranschaulichung dieser Zusammenhänge Abb. 3.3.4.3).

3.3.5 Erfolgskonzeption der Einzelkosten- und Deckungsbeitragsrechnung

Die retrograde Erfolgsrechnung im System der Einzelkosten- und Deckungsbeitragsrechnung ist ein System von Erfolgsdifferenzenrechnungen. Ihr Ausgangspunkt ist im allgemeinen die stückbezogene oder auftragsbezogene Ermittlung der Nettoerlöse. Abb. 3.3.5.1 vermittelt einen Überblick darüber, wie die „stückweise" bzw. „auftragsweise" **Erfassung von Nettoerlösen** erfolgen sollte.

Erfassung von Nettoerlösen

Zum Zeitpunkt der Rechnungsstellung läßt sich in der Regel nur ein vorläufiger Nettoerlös bestimmen. Dem Basiserlös (im Sinne eines Grundpreises) werden zunächst Zuschläge zur Ermittlung des Bruttoerlöses hinzugefügt, von dem dann die bereits zum Zeitpunkt der Rechnungsstellung feststehenden (direkten und indirekten) Erlösminderungen in Abzug gebracht werden. In der Zeit bis zum Zahlungseingang (bzw. bis zur Rücksendung oder der Nichterfüllung des Vertrages) muß dieser vorläufige Nettoerlös unter Umständen durch Mehrerlöse, Erlösberichtigungen oder negative Erlöse korrigiert werden. Bestimmte Erscheinungsformen von Erlösberichtigungen lassen sich erst am Ende der Abrechnungsperiode erfassen. Außerdem sind unter Umständen Erlöskorrekturen im Sinne der Richtigstellung von Berechnungs- und Buchungsfehlern vorzunehmen, bevor der effektive Nettoerlös feststeht.

Begriffliche Abgrenzung der Erlösschmälerungen

Da es immer dann, wenn zur Ermittlung von Deckungsbeiträgen den Verkaufserlösen die Kosten gegenüber gestellt werden, auf die Nettoerlöse im vorstehend erläuterten Sinne – also auf jene Beträge, die ein liefernder Betrieb von einem Kunden fordern kann, die ihm von seinen Abnehmern effektiv zufließen bzw. zugeflossen sind – ankommt, ist eine präzise **Abgrenzung der innerhalb der Erlösrechnung unmittelbar zu Lasten der Bruttoerlöse zu verrechnenden Erlösschmälerungen** (Erlösminderungen, Erlösberichtigungen, Erlöskorrekturen) erforderlich. Begrifflich ist für Erlösschmälerungen kennzeichnend, daß sie nicht mit einem Verzehr von Gütern oder Leistungen verbunden sind, sondern Korrektur- bzw. Abzugsposten der Erlöse darstellen, die grundsätzlich innerhalb der Erlösrechnung auszuweisen sind. Sie treten nur im Beziehungsverhältnis zwischen Verkäufer und Käufer auf und lösen

A	1	=	*BASISERLÖS (im Sinne eines Grundpreises)*
	2	+	*Zuschläge*
	2a		a) für Mindermengen
	2b		b) für Sonderausführungen oder Sonderleistungen
	2c		c) für frachtfreie Anlieferung
	2d		d) für Versandverpackung
	2e		e) sonstige Aufpreise
	3	=	*BRUTTOERLÖS*
	4	./.	bei Rechnungsstellung sofort in Abzug gebrachte *direkte Erlösminderungen*
	4a		a) Funktionsrabatte
	4b		b) auftragsbezogene Mengenrabatte
	4c		c) Rabatte für Selbstabholer
	4d		d) Rabatte für Kunden-Emballagen
	4e		e) sonstige Sofortrabatte
	5	./.	*indirekte Erlösminderungen* (in Form des Nominalwertes der bei Warenlieferung gewährten Naturalrabatte)
	6	=	*VORLÄUFIGER NETTOERLÖS I*
B	7	+	*Mehrerlöse* aus der über die normale Zielgewährung hinausgehenden Absatzfinanzierung (Zinserlöse)
	8	+ ./.	*für einzelne Absatzleistungen direkt erfaßbare Mehrerlöse oder Erlösberichtigungen* infolge von Wechselkursschwankungen
	9	./.	*für einzelne Absatzleistungen direkt erfaßbare Erlösberichtigungen*
	9a		a) Gutschriften für Rücksendungen bzw. Erlösstornierungen
	9b		b) Gutschriften für zurückgesandte Mehrwegverpackungen
	9c		c) Kundenskonti
	9d		d) Debitorenausfälle aufgrund von Insolvenzen
	9e		e) durch Mängelrügen und Gewährleistungsverpflichtungen bedingte Preisnachlässe sowie Erstattungen der Kosten, die der Kunde selbst für die Nachbesserung minderwertiger Produkte aufwendet
	9f		f) Schadenersatzzahlungen und Konventionalstrafen wegen mangelhafter oder verspäteter Lieferung
	10	./.	*negative Erlöse* (Schadenersatzzahlungen und Konventionalstrafen wegen Nichterfüllung des Vertrages)
	11	=	*VORLÄUFIGER NETTOERLÖS II*
C	12	./.	*nur periodenweise erfaßbare Erlösberichtigungen*
	12a		a) Boni
	12b		b) sonstige periodenbezogene Gesamtumsatzrabatte
	13	=	*VORLÄUFIGER NETTOERLÖS III*
D	14	+ ./.	*Erlöskorrekturen* (Korrektur von Berechnungs- und Buchungsfehlern)
	15	=	*EFFEKTIVER NETTOERLÖS*

A Erfassung bei Rechnungsstellung.

B Erfassung zwischen dem Zeitpunkt der Rechnungsstellung und dem Zahlungseingang bzw. der Rücksendung oder der Nichterfüllung des Vertrages.

C Erfassung am Ende der Abrechnungsperiode.

D Erfassung zu irgendeinem Zeitpunkt nach der Rechnungsstellung.

Abb. 3.3.5.1: Einzelne Schritte der leistungs(art)bezogenen („auftragsweisen") Erfassung von Nettoerlösen

daher buchhalterisch gesehen in der Regel Abzüge auf den Debitorenkonten aus. Bereits aus dieser Definition geht hervor, daß z. B. Vergütungen, die an Einkaufsverbände oder andere „Dritte" gewährt werden, keine Erlösschmälerungen sein können.

Daß im Gegensatz zu einer weit verbreiteten Auffassung absatzabhängige, speziell erlösabhängige Vertriebskosten keine Erlösschmälerungen sind, lassen bereits die vorausgehenden Darlegungen erkennen. Viele Betriebe, deren Preisstellung auf eine Lieferung frei Haus ausgerichtet ist, erfassen **Vergütungen für das Selbstabholen** wie die Ausgangsfrachten unter den Kosten. Dies führt jedoch zwangsläufig zu einem Ausweis überhöhter Erlöse, denn im Falle der Selbstabholung reduzieren sich Leistungsumfang und somit die Erlöse des liefernden Betriebes auf Wunsch des Kunden durch den Wegfall der vom Lieferbetrieb freiwillig akzessorisch angebotenen Transportleistung.

Vergütung für das Selbstabholen

Dies gilt völlig analog für **Kundenskonti**, die vielfach – getragen von der Auffassung, daß frühzeitig zahlende Abnehmer dem Lieferanten eine Finanzierungsleistung erbringen – als die Finanzsphäre betreffende Posten mit zinsähnlichem Charakter unter den neutralen Aufwendungen ausgewiesen oder in Form einer „Skontoerfolgsrechnung" den abgezogenen Lieferantenskonti gegenübergestellt werden. Der Anfall von Kundenskonti resultiert jedoch nicht aus autonomen, rein finanzwirtschaftlichen Dispositionen, sondern ist unlösbar an die zugrundeliegende Warenlieferung gekoppelt. Primär offeriert das auf Kredit liefernde Unternehmen zusätzlich zur Ware eine Absatzfinanzierungsleistung. Nimmt ein skontierender Kunde dieses Angebot nicht oder nur teilweise an, so vermindern sich dadurch die vorläufig zunächst zu hoch in Ansatz gebrachten Erlöse. Kundenskonti sind also ganz eindeutig Erlösschmälerungen und dürfen daher ebensowenig als neutraler Aufwand betrachtet werden wie **Gutschriften für zurückgesandte Waren**.

Kundenskonti

Gutschriften für zurückgesandte Waren

Verstößt man gegen das eben erhobene Postulat, so wird wegen der Bewertung sämtlicher Warenlieferungen mit dem Zielpreis ein zu hohes Betriebsergebnis ausgewiesen, und es besteht darüber hinaus die Gefahr einer Verfälschung der Betriebsergebnisstruktur: unter Umständen wird die Ertragskraft einzelner Leistungsarten unzutreffend beurteilt. Abgesehen davon läßt sich auch leicht nachweisen, daß der durch eine Gegenüberstellung von Kunden- und Lieferantenskonti berechenbare Saldo keinerlei betriebswirtschaftliche Aussagekraft hat.

Weit verbreitet ist auch die Vorstellung, daß sich die Gewährung von **Naturalrabatten** ausschließlich innerhalb der Kostenrechnung niederschlägt, nämlich in Form der Herstellungs- und Versandkosten für derartige Gratismengen. Eine solche kostenorientierte Bewertung von Naturalrabatten ist nur dann richtig, wenn man sicher sein kann, daß deren Gewährung

Naturalrabatte

- erstens nicht zu einer Reduzierung der künftigen Käufernachfrage führt und daß
- zweitens die Kunden nicht schon in der Vergangenheit von vornherein ihre Bestellmengen um die erwarteten Gratismengen herabgesetzt haben.

Doch muß man selbst unter diesen Bedingungen weiter differenzieren:
- Im Falle der Unterbeschäftigung sind die variablen Einzelkosten der Erzeugung und Auslieferung als Wertansatz zu wählen.

- In Engpaßsituationen kommen Opportunitätskosten für die Inanspruchnahme der knappen Kapazitäten hinzu.

Die Wertkomponente von Naturalrabatten ist also beschäftigungsabhängig.

Für den praktisch keineswegs seltenen Fall, daß Naturalrabatt-Empfänger künftig entsprechend weniger einkaufen, liegt es nahe, davon auszugehen, daß die auf diese Weise in Zukunft entgehenden Erlöse die Bewertungsgrundlage für gelieferte Gratismengen bilden. Doch ist dies nur dann richtig, wenn pagatorische Kosten und Opportunitätskosten für die Herstellung und den Versand der betreffenden Güterart im Zeitablauf unveränderlich bleiben. Rechnet man mit einer Verbesserung der Beschäftigungslage, so reduziert dies wegen des für die in Zukunft wegfallenden Umsätze notwendigen Ansatzes höherer Opportunitätskosten die Wertkomponente des Naturalrabattes unter das Niveau des Erlösentgangs. Demgegenüber können sich für den Fall einer erwarteten Verschlechterung der Beschäftigungslage über den Erlösentgang hinausgehende relativ hohe Wertansätze für Naturalrabatte ergeben, weil im Vergleich zu den während der laufenden Periode anfallenden Herstellungs- und Versandkosten für die gelieferten Gratismengen in Zukunft bei einem Nachfragerückgang nur geringere Kosten dieser Art wegfallen.

Boni und ähnliche periodenbezogene Mengenrabatte

Auch wenn **Boni und ähnliche periodenbezogene Mengenrabatte** häufig erst lange Zeit nach der Warenlieferung abgerechnet und fällig werden und zum Zeitpunkt des Warenausgangs über ihre Höhe meist noch Unsicherheit besteht, dürfen solche negativen Erfolgsvariablen, anders als manche meinen, nicht als von den Warenlieferungen völlig losgelöste, „selbständige Prämien" angesehen und aus diesen Gründen in die neutralen Aufwendungen einbezogen werden. Hieraus würden sich ähnliche Mängel ergeben wie aus der „Neutralisierung" der Kundenskonti.

Debitorenausfälle

Die in fast allen Wirtschaftszweigen verbreitete, aus dem Streben nach Eliminierung außerordentlicher Erfolgsschwankungen resultierende Erfassung von **Debitorenausfällen** innerhalb der Kostenrechnung als kalkulatorische Vertriebswagnisse erscheint aus folgenden Gründen für ein entscheidungsorientiertes, nach den Grundsätzen der Einzelkosten- und Deckungsbeitragsrechnung aufgebautes Rechnungswesen nicht generell geeignet:

- Erstens spricht einiges dafür, in vergangenheitsbezogenen Kontrollrechnungen statt der „kalkulatorischen" die effektiv angefallenen Einbußen aus Debitorenausfällen auszuweisen, denn nur so kann man sicherstellen, daß das ausgewiesene Betriebsergebnis die tatsächlich eingetretenen ökonomischen Verhältnisse widerspiegelt.
- Zweitens würde trotz teilweiser oder vollständiger Forderungsausfälle innerhalb der Erlösrechnung keine Berichtigung der ursprünglich verbuchten Erlöse vorgenommen, und es käme daher letztlich zum Ausweis von Erlösen, die nur zum Teil realisiert worden sind.
- Drittens ist nicht einzusehen, warum sich das für zukunftsbezogene Prognosen und Planungsrechnungen durchaus sinnvolle Rechnen mit kalkulatorischen Werten allein im Bereich der Kostenrechnung vollziehen soll. Da die erlösbezogenen Wagnisse nicht die Kosten- sondern die Erlösrechnung betreffen, ist für solche Zwecke ein Rechnen mit kalkulatorischen Erlösschmälerungen zu fordern.

außerplanmäßige Erfolgsminderungen auf Grund von Mängelrügen

Das eben für Debitorenausfälle Gesagte gilt auch für **außerplanmäßige Erfolgsminderungen auf Grund von Mängelrügen**, jedoch nicht vollständig analog. Denn bei diesen muß man nach den jeweiligen ökonomischen Konsequenzen unterscheiden: Die in der Praxis bisher übliche Erfassung als Kosten (im Rahmen der Fertigungswagnisse) ist allein dann gerechtfertigt, wenn beim Lieferanten selbst für die Nachbesserung mißratener Produkte oder für Ersatzlieferungen effektiv zusätzliche Aufwendungen anfallen. Dagegen sind Stornierungen der ursprünglichen Erlöse sowie nachträglich gewährte Preisnachlässe eindeutig Erlösschmälerungen – ebenso wie die oft als „Kostenerstattungen" bezeichneten Beträge für Ausbesserungsarbeiten, die von den Kunden selbst ausgeführt werden. Aus Mängelrügen resultierende Erfolgseinbußen lassen sich also nicht unter einen einheitlichen Begriff subsumieren. Je nachdem, welcher der beiden Fälle vorliegt, ist innerhalb der Einzelkosten- und Deckungsbeitragsrechnung entweder eine Verbuchung von Kosten oder ein Ansatz als Erlösschmälerungen erforderlich.

Schadenersatzzahlungen und Konventionalstrafen

Bei **Schadenersatzzahlungen und Konventionalstrafen** muß man nach dem Grund ihres Anfalls differenzieren:

1. Muß man sie wegen verspäteter oder mangelhafter Lieferung in Kauf nehmen, sind sie in Analogie zu Preisnachlässen bei Qualitätsmängeln als Erlösschmälerung anzusehen.
2. Dagegen liegen bei Schadenersatzzahlungen und Konventionalstrafen wegen Nichterfüllung des Vertrages überhaupt keine Umsatzerlöse vor, von denen diese Beträge abgezogen werden könnten. Sie sind aber auch keine Kosten, denn sie betreffen nicht die Input- sondern die Output-Sphäre der Leistungserstellung. Als ungewolltes, aber auf Grund widriger Umstände eingetretenes negatives Ergebnis der Betriebstätigkeit sollten sie innerhalb der Erlösrechnung als negative Erlöse ausgewiesen werden.

Stückbeitrag

Ausgehend von exakt bestimmten Nettoerlösen läßt sich somit zunächst der **Deckungsbeitrag je Leistungseinheit (Stückbeitrag)** ermitteln. Er ergibt sich als Überschuß der einer Leistungseinheit direkt zurechenbaren Erlöse über die dieser Leistungseinheit direkt zurechenbaren Einzelkosten. Die praktische Vorgehensweise bei der Ermittlung eines solchen Stückbeitrags demonstriert Abb. 3.3.5.2. Dem Nettoerlös einer Leistungseinheit (im Beispiel 135 DM) werden all jene Kosten gegenübergestellt, die dieser Leistungseinheit zurechenbar sind. Im Beispiel handelt es sich dabei zunächst um umsatzwertabhängige Kosten (Provisionen und Lizenzen) und sonstige absatzabhängige Kosten (Versandverpackung und Ausgangsfracht). Die Verminderung des Nettoerlöses um diese absatzabhängigen Kosten führt zu dem „Verkaufsüberschuß" je Leistungseinheit von 109,15 DM. Wenn man nun von diesem Überschuß noch die für eine einzelne Leistungseinheit direkt erfaßbaren erzeugungsabhängigen Kosten (wie z. B. die Kosten für Rohstoffe und Hilfsstoffe, die variablen Energiekosten, die Produktverpackungskosten u. dgl.) abzieht, gelangt man zum Deckungsbeitrag je Leistungseinheit, der im Beispielfall 69,13 DM ausmacht.

Dieser Deckungsbeitrag je Leistungseinheit sagt aus, wie sich der Erfolg des Unternehmens bei gegebenen Bereitschaftskosten ändert, wenn das Absatzvolumen der betreffenden Leistungsart um eine Mengeneinheit zu- oder abnimmt. Gelingt z. B. dem Unternehmen eine Absatzsteigerung um eine Einheit bei der in obiger Abbil-

Einzelerlöse und Einzelkosten	Leistungsart
Nettoerlös je Leistungseinheit	135, – DM
./. *umsatzwertabhängige Kosten*	
Provisionen	4,05 DM
Lizenzen	7,50 DM
./. *sonstige absatzabhängige Kosten*	
Versandverpackung	6, – DM
Ausgangsfrachten	8,30 DM
Verkaufsüberschuß je Leistungseinheit	109,15 DM
./. erzeugungsabhängige Kosten	
Rohstoffe	28,95 DM
Hilfsstoffe	1,75 DM
variable Energiekosten	6,27 DM
Produktverpackung	3,05 DM
Deckungsbeitrag je Leistungseinheit	69,13 DM

Abb. 3.3.5.2: Beispiel für die Ermittlung des Stückdeckungsbeitrages einer bestimmten Leistungsart

dung unterstellten Leistungsart, so wird der Gewinn des Unternehmens unter sonst gleichen Umständen um 69,13 DM gesteigert.

Wie die Deckungsbeiträge je Leistungseinheit als „kleinste" Erfolgskomponente im Rahmen des stets retrograden Abrechnungsschemas der Einzelkosten- und Deckungsbeitragsrechnung unter Abzug von jeweils direkt zurechenbaren Einzelkosten weiter aggregiert werden, hängt wiederum – wie der Aufbau der Bezugsgrößen- bzw. Zurechnungshierarchien – von den relevanten Rechnungszwecken und dem gewünschten Grad der Informations-Detaillierung ab. Eine Möglichkeit hierfür besteht beispielsweise darin, daß man zunächst die Deckungsbeiträge einzelner Kundenaufträge (**Auftragsbeiträge**) bestimmt. Zu diesem Zweck multipliziert man die Stückbeiträge jeweils mit der Liefermenge der in dem einzelnen Auftrag enthaltenen Produktart und bringt dann von den aufsummierten produktartbezogenen Deckungsbeiträgen die dem Auftrag an sich zurechenbaren Kosten (z. B. die Kosten der Auftragsabwicklung, die Ausgangsfrachten usw.) in Abzug. Man kann aber ausgehend von den Stückbeiträgen auch gleich den **periodenbezogenen Deckungsbeitrag der betreffenden Produktart** als Ganzes bestimmen und dann bei der weiteren Zusammenfassung dieser Deckungsbeiträge etwa so vorgehen, wie dies für die Fixkostendeckungsrechnung vorgeschlagen wurde. Die Bestimmung des Periodenbeitrags nach diesem Prinzip soll wiederum durch ein Beispiel veranschaulicht werden. Der Leistungsfluß des betreffenden Betriebes ist in Abb. 3.3.5.3 dargestellt. Die praktische Vorgehensweise der retrograden Periodenbeitragsermittlung wird besonders deutlich, wenn man die graphische Darstellung der Abb. 3.3.5.4 betrachtet. Auftragsbeitrag

Zunächst werden für die betreffende Abrechnungsperiode die **Erzeugnisbeiträge** der einzelnen Produktarten A, B, C, D_1 bis D_3 ermittelt: von den jeweiligen Perioden- Erzeugnisbeitrag

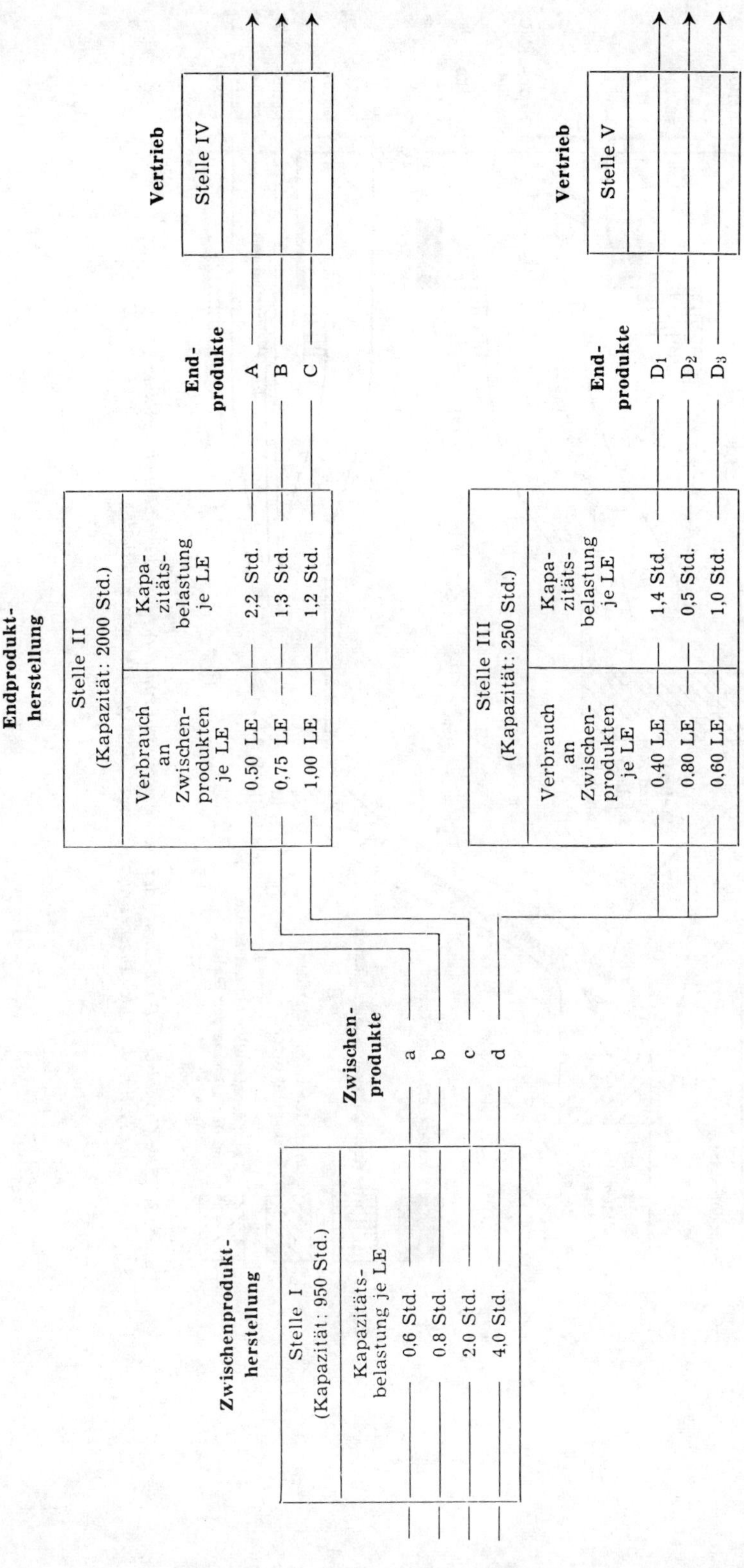

Abb. 3.3.5.3: Leistungsfluß des Beispielbetriebes

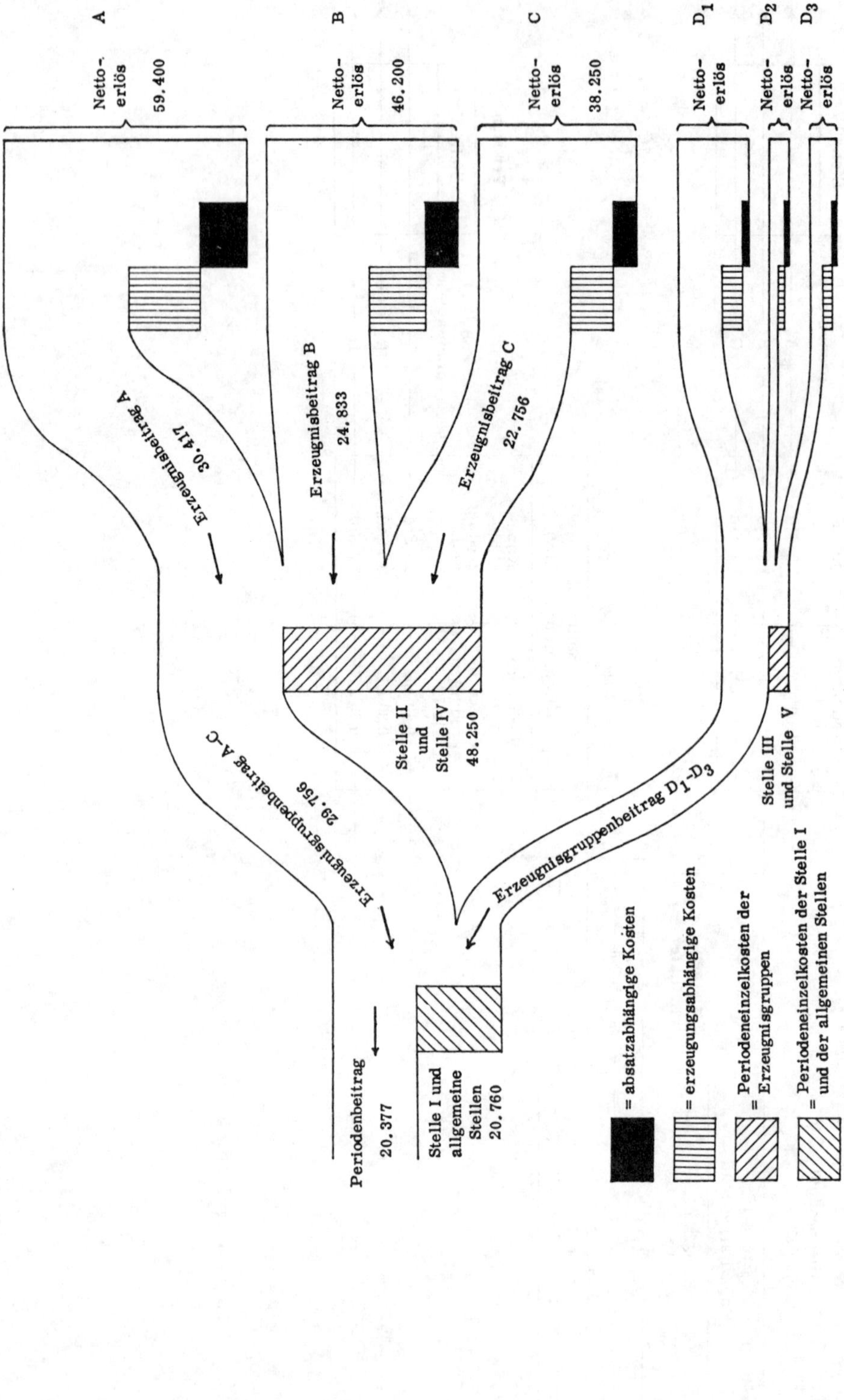

Abb. 3.3.5.4: Graphische Darstellung der schrittweisen Ermittlung des Periodenbeitrags im System der Deckungsbeitragsrechnung (Beträge: DM in der Periode)

nettoerlösen werden die direkt zurechenbaren absatz- und erzeugnisabhängigen Kosten in Abzug gebracht. Da die Stelle II und die Stelle IV ausschließlich von den Produkten A, B und C in Anspruch genommen werden, können die Kosten dieser Kostenstellen diesen drei Produkten gemeinsam zugerechnet werden (eine Zurechnung dieser Kosten auf ein einzelnes Produkt ist nicht möglich). Durch Abzug dieser Periodeneinzelkosten der Erzeugnisgruppe „A, B, C" (48 250 DM) von den zusammengefaßten Erzeugnisbeiträgen dieser Erzeugnisgruppe (78 006 DM) ergibt sich der **Erzeugnisgruppenbeitrag** von 29 756 DM. Analoges gilt für die Erzeugnisgruppe „D_1, D_2, D_3". Hier sind die Kosten für die Stellen III und V nur diesen drei Produkten gemeinsam zurechenbar. Schließlich sind die Kosten der Stelle I und die Kosten der allgemeinen Stellen (20 760 DM), die nur dem gesamten Unternehmen zurechenbar sind, den kumulierten Erzeugnisgruppenbeiträgen gegenüberzustellen. Hieraus ergibt sich der **Periodenbeitrag** für das Gesamtunternehmen (20 377 DM). Dieser Periodenbeitrag muß die dieser Abrechnungsperiode nicht zurechenbaren Periodengemeinkosten abdecken und auch noch einen Beitrag zum Unternehmensgewinn liefern.

Erzeugnisgruppenbeitrag

Periodenbeitrag

Die im vorangehenden Abschnitt erörterten Rechenergebnisse unterscheiden sich stark von denjenigen der nach traditionellen Grundsätzen für den gleichen Beispielbetrieb in der gleichen Planperiode erstellten Erfolgsrechnung (vgl. Abb. 2.2.1). Es fällt dabei insbesondere auf, daß gemäß der Ergebnisse der Vollkostenrechnung die Endproduktarten A und D_3 aus dem Produktions- und Absatzprogramm hätten eliminiert werden müssen, obwohl auch diese Produkte, wie sich nun zeigt, durchaus einen positiven Erzeugnisbeitrag liefern. Weiterhin ist beispielsweise auch die Höhe des Periodenbeitrags (20 377 DM) aus der traditionellen Erfolgsrechnung nicht ersichtlich. Dort wird lediglich das Umsatzergebnis der Abrechnungsperiode (15 580 DM; Zeile 19, Summenspalte der Abb. 2.2.1) ausgewiesen, welches über die Vorteilhaftigkeit des gewählten Produktions- und Absatzprogramms keine brauchbaren Informationen liefert.

Andere Formen der retrograden Erfolgsrechnung nach dem Prinzip der Einzelkosten- und Deckungsbeitragsrechnung bieten sich für die **Überwachung des Vertriebsbereichs** an, so beispielsweise eine sukzessive Zusammenfassung von Deckungsbeiträgen in der Reihenfolge Stückbeiträge → Auftragsbeiträge → Kundenbeiträge → Kundengruppenbeiträge → Periodenbeitrag des Gesamtunternehmens.

vertriebsbezogene Deckungsbeitragsrechnungen

Empfehlenswert ist es, für das Unternehmen als Ganzes zunächst *Deckungsbeiträge für einzelne Monate* (**Monatsbeiträge**) zu bestimmen, diese vom Anfang bis zum Ende des Jahres zu kumulieren und dann von diesem zusammengefaßten Bruttoerfolg die den einzelnen Monaten nicht zurechenbaren Jahreseinzelkosten abzuziehen. Das führt zum Ausweis des Jahresbeitrags, der die erfolgsmäßigen Auswirkungen der während dieses Zeitraums von dem betreffenden Betrieb entfalteten Aktivitäten erkennen läßt. Solche Informationen bilden zugleich auch die Basis für Investitionsrechnungen. Wie die Ermittlung von Monatsbeiträgen zur Bestimmung des Jahresbeitrags für das Gesamtunternehmen fortgesetzt wird, geht aus der in Abb. 3.3.5.5 enthaltenen schematischen Darstellung hervor.

mehrperiodische Deckungsbeitragsrechnungen

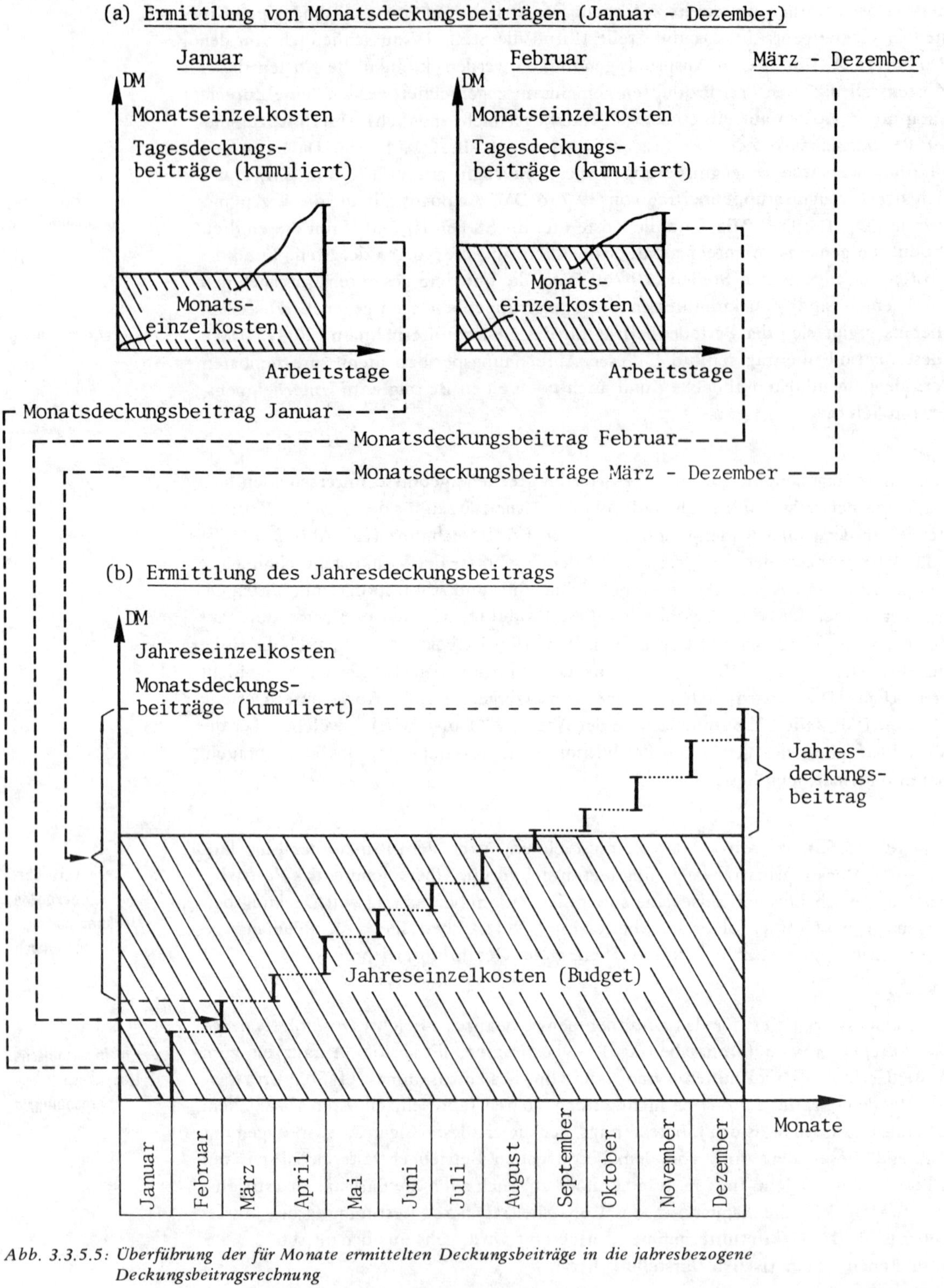

Abb. 3.3.5.5: Überführung der für Monate ermittelten Deckungsbeiträge in die jahresbezogene Deckungsbeitragsrechnung

3.3.6 Bestandsbewertung nach den Grundsätzen der Einzelkosten- und Deckungsbeitragsrechnung

Aus der Erkenntnis heraus, daß jeder Schlüsselung echter Gemeinkosten und somit auch jeder Proportionalisierung fixer Kosten Willkür anhaftet, bringt die Einzelkosten- und Deckungsbeitragsrechnung für die Lagerzugänge grundsätzlich keine „vollen“ Kosten in Ansatz[12]. Vielmehr werden die Bestände nur mit jenen Kosten bewertet, die durch ihre Herstellung zusätzlich hervorgerufen (verursacht) wurden. Für die Deckungsbeitragsrechnung bedeutet das, daß **grundsätzlich nur variable Kosten aktiviert werden. Die Fixkosten werden in vollem Umfang als Periodenkosten verrechnet**, also in der Abrechnungsperiode ausgewiesen, in der sie tatsächlich angefallen sind. Fallen variable Kosten an, die den einzelnen Leistungen nicht direkt zugerechnet werden können (variable Gemeinkosten – bei der Kuppelproduktion), so umfassen die Wertansätze der Deckungsbeitragsrechnung mitunter nicht einmal sämtliche variablen Kosten, sondern lediglich die **variablen Einzelkosten**.

Aktivierung der variablen Einzelkosten

Bedenkt man, daß die Bewertung der Bestände letztlich der periodengerechten Erfolgsermittlung dient, daß mit ihrer Hilfe Vorleistungen einer Periode, die in diesem Zeitraum zwar produziert, aber nicht abgesetzt wurden, abrechnungstechnisch auf die nächste Periode übertragen werden, so erkennt man, daß das Problem der Bestandsbewertung in einem sehr engen Zusammenhang mit dem periodenweisen Erfolgsausweis steht. Die Entscheidung für einen bestimmten Aktivierungsmodus bedeutet zugleich auch eine Entscheidung über die Höhe des Periodenerfolgs[13].

Auswirkungen auf den Erfolgsausweis

Da im Rahmen der Deckungsbeitragsrechnung – wie eben erwähnt – keine „vollen“ Herstellungskosten aktiviert werden, führt der Übergang zu diesem System zwangsläufig zu einem anderen periodischen Erfolgsausweis – nicht zuletzt deshalb, weil im Rahmen der Deckungsbeitragsrechnung besonders strenge Anforderungen an die Zurechenbarkeit der Kosten und Erlöse auf Perioden gestellt werden. Sofern man hiervon absieht, sind die Periodenerfolge zwischen Vollkostenrechnung und Deckungsbeitragsrechnung allerdings nur dann verschieden, wenn es tatsächlich zu einer Lagerhaltung von Halb- und Fertigwaren – genauer gesagt: zu einer Veränderung der Bestände – kommt. Unter sonst gleichen Umständen weichen die Periodenergebnisse der beiden Kostenrechnungssysteme um so stärker voneinander ab, je mehr die Produktions- und Absatzmengen der einzelnen Perioden auseinanderfallen.

Verzichtet man auf eine Aktivierung anteiliger Fixkosten, so kann es vor allem nicht mehr vorkommen, daß die Lagerzugänge in Zeiten schlechter Beschäftigung mit höheren Werten in die Bilanz eingehen als bei hohem Beschäftigungsgrad, wie sich das zwangsläufig ergibt, wenn unter konsequenter Anwendung des Vollkostenprinzips stets sämtliche Fixkosten auf die Erzeugnisse weiterverrechnet werden. Allerdings wird eine solche Vollkostenkalkulation auf der Basis der jeweiligen Ist-

keine Aktivierung anteiliger Fixkosten

12 Die folgenden Ausführungen stützen sich weitgehend auf meinen Beitrag „Deckungsbeitragsrechnung und Bilanzierung“, Teil I: Die Bewertung von Halb- und Fertigfabrikaten, in: Betriebswirtschafts-Magazin, Jg. 1972, Nr. 11, S. 539–542 – Teil II: Handels- und steuerrechtliche Bestandsbewertungsvorschriften, ebenda, Nr. 12, S. 593–596.

13 Vgl. Hummel, S.: Die Auswirkungen von Lagerbestandsveränderungen auf den Periodenerfolg, S. 155–180.

Beschäftigung in der Praxis erfreulicherweise heute ohnehin nicht mehr häufig angewandt. Meist wählt man unabhängig vom effektiven Beschäftigungsgrad die Normalbeschäftigung als Basis für die Fixkostenverrechnung. Hierbei ergeben sich aber ebenfalls Manipulationsmöglichkeiten, weil keineswegs eindeutig bestimmbar ist, welches der allein richtige Beschäftigungsgrad für die Fixkostenverrechnung ist. In Mehrproduktbetrieben kann man außerdem über die Wahl der Gemeinkostenschlüssel einen Einfluß auf die Bestandswerte ausüben, denn eine Aufschlüsselung von Gemeinkosten ist grundsätzlich nicht ohne Willkür möglich.

Darüber hinaus schließt eine Bestandsbewertung nach den Grundsätzen der Dekkungsbeitragsrechnung von vornherein aus, daß Unternehmungen in Zeiten schlechter Beschäftigung durch eine bilanzpolitisch motivierte Produktion auf Lager (für die möglicherweise überhaupt noch keine Absatzaussichten bestehen) die gegenwärtige Periode von Fixkosten entlasten und damit eine günstigere Ertragslage vortäuschen können. Gehen in die Wertansätze anteilige Fixkosten ein, so werden diese Kosten über die Bilanz aus dem einen Jahr herausgehoben und auf das folgende übertragen. Der Gewinn des laufenden Geschäftsjahres fällt dadurch höher aus als jener Gewinn, der ohne den Bestandszugang ausgewiesen würde. Die Aktivierung fixer Kosten in den Beständen ist also eine interessante Möglichkeit für den Ausweis noch nicht realisierter Gewinne in der Bilanz. Müssen die aus bilanzpolitischen Motiven aufgebauten Lagervorräte in späteren Perioden wieder abgebaut werden, wirkt sich die Aktivierung fixer Kosten unter Umständen ebenfalls nachteilig aus, denn häufig müssen solche überhöhten Lagervorräte zu Preisen verkauft werden, die allenfalls die variablen Kosten der Herstellung decken, jedoch keine volle Deckung der im Lagerwert enthaltenen anteiligen fixen Kosten sicherstellen. In einem solchen Fall hat man im Jahr des Verkaufs außer den laufenden fixen Kosten noch ungedeckte fixe Kosten aus früheren Perioden zu tragen. Der Lagerabbau wirkt sich dann negativ auf die Rentabilität des Betriebs aus, und manche Betriebe werden aus diesem Grund den Abbau der Vorräte oft weit hinauszögern. Hätte man die Bestände an fertigen Erzeugnissen zu ihren Einzelkosten bewertet, so wäre es auch rentabilitätsmäßig sofort interessant, gestiegene Läger zu reduzierten Verkaufspreisen zu räumen und die in den Lagervorräten enthaltenen Deckungsbeiträge freizusetzen, da **nur die Absatzmenge gewinnbestimmend** ist.

kein Ausweis nicht realisierter Gewinne

Die Absatzmenge ist allein gewinnbestimmend

Demgegenüber kann man aus der Höhe jenes Periodengewinns, der nach traditionellen Grundsätzen ermittelt wurde, nicht auf die während der betreffenden Periode tatsächlich vorliegenden Produktions- und Absatzverhältnisse schließen. Denn bei hohem Produktionsvolumen, aber niedrigen Umsätzen wird unter Umständen genau derselbe Gewinn ausgewiesen wie bei niedrigen Produktions-, aber hohen Verkaufsziffern.

Bei einer Bewertung der Lagerbestände zu Einzelkosten läßt sich – unter sonst unveränderten Umständen – aus einer Steigerung (Reduzierung) des Gewinns unmittelbar auf eine Ausweitung (Verminderung) des Absatzes schließen. So lassen sich die Gewinn- und Verlustrechnungen einfacher und zuverlässiger auswerten und interpretieren – dies nicht zuletzt aber auch deshalb, weil die so ermittelten Ergebnisse nicht durch die fragwürdige Aufschlüsselung von Gemeinkosten verzerrt sind. **Die Forderung des AktG von 1965 nach einem sicheren Einblick in die Vermögens- und Ertragslage (§ 149) wird entschieden besser erfüllt.**

besserer Einblick in die Vermögens- und Ertragslage

Vor allem den externen Bilanzinteressenten macht man es nur unnötig schwer, wenn man nach den Regeln der Vollkostenrechnung bewertet, denn diesen Personen sind die Annahmen, die dem ausgewiesenen Zahlenmaterial zugrunde liegen, besonders die angewandten Methoden der Gemeinkostenaufschlüsselung und hier der Fixkostenproportionalisierung, nicht ersichtlich. Demgegenüber offenbart die Deckungsbeitragsrechnung gerade durch die Trennung zwischen Leistungs- und Bereitschaftskosten das tatsächliche Kostenverhalten und erleichtert damit Extrapolationen und Gewinnprognosen, zumal der Gewinn in direkter Abhängigkeit zum Verkauf steht.

Abgesehen davon ist es bei einer Bestandsbewertung nach den Grundsätzen der Deckungsbeitragsrechnung seltener erforderlich, die Bestandswerte im Sinn einer Wahrung des Prinzips der verlustfreien Bewertung „nach unten" zu korrigieren, wie das nach dem Imparitätsprinzip zu geschehen hat, wenn der Börsen- oder Marktpreis oder der Wert, der den Beständen am Bilanzstichtag beizulegen ist, niedriger als die Herstellkosten ist. Da die Herstellkosten der Deckungsbeitragsrechnung generell niedriger sind als die Vollkosten, müßte der Zeitwert der Bestände stärker fallen, um das Niveau der so bemessenen Herstellkosten zu unterschreiten. Die Deckungsbeitragsrechnung gewährleistet demnach auch eine **größere Bewertungsstetigkeit**[14]. größere Bewertungsstetigkeit

In der Abb. 3.3.6.1 werden die vorstehend erläuterten Unterschiede in der Bestandsbewertung und im Erfolgsausweis zwischen Vollkostenrechnung einerseits und Deckungsbeitragsrechnung andererseits an Hand eines einfachen Zahlenbeispiels veranschaulicht. Weiterhin lassen sich mit Hilfe dieses Beispiels die schon erläuterten Vorteile einer Bestandsbewertung zu variablen Kosten (genauer: Einzelkosten) nochmals verdeutlichen. So wird etwa bei einer Bestandsbewertung nach den Grundsätzen der Vollkostenrechnung für die Abrechnungsperiode 2 (im Vergleich zur Abrechnungsperiode 1) eine „Erfolgsverbesserung" von 2 520 DM errechnet, die – aufgrund der gleich hohen Absatzmenge in beiden Planperioden – ausschließlich durch die auf Lager genommene Mehrproduktion (200 Stück) zustande kam (vgl. Zeilen 2–4 und Zeile 14, Spalten 1 und 2 der Abb. 3.3.6.1). Wird demgegenüber die Bestandsbewertung nach den Grundsätzen der Deckungsbeitragsrechnung vorgenommen, so kommt es nicht zum Ausweis von in der betreffenden Periode noch nicht realisierten Gewinnen. Allein die Absatzmenge ist gewinnbestimmend, so daß Perioden mit gleichen Absatzmengen (wie z. B. die Perioden 1 und 2 einerseits und die Perioden 4 und 5 andererseits) unter sonst gleichen Bedingungen auch Erfolge in derselben Höhe aufweisen (vgl. Zeile 12, Spalten 1 und 2 sowie 4 und 5 der Abb. 3.3.6.1).

Vereinbarkeit mit handelsrechtlichen Bewertungsvorschriften

Von einigen Autoren[15] wird gegen die Deckungsbeitragsrechnung eingewandt, es sei unmöglich, mit Hilfe dieses Systems der Kosten- und Leistungsrechnung jene Werte

---

14 Layer, Manfred: Die Herstellkosten der Deckungsbeitragsrechnung und ihre Verwendbarkeit in Handelsbilanz und Steuerbilanz für die Bewertung unfertiger und fertiger Erzeugnisse, in: Zeitschrift für betriebswirtschaftliche Forschung, 21. Jg. (1969), H. 2/3, S. 155.

15 Döllerer, Georg: Rechnungslegung nach dem neuen Aktiengesetz und ihre Auswirkungen auf das Steuerrecht, in: Der Betriebs-Berater, 20. Jg. (1965), S. 1412–1413. – van der Velde, Kurt: Herstellungskosten in neuester Sicht, in: Der Betrieb, 22. Jg. (1969), S. 1213–1221. – Eßler, J.: Gliederungsvorschriften, Bewertung, Gewinnverwendung und

	aufeinanderfolgende Abrechnungsperioden	1	2	3	4	5	6	Σ
1	Fertigwarenlager zu Beginn der Periode			200	200			
2	Produktionsmenge der Periode	800	1.000	900	800	1.000	1.000	5.500
3	Absatzmenge der Periode	800	800	900	1.000	1.000	732	5.232
4	Bestandsveränderung		+ 200		- 200		+ 268	268
5	Nettoerlöse (je Stück 40,- DM)	32.000	32.000	36.000	40.000	40.000	29.280	209.280
6	absatzabhängige Einzelkosten (je Stück 3,- DM)	2.400	2.400	2.700	3.000	3.000	2.196	15.696
7	erzeugungsabhängige Einzelkosten (je Stück 15,- DM)	12.000	15.000	13.500	12.000	15.000	15.000	82.500
8	fixe Herstellungskosten	12.600	12.600	12.600	12.600	12.600	12.600	75.600
9	sonstige Fixkosten	6.000	6.000	6.000	6.000	6.000	6.000	36.000
10	Überschuß der Nettoerlöse über die in den Perioden effektiv angefallenen Kosten (Zeile 5 - Zeilen 6-9)	-1.000	-4.000	+1.200	+6.400	+3.400	-6.516	- 516
	Bestandsbewertung und Erfolgsausweis nach den Grundsätzen der Deckungsbeitragsrechnung							
11	Wert der Bestandsveränderungen (je Stück 15,- DM)		+3.000		-3.000		+4.020	4.020
12	ausgewiesener Periodenerfolg (Zeile 10 + Zeile 11)	-1.000	-1.000	+1.200	+3.400	+3.400	-2.496	3.504
	Bestandsbewertung und Erfolgsausweis nach den Grundsätzen der Vollkostenrechnung							
13	Wert der Bestandsveränderung (je Stück 15,- DM + 12,60 DM *) = 27,60 DM)		+5.520		-5.520		+7.396	7.396
14	ausgewiesener Periodenerfolg (Zeile 10 + Zeile 13)	-1.000	+1.520	+1.200	+ 880	+3.400	+ 880	6.880

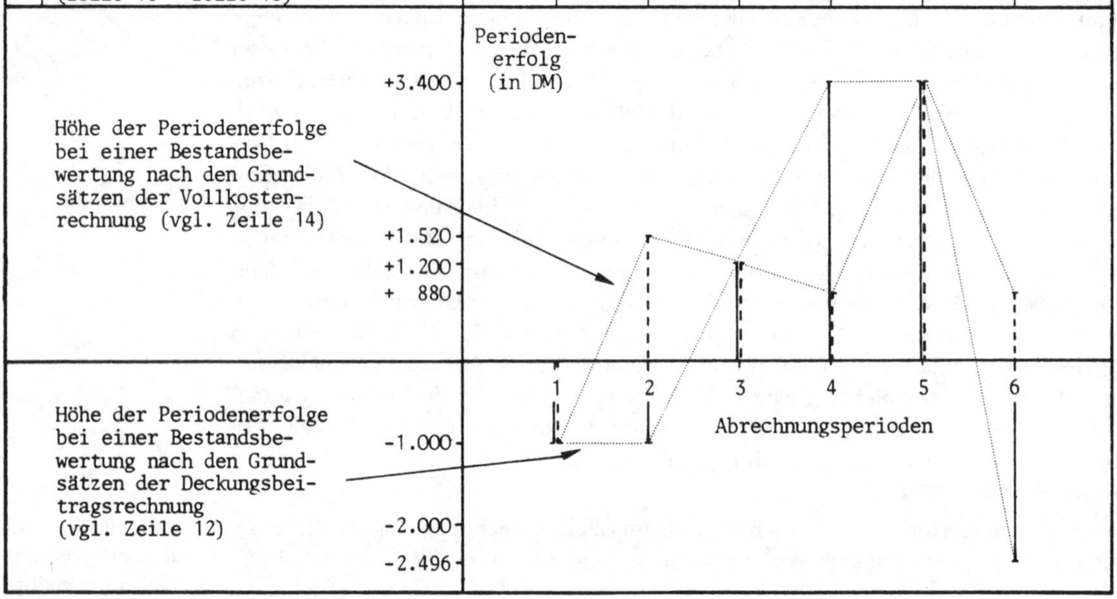

*) Die Ermittlung dieser "anteiligen" fixen Herstellungskosten erfolgte auf der Grundlage einer Basis-Beschäftigung von 1000 Stück pro Periode.

Abb. 3.3.6.1: Der Einfluß der Bestandsbewertung auf den Erfolgsausweis

zu bestimmen, die für die Bestände an Halb- und Fertigfabrikaten nach den Vorschriften des Handels- und Steuerrechts in Ansatz zu bringen sind. Dabei wird davon ausgegangen, das Handelsrecht fordere eine Aktivierung anteiliger Fixkosten. Für das neue **Aktiengesetz** trifft das aber keineswegs zu. Das Aktiengesetz bestimmt zwar ganz klar, daß Halb- und Fertigfabrikate zu den Anschaffungs- oder Herstellungskosten anzusetzen sind (§ 155 Abs. 1 AktG), doch wird der Begriff Herstellungskosten nicht eindeutig festgelegt (§ 153 Abs. 2 AktG): „Bei der Berechnung der Herstellungskosten dürfen in angemessenem Umfang Abnutzungen und sonstige Wertminderungen sowie angemessene Teile der Betriebs- und Verwaltungskosten eingerechnet werden, die auf den Zeitraum der Herstellung entfallen; Vertriebskosten gelten nicht als Betriebs- und Verwaltungskosten." Aus dem Wort „**dürfen**" kann das Recht zur Wahl zwischen verschiedenen Bewertungsmethoden abgeleitet werden[16].

Schließt man sich dieser Meinung an, so muß man sowohl in der Bewertung mit den Herstellkosten der Deckungsbeitragsrechnung als auch in der Bewertung mit den „vollen" Herstellkosten eine zulässige Bewertungsmethode sehen. Man muß davon ausgehen, daß aus dem Aktiengesetz keine generelle Aktivierungspflicht für die fixen Kosten des Herstellungsbereichs abgeleitet werden kann.

Eine solche Interpretation des aktienrechtlichen Begriffs der Herstellungskosten steht auch nicht im Widerspruch zum Fixwertprinzip des Aktiengesetzes, solange von der einmal gewählten Bewertungsmethode nicht ohne zwingende Gründe abgewichen wird.

Viele betriebswirtschaftliche Autoren vertreten sogar die Auffassung, daß Halb- und Fertigfabrikate mit den variablen Kosten bewertet werden **müssen** (§ 155 AktG): Die Herstellungskosten (§ 155 Abs. 2 AktG) sind die variablen Kosten. Diese These läßt sich damit begründen, daß nach dem Realisationsprinzip keine zukünftigen Gewinne ausgewiesen werden dürfen. Da die fixen Kosten als Periodenkosten zur Aufrechterhaltung der Betriebsbereitschaft ohnehin – unabhängig von der tatsächlichen Erzeugung – anfallen, werden sie nicht von einzelnen Leistungseinheiten verursacht. Gewinn einer Leistungseinheit ist demnach nicht die Differenz zwischen Verkaufserlös und „vollen" Herstellungskosten, sondern die Differenz zwischen Verkaufserlös und Leistungskosten, denn nur diese werden speziell von der Herstellung der betreffenden Leistung hervorgerufen. Beim Bilanzieren der Halb- und Fertigfabrikate zu Werten, die über die jeweiligen Leistungskosten hinausgehen, würde man also bereits einen Teil dieser Gewinne der Leistung aktivieren; dies widerspräche dem Realisationsprinzip. Folglich darf man die Bestände, wenn man den betriebswirtschaftlichen Grundprinzipien des Aktiengesetzes gerecht werden will, nur zu Leistungskosten (variablen Kosten) aktivieren. Auch die für die **Steuerbilanz** maßgebenden Wertansätze sind an die Grundsätze ordnungsmäßiger Buchführung

---

Pflichtangaben nach dem Aktiengesetz 1965, in: Die Aktiengesellschaft, 10. Jg. (1965), H. 11, S. 310–319. – Henzel, Fritz: Vollkostenrechnung mit gesonderten Fixkostenbeiträgen, in: Zeitschrift für Betriebswirtschaft, 37. Jg. (1967), Nr. 8, S. 485–502.

16 Layer, M.: Die Herstellkosten, S. 131–155. – Henzel, F.: Vollkostenrechnung, S. 485 bis 502. – Forster, Karl-Heinz: Neue Pflichten des Abschlußprüfers nach dem Aktiengesetz 1965, in: Wirtschaftsprüfung, 18. Jg. (1965), Nr. 22, S. 585–606. – Kofahl, Günther: Bilanzpolitische Gedanken zur Aktienrechtsreform, in: Neue Betriebswirtschaft, Jg. 1965, Nr. 7, S. 194–197.

und die handelsrechtlichen Bewertungsvorschriften gebunden (§ 5 EStG). Doch gilt das nur insoweit, als nicht spezielle steuerrechtliche Bestimmungen ein davon abweichendes Vorgehen vorschreiben. Das ist aber der Fall, da durch Abschnitt 33 EStR festgelegt wird, **daß in die zu aktivierenden Herstellungskosten auch anteilige Material- und Fertigungsgemeinkosten mit einzubeziehen sind.**

Vereinbarkeit mit steuerrechtlichen Bewertungsvorschriften

Wer die Vorteile der Deckungsbeitragsrechnung für die Ausgestaltung des innerbetrieblichen, entscheidungsorientierten Rechnungswesens nutzen will, wird jedoch durch die Bestandsbewertungsvorschriften des Steuerrechts nicht gehindert. Denn diese Vorschriften lassen sich auch beim Übergang zu diesem System der Kosten- und Leistungsrechnung ohne große Schwierigkeiten erfüllen. Manche meinen, im Hinblick auf die Erfüllung dieser Anforderungen sei es am zweckmäßigsten, **während der gesamten Abrechnungsperiode sämtliche Leistungen sowohl nach den Grundsätzen der Deckungsbeitragsrechnung als auch nach den Grundsätzen der Vollkostenrechnung abzurechnen.** Zu einem solchen Nebeneinander beider Kostenrechnungssysteme wird man vor allem dort neigen, wo die in mancher Hinsicht zweifellos tiefgreifende Umstellung auf die Grundgedanken und Grundprinzipien der Deckungsbeitragsrechnung nicht unverzüglich gelingt, oder dort, wo man bei der für einen unverzüglichen Wechsel des Abrechnungssystems notwendigen personellen Umstellung auf Schwierigkeiten stößt. Doch ist dieser Weg allenfalls als Übergangslösung sinnvoll. Auf die Dauer wäre er viel zu kostspielig. Für die Zwecke der steuerlichen Bestandsbewertung reicht es grundsätzlich aus, **wenn die Deckungsbeitragsrechnung lediglich am Jahresende zu einer Vollkostenrechnung für die auf Lager produzierten Halb- und Fertigwaren fortgeführt wird.** Die hierfür notwendigen Informationen können allesamt aus dem Zahlenmaterial der Deckungsbeitragsrechnung entnommen werden. Die Verrechnung der Gemeinkosten auf die Kostenträger kann auf der Kostenstellenrechnung aufbauen, die beim Rechnen mit Einzelkosten und Deckungsbeiträgen nicht entfällt. Sie muß nur noch durch die Umlagen ergänzt werden. Dabei und beim Weiterwälzen der Stellenkosten auf die Kostenträger genügt es, mit relativ groben Zuschlägen oder Verrechnungssätzen zu arbeiten. Denn der Beweis dafür, daß ein ganz bestimmter Verrechnungsmodus der allein richtige ist, kann auch dem Gesetzgeber bzw. der Steuerbehörde nicht gelingen, eben weil es aus der Natur der Sache heraus keinen „richtigen" Gemeinkosten-Schlüssel geben kann. So kann man die Gemeinkosten beispielsweise auch als globalen prozentualen Zuschlag auf die direkten Kosten verrechnen oder nach dem „Tragfähigkeitsprinzip" auf die einzelnen Leistungen verteilen. Ergänzungsrechnungen dieser Art verursachen, da sie in relativ einfacher Weise und nur einmal im Jahr durchzuführen sind, keinen großen Aufwand.

Nebeneinander von Deckungsbeitragsrechnung und Vollkostenrechnung

positionsweise Doppelbewertung am Jahresende

An Stelle einer positionsweisen Doppelbewertung kann auch lediglich eine **globale Umbewertung** vorgenommen werden, d. h. am Ende des Abrechnungszeitraumes wird lediglich ein globaler prozentualer Zuschlag zu den variablen Fertigungskosten der insgesamt auf Lager produzierten Mengen verrechnet. Wer diesen oder den zuvor genannten Weg geht, kann das ganze Jahr über im innerbetrieblichen Rechnungswesen ohne Einschränkung und ohne irgendwelche Abweichungen die Grundsätze der Deckungsbeitragsrechnung anwenden, gleichzeitig aber am Jahresende die steuerlichen Bestandsbewertungsvorschriften erfüllen, ohne daß dadurch ein ins Gewicht fallender zusätzlicher Arbeitsaufwand entsteht.

globale Umbewertung

3.3.7 Die Einzelkosten- und Deckungsbeitragsrechnung als modernes Dispositions- und Kontrollinstrument

Um die eingangs erwähnten Hauptziele der Einzelkosten- und Deckungsbeitragsrechnung noch besser zu verdeutlichen, soll anhand einiger praktisch bedeutsamer Anwendungsgebiete bzw. Fragestellungen demonstriert werden,

inwieweit sich dieses System der Teilkostenrechnung als modernes Dispositions- und Kontrollinstrument als besonders nützlich erweist.

3.3.7.1 Erfolgsprognose

Die Aufspaltung der Kosten in Leistungskosten und Bereitschaftskosten und der dadurch mögliche Ausweis der Deckungsbeiträge je Leistungseinheit (Stückbeiträge) schafft die Voraussetzungen für eine **aussagefähige Erfolgsprognose**, die zudem nur einen sehr geringen Rechenaufwand erfordert, weil die Saldierung der Einzelerlöse und Einzelkosten je Leistungseinheit eine getrennte Durchrechnung der Erlöse einerseits und der Kosten andererseits erspart. Die bei einer Ausweitung oder Verminderung des Absatzes bestimmter Erzeugnisarten zu erwartenden Gewinnänderungen können – sofern die sonstigen Bedingungen gleichbleiben – durch einfache Multiplikation der Stückbeiträge mit den hinzukommenden bzw. wegfallenden Absatzmengen ohne weitere Neben- bzw. Korrekturrechnungen sofort bestimmt werden. Die Bereitschaftskosten sind in solche Erfolgsveränderungsrechnungen nur dann einzubeziehen, wenn sich ihre Höhe infolge eines Auf- oder Abbaus der Betriebsbereitschaft bzw. der Kapazität tatsächlich verändert. Das ist wegen der systemimmanenten Differenzierung der Bereitschaftskosten nach ihrer Bindungsdauer leichter und schneller feststellbar als in allen anderen Kostenrechnungssystemen. Im übrigen weist die Einzelkosten- und Deckungsbeitragsrechnung als verfeinertes Teilkostenrechnungssystem gleichzeitig all jene Vorteile auf, die schon im Abschnitt über das einfache Direct Costing in bezug auf die Erfolgsprognose und Erfolgsplanung herausgestellt wurden.

Erfolgsprognose

3.3.7.2 Programmplanung und Programmanalyse

Im Rahmen der Planung und Analyse des Produktions- und Absatzprogrammes steht jedes Unternehmen vor der Frage, an welchen Kriterien die Vorteilhaftigkeit der absetzbaren Produktarten zu messen ist. In der Praxis orientiert man sich vielfach auch heute noch am kalkulatorischen Nettogewinn, der im System der Vollkostenrechnung durch Gegenüberstellung von Erlösen und „vollen" Selbstkosten errechnet wird. Eine solche Vorgehensweise ist jedoch mit zahlreichen Mängeln behaftet, die bereits ausführlich in Abschnitt 2.2 dargelegt wurden. Sachgerechte Programmplanungen und Programmanalysen erreicht man nur bei einem der Einzelkosten- und Deckungsbeitragsrechnung gemäßen Rechnen mit relevanten Kosten und Erlösen. Welche Erfolgselemente jeweils als relevant anzusehen sind, hängt von den Besonderheiten der jeweiligen Entscheidungssituation ab.

Programmplanung und Programmanalyse

langfristige Programmplanung

Für die **langfristige Programmplanung** (der auf lange Sicht erfolgenden Festlegung des Sortiments und des Mengenverhältnisses der Produktarten zueinander) sind nicht nur die variablen Einzelkosten der verschiedenen Produkte relevant. Vielmehr ist über deren Erfassung hinaus sehr sorgfältig zu analysieren, zu welchem Teil, in welchen Sprüngen, in welchen Zeitintervallen und zu welchen Terminen Bereitschaftskosten im Zuge sortimentspolitischer Entscheidungen ab- bzw. aufgebaut werden können. Hierfür sind in der Regel Sonderrechnungen erforderlich, die von den in der Grundrechnung enthaltenen Informationen ausgehen und letztlich in Investitionsrechnungen einmünden. Die **kurzfristige Programmplanung** ermittelt, welche in den auf lange Sicht festgelegten Produktions- und Absatzprogrammen enthaltenen Produkte besonders forciert werden sollen, welche Produktarten nicht mehr angeboten werden sollen und welche Zusatzaufträge für das Unternehmen rentabel sind. Für solche Entscheidungen, die vor dem Hintergrund einer gegebenen Betriebsbereitschaft getroffen werden, sind die Bereitschaftskosten des Unternehmens irrelevant. Wie man im konkreten praktischen Einzelfall zu entscheiden hat, hängt von der jeweiligen Beschäftigungssituation des Unternehmens ab.

kurzfristige Programmplanung

Programmplanung bei Unterbeschäftigung

In unterbeschäftigen Betrieben wird man prinzipiell alle Produktarten und Aufträge in das Leistungsprogramm aufnehmen, die einen positiven Deckungsbeitrag erbringen. Auf lange Sicht muß allerdings zusätzlich sichergestellt sein, daß die Summe der Deckungsbeiträge mindestens so hoch ist wie der Deckungsbedarf, d. h. wie die während des jeweiligen Planungszeitraums abbaufähigen, also die diesem Zeitabschnitt direkt zurechenbaren Bereitschaftskosten.

Programmplanung bei Vollbeschäftigung

Für Betriebe mit Engpässen reicht die Kenntnis der absoluten Deckungsbeiträge einzelner Leistungseinheiten, Leistungsarten oder Aufträge nicht aus. Solche **voll- bzw. überbeschäftigten Unternehmen** würden jedenfalls nicht richtig handeln, wenn sie einfach jene Leistungsarten besonders forcieren würden, die pro Stück den höchsten Deckungsbeitrag erbringen. Um zu richtigen Entscheidungen zu gelangen, muß man die Deckungsbeiträge der absetzbaren Produktarten auf die durch die Herstellung bzw. den Vertrieb in Anspruch genommenen Engpaßeinheiten (z. B. auf die während des Fertigungsprozesses in Anspruch genommenen knappen Arbeiter- oder Maschinenstunden) beziehen. Die so ermittelten **engpaßbezogenen Deckungsbeiträge** sind das relevante Maß für die Ergiebigkeit der Nutzung effektiver oder potentieller Engpässe, also das entscheidende Kriterium für die Programmplanung: Zunächst sind die Leistungsarten mit den höchsten engpaßbezogenen Deckungsbeiträgen in das Produktions- und Absatzprogramm aufzunehmen. Eine Auswahl der Leistungsarten in der Reihenfolge abnehmender engpaßbezogener Deckungsbeiträge führt automatisch zur Maximierung des Gewinns – und zwar unabhängig von der Höhe der jeweils abzudeckenden Bereitschaftskosten.

Eine solche nach dem Kriterium „engpaßbezogener Deckungsbeitrag" gebildete Produkt-Rangfolge wird in der Regel anders strukturiert sein als jene, die sich nach dem für die traditionelle Vollkosten- und Nettoerfolgsrechnung maßgeblichen Auswahlkriterium „Netto-Stückgewinn" ergibt. Ihre Struktur ist von der Lage des jeweils relevanten Engpasses abhängig, also etwa davon, ob die Arbeitskräfte, bestimmte Maschinenkapazitäten, irgendwelche Rohstoffe oder etwa die Finanzen des Betriebes zu knapp bemessen sind. Daher ist damit zu rechnen, daß es bei einer Engpaß-Verlagerung auch zu einer anderen Produkt-Rangfolge kommt.

Der „Deckungsbeitrag in Prozent des Umsatzes" ist – anders als manche meinen – kein aussagefähiger Indikator für die Planung des Produktions- und Absatzprogramms. Ihm kommt nur in einigen wenigen Ausnahmefällen (z. B. dann, wenn das für einen Lieferanten nutzbare Einkaufsbudget der Abnehmer einen Engpaß darstellt) praktische Bedeutung zu, denn in der Regel konkurrieren die verschiedenen Produktarten eines Betriebes nicht um dieselben Absatzpotentiale. Die Kennzahl „Deckungsbeitrag in Prozent der variablen Kosten" hat überhaupt keine praktische Relevanz. Sie darf also – ebensowenig wie die vorgenannte – nicht mit den echten „engpaßbezogenen Deckungsbeiträgen" gleichgesetzt bzw. verwechselt werden.

Grenzen ergeben sich für das Rechnen mit engpaßbezogenen Deckungsbeiträgen, wenn man bei der Programmplanung **mehrere betriebliche Engpässe** (z. B. knappe Maschinenkapazitäten sehr unterschiedlicher Art) zu berücksichtigen hat. Unter solchen Bedingungen müssen zur Lösung von Programmplanungsproblemen Methoden der mathematischen Programmierung (speziell die Lineare Planungsrechnung) herangezogen werden.

Ein Beispiel zur kurzfristigen Programmplanung

Wie man beim Aufstellen kurzfristiger Programmpläne nach den Grundsätzen des Rechnens mit Einzelkosten und Deckungsbeiträgen im einzelnen vorgehen muß, soll wiederum durch ein **Beispiel** verdeutlicht werden. Diesem Beispiel liegt jenes Unternehmen zugrunde, dessen Leistungsfluß bereits in Abb. 3.3.5.3 dargestellt und für das gemäß Abb. 2.2.1 zunächst eine nach den Grundsätzen der Vollkostenrechnung konzipierte kurzfristige Erfolgsrechnung aufgestellt wurde. Abb. 3.3.7.2.1 demonstriert für denselben Beispielbetrieb das schrittweise Vorgehen bei einer Programmplanung und Programmanalyse nach den Grundsätzen der Deckungsbeitragsrechnung. Nach der **Feststellung der absetzbaren Endproduktarten** (vgl. Zeile 1) und der **Ermittlung der in der Planungsperiode voraussichtlich maximal absetzbaren Mengen** (vgl. Zeile 2) müssen zunächst die **Deckungsbeiträge je Leistungseinheit (Stückbeiträge) der verschiedenen Produkte errechnet** werden (vgl. Zeilen 3 bis 13). Diese in Zeile 13 ausgewiesenen Deckungsbeiträge sind im Beispiel allesamt positiv. Im Falle einer Unterbeschäftigung wären demnach sämtliche Endproduktarten im Sortiment zu belassen. Die Produkte A und D_3 führen also keineswegs zu Verlusten, wie dies die Vollkostenrechnung (gemäß Abb. 2.2.1 in Zeile 20) zu beweisen schien.

In einem nächsten Schritt ist durch eine **Kapazitätsanalyse** festzustellen, ob und gegebenenfalls wo mögliche Engpässe im Unternehmen vorhanden sind. Im Beispielbetrieb zeigt sich ein Engpaß in der Stelle I, da hier den benötigten 974 Stunden lediglich 950 Stunden an Kapazität gegenüberstehen (vgl. Zeile 14). Daher müssen die in Zeile 13 ermittelten absoluten Deckungsbeiträge je Leistungseinheit auf diesen Engpaß bezogen werden. Das erreicht man über eine Division dieser Stückbeiträge durch den jeweiligen Bedarf an Engpaßstunden der Stelle 1 (vgl. Zeilen 17 und 18). Die in der Zeile 18 ausgewiesenen **„engpaßbezogenen Deckungsbeiträge"** stellen das für die programmpolitische Entscheidung maßgebliche Kriterium dar. Die **Ermittlung der Prioritäten** (vgl. Zeile 19) zeigt, daß die Produkte – anders als dies aus dem Zahlenwerk der Vollkostenrechnung hervorgeht – in der Reihenfolge A, B, C, D_1, D_2 und D_3 in das Produktions- und Absatzprogramm aufzunehmen sind. Das Kapazitätsdefizit der Stelle I (24 Stunden) muß durch Eliminierung einer entsprechenden Menge des „schwächsten" Produktes D_3 abgebaut werden. Da das Produkt D_3 die Stelle I mit 2,4 Stunden/Leistungseinheit in Anspruch nimmt, können

1. Schritt: Ermittlung der absetzbaren Produktarten

1	absetzbare Endprodukte	A	B	C	D_1	D_2	D_3

2. Schritt: Ermittlung der in der Planungsperiode voraussichtlich absetzbaren Mengen

2	mögliche Absatzmengen (in LE)	440	330	150	100	20	50	LE

3. Schritt: Ermittlung des Stückbeitrags (Deckungsbeitrag je LE)

Nur Produkte, die einen positiven Deckungsbeitrag erbringen, sind in die engere Wahl zu ziehen. Die Herstellung von Produkten mit negativem Deckungsbeitrag ist generell (auch im Falle der Unterbeschäftigung) unrentabel.

3	**Nettoerlös** je Leistungseinheit	135,00	140,00	255,00	173,00	220,00	145,00	DM/LE
	⁒ **umsatzwertabhängige Kosten**							
4	Provision	4,05	4,20	7,65	5,19	6,60	4,35	
5	Lizenzen	7,50					2,10	
	⁒ **sonstige absatzabhängige Kosten**							
6	Versandverpackung	6,00	1,20	3,30	1,00	1,00	1,00	
7	Ausgangsfracht	8,30	18,00	24,50	11,50	11,50	11,50	
8	**Verkaufsüberschuß** je Leistungseinheit	109,15	116,60	219,55	155,31	200,90	126,05	
	⁒ **erzeugungsabhängige Kosten**							
9	Rohstoffe	28,95	26,75	25,85	37,17	52,92	43,46	
11	Hilfsstoffe	1,75	2,11	6,53	5,04	5,03	2,31	
10	variable Energiekosten	6.27	5,46	11,96	7,33	11,62	9,26	
12	Produktverpackung	3,05	7,03	23,50	1,80	3,50	2,35	
13	**Deckungsbeitrag** je Leistungseinheit	69.13	75,25	**151,71**	103,97	127,83	68,67	DM/LE

Ergebnis: Alle Produkte bringen einen positiven Deckungsbeitrag.

4. Schritt: Kapazitätsanalyse — Ermittlung des Engpasses

		Kapazität	Kapazitätsbedarf						Σ	
14	Stelle I **Engpaß!**	**950**	132	198	300	160	64	120	**974**	Std.
15	Stelle II	2 000	968	429	180				1 577	Std.
16	Stelle III	250				140	10	50	200	Std.

Ergebnis: Die Kapazität der Stelle I ist zu knapp bemessen. Läßt sie sich nicht erweitern, können nicht alle Absatzmöglichkeiten genutzt werden.

5. Schritt: Ermittlung der „engpaßbezogenen" Deckungsbeiträge

Sie zeigen, mit welcher Ergiebigkeit die einzelnen Produktarten den Engpaß (Stelle I) nutzen.

17	Bedarf an Engpaß-Stunden (Stelle I) je LE	0,3	0,6	2,0	1,6	3,2	2,4	Std./LE
18	„engpaßbezogener" Deckungsbeitrag, Deckungsbeitrag je Engpaßeinheit (= Zeile 13 / Zeile 17)	**230,43**	125,42	75,86	64,98	39,95	28,61	DM/Std.

6. Schritt: Ermittlung der Prioritäten

19	Rangfolge für die Aufnahme in das Produktionsprogramm	1.	2.	3.	4.	5.	6.

7. Schritt: Festlegung des optimalen Produktions- und Absatzprogramms der Planungsperiode

Die verschiedenen Produktarten sind in der Reihenfolge abnehmender „engpaßbezogener" Deckungsbeiträge in das Programm aufzunehmen.

	optimale Produktions- und Absatzmengen								
20	a) voll ausgenutzte Absatzmöglichkeiten	440	330	150	100	20			LE
21	b) nicht voll ausgenutzte Absatzmöglichkeiten						40		LE
22	Aufteilung der knappen „Engpaßeinheiten" (950 Std. der Stelle I)	132	198	300	160	64	96	950	Std.

Abb. 3.3.7.2.1: Programmplanung und Programmanalyse nach den Grundsätzen der Deckungsbeitragsrechnung

von der voraussichtlich absetzbaren Menge von 50 Einheiten nur 40 produziert werden. Aus diesen Überlegungen und Berechnungen ergibt sich dann schließlich der in den Zeilen 20 bis 22 ausgewiesene **optimale Produktions- und Absatzplan.**

Rechnen mit engpaßbezogenen Deckungsbeiträgen

Daß die Auswahl der Produkte in der Reihenfolge abnehmender engpaßbezogener Deckungsbeiträge bei nur einem Engpaß automatisch zur Gewinnmaximierung führt (und zwar unabhängig von der Höhe der abzudeckenden, kurzfristig festliegenden Bereitschaftskosten), geht deutlich aus Abb. 3.3.7.2.2 und Abb. 3.3.7.2.3 hervor[17]. Abb. 3.3.7.2.2 zeigt als Säulendiagramm, in welcher Reihenfolge die Produkte in das Programm aufzunehmen sind.

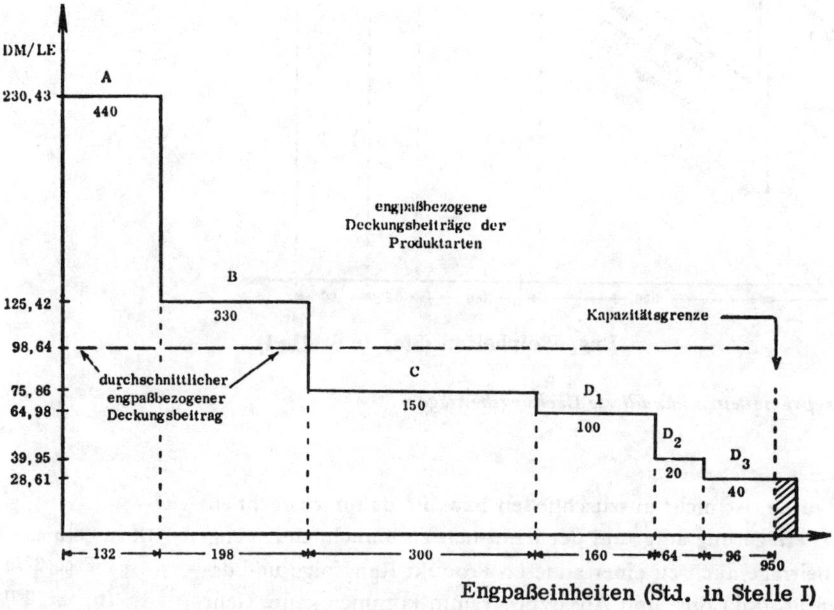

Abb. 3.3.7.2.2: Säulendiagramm der engpaßbezogenen Deckungsbeiträge

Deutlich erkennbar ist, daß man wegen des Erreichens der Kapazitätsgrenze der Fertigungsstelle I von Produkt D_3 10 Leistungseinheiten nicht produzieren kann. In Abb. 3.3.7.2.3 werden die Erzeugnisbeiträge aller Endproduktarten in der Reihenfolge sinkender engpaßbezogener Deckungsbeiträge über den in Anspruch genommenen Maßeinheiten des Engpasses (Std. in Stelle I) kumuliert. Könnte man das ökonomisch interessanteste Erzeugnis A zu den bisherigen Preis- und Kostenverhältnissen in beliebig großen Mengen absetzen, so würde der Deckungsbeitrag entsprechend der gestrichelten Linie weiter ansteigen, und man würde eindeutig einen erheblich höheren Periodenbeitrag erzielen als bei einem zusätzlichen Absatz irgendeines anderen Erzeugnisses.

17 Diese Darstellungsweise verwendet Riebel, Paul: Einzelkosten- und Deckungsbeitragsrechnung, 3., erweiterte Aufl., Wiesbaden 1979, S. 54 und S. 317.

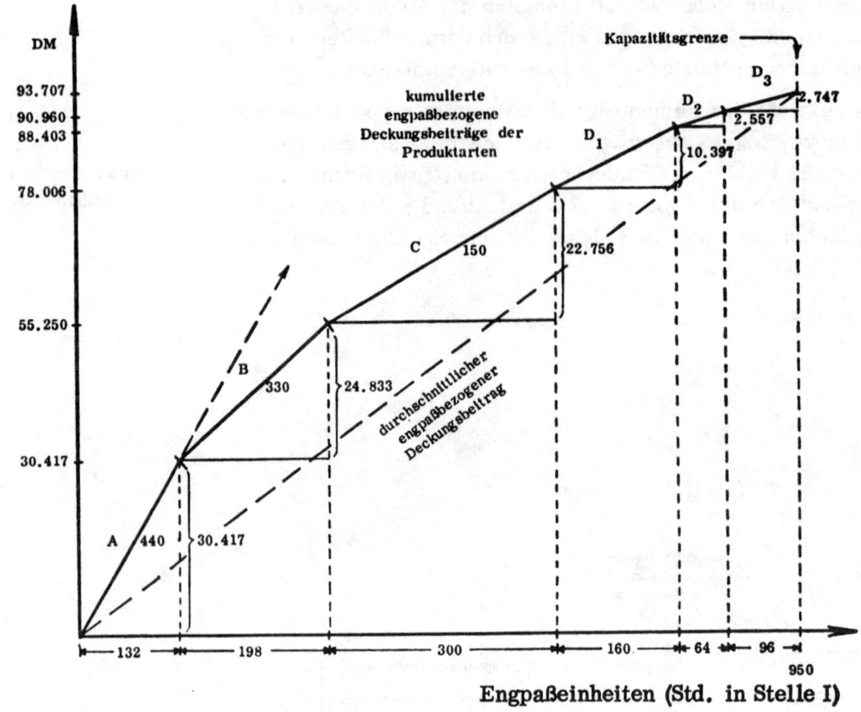

Abb. 3.3.7.2.3: Über den Engpaßeinheiten kumulierte Deckungsbeiträge

Konsequenzen einer Engpaß-Verlagerung

Wie bereits angedeutet wurde, ist nicht auszuschließen bzw. ist damit zu rechnen, daß es bei einer **Engpaß-Verlagerung** aufgrund der dann neu zu berechnenden engpaßbezogenen Deckungsbeiträge auch zu einer anderen Produkt-Rangfolge und damit zu einem veränderten Produktions- und Absatzprogramm kommen kann. Geht man bei dem hier betrachteten Beispielbetrieb etwa davon aus, daß nicht die Fertigungsstelle I (Zwischenproduktherstellung), sondern die Fertigungsstelle II (Endproduktherstellung für die Produktarten A, B und C) zum relevanten Engpaß wird, so kann ein Teil der bei diesen Produktarten möglichen Absatzmengen in der betrachteten Planperiode nicht hergestellt werden. Bei den Produktarten D_1, D_2 und D_3 ergäbe sich nunmehr weder in der Zwischenproduktherstellung noch in der Endproduktherstellung (in Stelle III) ein Engpaß, so daß hier die Absatzmöglichkeiten voll ausgenutzt werden können. Zur Verdeutlichung dieser Zusammenhänge wurde in Abb. 3.3.7.2.4 eine erneute Planung des optimalen Produktions- und Absatzprogramms durchgeführt: Der bei der Kapazitätsanalyse festgestellte neue Engpaß (Stelle II) führt notwendigerweise zur **Berechnung neuer engpaßbezogener Deckungsbeiträge** und im Beispielfall auch zu von den bisherigen Ergebnissen abweichenden Prioritäten für die Aufnahme der Produktarten A, B und C in das Produktionsprogramm (vgl. dazu Zeilen 14–19 der Abb. 3.3.7.2.4): Bei Produktart A muß – sofern sich die Kapazität der Stelle II nicht erhöhen läßt – auf die Herstellung und den Verkauf von 35 LE verzichtet werden (vgl. Zeilen 20–22 der Abb. 3.3.7.2.4).

1. Schritt: Ermittlung der absetzbaren Produktarten (vgl. Abb. 3.3.7.2.1)

1	absetzbare Endprodukte	A	B	C	D_1	D_2	D_3

2. Schritt: Ermittlung der in der Planungsperiode voraussichtlich absetzbaren Mengen (vgl. Abb. 3.3.7.2.1)

2	mögliche Absatzmengen (in LE)	440	330	150	100	20	50	LE

3. Schritt: Ermittlung des Stückbeitrags (Deckunsbeitrag je LE)
Nur Produkte, die einen positiven Deckungsbeitrag erbringen, sind in die engere Wahl zu ziehen. Die Herstellung von Produkten mit negativem Dekkungsbeitrag ist generell (auch im Fall der Unterbeschäftigung) unrentabel (vgl. Abb. 3.3.7.2.1).

3	**Nettoerlös** je Leistungseinheit	135,00	140,00	255,00	173,00	220,00	145,00	DM/LE
⋮								
8	**Verkaufsüberschuß** je Leistungseinheit	109,15	116,60	219,55	155,31	200,90	126,05	
⋮								
13	**Deckungsbeitrag** je Leistungseinheit	69,13	75,25	**151,71**	103,97	127,83	68,67	DM/LE

Ergebnis: Alle Produkte bringen einen positiven Deckungsbeitrag.

4. Schritt: Kapazitätsanalyse – Ermittlung des Engpasses

		Kapazität	Kapazitätsbedarf						Σ	
14	Stelle I	974	132	198	300	160	64	120	974	Std.
15	Stelle II **Engpaß!**	**1 500**	968	429	180				**1 577**	Std.
16	Stelle III	250				140	10	50	200	Std.

Ergebnis: Die Kapazität der Stelle II ist zu knapp bemessen. Läßt sie sich nicht erweitern, können nicht alle Absatzmöglichkeiten genutzt werden.

5. Schritt: Ermittlung der „engpaßbezogenen" Deckungsbeiträge
Sie zeigen, mit welcher Ergiebigkeit die Produktarten A, B und C den Engpaß (Stelle II) nutzen.

17	Bedarf an Engpaß-Stunden (Stelle II) je LE	2,2	1,3	1,2		Std./LE
18	„engpaßbezogener" Deckungsbeitrag, Deckungsbeitrag je Engpaßeinheit (= Zeile 13 / Zeile 17)	31,42	57,88	**126,43**		DM/Std.

6. Schritt: Ermittlung der Prioritäten

19	Rangfolge für die Aufnahme in das Produktionsprogramm	3.	2.	1.	

7. Schritt: Festlegung des optimalen Produktions- und Absatzprogramms der Planungsperiode
Die Produktarten A, B und C sind in der Reihenfolge abnehmender „engpaßbezogener" Deckungsbeiträge in das Programm aufzunehmen.

	optimale Produktions- und Absatzmengen								
20	a) voll ausgenutzte Absatzmöglichkeiten		330	150	100	20	50		LE
21	b) nicht voll ausgenutzte Absatzmöglichkeiten	405							LE
22	Aufteilung der knappen „Engpaßeinheiten" (1 500 Stunden der Stelle II)	891	429	180				1 500	Std.

Abb. 3.3.7.2.4: Ermittlung des optimalen Produktions- und Absatzprogramms der Planungsperiode (unter der Annahme, daß nicht die Stelle I sondern die Stelle II des in Abb. 3.3.5.3 beschriebenen Beispielbetriebes einen Engpaß darstellt)

3.3.7.3 Preiskalkulation

Die Einzelkosten- und Deckungsbeitragsrechnung liefert auch sehr wertvolle Informationen für die Fundierung der Preispolitik. Es ist eines ihrer erklärten Ziele, den in einer Unternehmung für die Preispolitik zuständigen Entscheidungsträgern jene Kosteninformationen in rasch und leicht verwertbarer Form vorzugeben, die sie beim Festlegen von Angebotspreisen bzw. bei der Überprüfung der Auskömmlichkeit von Marktpreisen benötigen. Daß die Deckungsbeitragsrechnung imstande ist, solche Kosteninformationen zu liefern, ist allerdings nicht unumstritten. Einige Autoren sehen in der Deckungsbeitragsrechnung zwar ein für viele Rechnungszwecke brauchbares Instrument, stehen jedoch einer Anwendung für die Zwecke der Preiskalkulation sehr skeptisch gegenüber. Sie sind der Ansicht, „daß die Unternehmung für bestimmte Teilzwecke, wie z. B. für . . . die Angebotspreisbildung bei Fehlen eines Marktpreises, die Vollkosten kennen muß"[18]. Wie in den Ausführungen im Rahmen des Abschnitts 2.2 jedoch bereits gezeigt wurde, weist gerade eine Preiskalkulation auf Basis von Vollkosten zahlreiche Mängel und Gefahren auf.

Bedeutung von Kosteninformationen für die Preispolitik

Von zahlreichen Befürwortern der Deckungsbeitragsrechnung wird als „Kernaussage" besonders hervorgehoben, für nicht voll ausgelastete Betriebe entspreche die kostenmäßige kurzfristige Preisuntergrenze den variablen Kosten (genauer gesagt: den Einzelkosten) der zu kalkulierenden Leistung. Damit wird meist die These verbunden, daß die Kenntnis solcher „absoluter" Preisuntergrenzen für preispolitische Entscheidungen von besonders großer Bedeutung sei. Das anbietende Unternehmen müsse – insbesondere dann, wenn es in unmittelbare Preisverhandlungen mit seinen Abnehmern eintritt – wissen, welchen preispolitischen Verhandlungsspielraum es nutzen kann, **bis zu welchem Preis man notfalls kurzfristig heruntergehen darf** (letztlich also, welcher Preis gerade noch akzeptabel erscheint). Es wird von vielen Seiten immer wieder betont, daß gerade solche Informationen von der Deckungsbeitragsrechnung aufgrund des für sie charakteristischen Ausweises der Einzelkosten sowie dank der Trennung zwischen fixen und leistungsabhängigen Kosten in besonders aufschlußreicher Form dargeboten werden: Von unterbeschäftigten Betrieben kann kurzfristig jeder Preis, der über den Einzelkosten liegt, akzeptiert werden, da die betreffende Absatzleistung (z. B. ein Zusatzauftrag) einen zusätzlichen Deckungsbeitrag zur Abdeckung der auf kurze Sicht unveränderlichen und daher von der Unternehmung ohnehin zu tragenden fixen Kosten erbringt. Wer eine Preispolitik nach solchen Grundsätzen betreibt, muß allerdings auch berücksichtigen, daß sich z. B. durch die Hereinnahme eines zusätzlichen Auftrags in anderen Bereichen des Betriebes oder in künftigen Perioden über den zusätzlichen Anfall produktspezifischer Einzelkosten hinaus gewisse Kostensteigerungen (so etwa im Verwaltungsbereich) ergeben können, die bei isolierter Betrachtung einer kurzfristigen Disposition möglicherweise übersehen werden. Solche „Fernwirkungen" darf man nicht vernachlässigen.

Kernaussage der Deckungsbeitragsrechnung

Gegen die eben zitierte, von vielen gemachte „Kernaussage" der Deckungsbeitragsrechnung zur Ermittlung der absoluten kostenmäßigen Preisuntergrenze und damit

18 Pfeiffer, Werner – Preißler, Peter: Zum Informationsgehalt „neuerer" Kostenrechnungsverfahren, in: Wirtschaftswissenschaftliches Studium, 2. Jg. (1973), H. 7. S. 319–329, hier S. 327.

Kritik an einer Preiskalkulation nach den Grundsätzen der Deckungsbeitragsrechnung

auch **gegen eine Preiskalkulation nach den Grundsätzen der Deckungsbeitragsrechnung wird insbesondere von zwei Seiten prinzipiell Kritik angemeldet.** Einmal wird eingewandt, daß die von der Deckungsbeitragsrechnung ausgewiesenen Einzelkosten der Leistungen keineswegs die effektive (absolute) kostenmäßige Preisuntergrenze repräsentieren, daß vielmehr die Preise dann, wenn eine **Absatzverbundenheit** vorliegt, oder im Rahmen einer **„Verdrängungspolitik"**, **„Einführungspolitik"** oder **„Lockvogelpolitik"**, möglicherweise auch **aus liquiditätspolitischen Gründen** oftmals unterhalb des Niveaus der jeweiligen Einzelkosten angesetzt werden müssen. Diese Einwendungen könnten den Befürwortern der Deckungsbeitragsrechnung jedoch allenfalls dann zum Vorwurf gereichen, wenn sie sich anmaßen würden, das Preisminimum allein von der Kostenseite her bestimmen zu können. Die meisten Wissenschaftler und Praktiker, die ein Arbeiten mit der Deckungsbeitragsrechnung für sinnvoll erachten, betonen allerdings ausdrücklich, **daß eine erfolgsoptimale Preispolitik nur unter expliziter Berücksichtigung absatzwirtschaftlicher Erfordernisse und Möglichkeiten betrieben werden kann.** Deshalb ist es für sie geradezu selbstverständlich, daß die von der Deckungsbeitragsrechnung für unterbeschäftigte Betriebe ausgewiesene kostenmäßige Preisuntergrenze in Höhe der Kostenträgereinzelkosten keineswegs generell als „absolute" Preisuntergrenze aufgefaßt werden darf. – Die Unternehmensleitung kann jedoch letztlich nur mit Hilfe dieser Informationen die wirklichen Kosten bzw. „Opfer" der oben genannten, aus absatzwirtschaftlichen Gründen auf kurze Sicht in Ausnahmefällen durchaus sinnvollen Strategien (so z. B. die zunächst in Kauf zu nehmenden Einbußen in Verdrängungs- oder Einführungsperioden) bestimmen, die sie dann den für spätere Perioden erwarteten zusätzlichen Erfolgen bzw. den zusätzlichen Deckungsbeiträgen, die man aufgrund einer solchen Politik bei anderen absatzwirtschaftlich mit den betreffenden Produkten verbundenen Erzeugnissen zusätzlich zu erzielen beabsichtigt, abwägend gegenüberstellen muß. Auf Situationen, in denen ein **Sortimentsverbund** vorliegt, abstellend, weist Heinen z. B. darauf hin, daß unter solchen Bedingungen an die Stelle des Strebens nach größtmöglichen Erfolgsbeiträgen einzelner Produkte als Ziel die Erreichung eines optimalen Betriebsergebnisses für das gesamte Leistungsprogramm tritt: Beim Vorliegen einer nachfragebedingten Absatzverbundenheit gleichen höhere Deckungsbeiträge einzelner Produkte niedrigere oder sogar fehlende (also negative) Deckungsbeiträge aus der Verwertung der übrigen Produktarten aus[19].

Außerdem kann die Deckungsbeitragsrechnung aufzeigen, ob (und gegebenenfalls welche) Einbußen in Zeiten der Zahlungsmittelknappheit durch **eine primär auf die Liquiditätssicherung ausgerichtete Preisfixierung** hervorgerufen werden. Bei vorübergehend bestehenden Liquiditätsengpässen erweist sich die Deckungsbeitragsrechnung dann als vorteilhaft, wenn sie zusätzlich eine Differenzierung der Kosten nach ihrem Ausgabencharakter vornimmt. Eine derartige Gruppierung der Kosten erleichtert die Ermittlung finanzwirtschaftlicher Preisuntergrenzen. Allerdings ist selbstverständlich, daß man mit Dispositionen, die sich allein auf solche Daten (z. B. auf die mit Ausgaben verbundenen Einzelkosten einer Leistung) stützen, keine exakte Abstimmung zwischen Ausgaben- und Einnahmenstrom des Unternehmens

---

19 Siehe hierzu Heinen, Edmund (Hrsg.): Industriebetriebslehre, 6. Aufl., Wiesbaden 1978, S. 881.

erreichen kann. Zu diesem Zweck muß die Deckungsbeitragsrechnung durch die Aufstellung von Finanzplänen, mithin also durch die exakte Berücksichtigung der jeweiligen Zahlungszeitpunkte, ergänzt werden. Die Deckungsbeitragsrechnung selbst ist keine Finanzplanung, sondern ein System der Kosten- und Leistungsrechnung, so daß ihre Bedeutung durch die eben erwähnten Notwendigkeiten in keiner Weise geschmälert wird.

Gefahr einer zu nachgiebigen Preispolitik

Zum anderen wird dem Rechnen mit Deckungsbeiträgen entgegengehalten, daß es die Unternehmungen sehr leicht zu einer zu nachgiebigen Preispolitik verleitet. Solche Erfahrungen konnte man in der Praxis während der letzten Jahre auch immer wieder machen. Betriebe, die während des Konjunkturrückgangs beim Durchsetzen von „Selbstkosten-plus-Gewinnzuschlags-Preisen" auf Schwierigkeiten stießen, besannen sich in solchen Situationen darauf, daß nach den Grundsätzen „bestimmter moderner Formen der Kalkulation" bei vorübergehender (kurzfristiger) Unterbeschäftigung für eine gewisse Zeit auch die bloße Abdeckung der variablen Kostenelemente als ausreichend angesehen werden kann. Gestützt hierauf überwanden sie die bisher gehegten Skrupel und scheuten vor oft erheblichen Preissenkungen nicht zurück. Auf ein derartiges Verhalten abstellende Einwände sind nicht einfach von der Hand zu weisen. Doch verlieren sie verhältnismäßig schnell an Bedeutung, wenn man sich einerseits bemüht, die Grundkonzeption der Deckungsbeitragsrechnung in ihrer vollen Tragweite zu verstehen und wenn andererseits von den Befürwortern der Deckungsbeitragsrechnung – gewissermaßen als „Bedienungsanleitung" – in aller Deutlichkeit der Katalog jener Maßnahmen herausgestellt wird, die dazu beitragen, eine zu nachgiebige Preispolitik zu verhindern. Diese äußerst wichtigen Maßnahmen sind in Abb. 3.3.7.3.1 aufgelistet und werden im folgenden näher besprochen.

Die Gefahr einer zu nachgiebigen Preispolitik ist nicht durch die Konzeption des Systems der Deckungsbeitragsrechnung selbst bedingt, sondern allein durch dessen falsche Anwendung. Diese gilt es zu vermeiden. In diesem Sinne ist mit Nachdruck darauf hinzuweisen, **daß es tatsächlich nur in Notfällen, nur auf kurze Sicht und auch nur im Falle der Unterbeschäftigung sinnvoll sein kann, die Preise auf das Niveau der variablen Kosten (genauer: der Einzelkosten) zu senken.** Wer dies als Befürworter der Deckungsbeitragsrechnung nicht besonders deutlich herausstellt, muß sich den bereits angesprochenen, in der Praxis oft geäußerten Vorwurf gefallen lassen, das preispolitische Konzept der Deckungsbeitragsrechnung könne sehr wohl dazu verleiten, dem Druck der Kunden und Wettbewerber in Zeiten einer schlechten Marktlage zu rasch und zu leicht nachzugeben. Tatsächlich besteht die Gefahr, daß mit den Grundsätzen der Deckungsbeitragsrechnung nicht ausreichend vertraute Mitarbeiter in solchen Zeiten dazu neigen, die Preise zu niedrig anzusetzen.

Beachtung langfristiger Fernwirkungen kurzfristiger preispolitischer Entscheidungen

Eine Grundvoraussetzung für das Ausschalten von Gefahren der eben angesprochenen Art ist, daß man stets die der oberflächlichen Gleichsetzung von kostenmäßiger Preisuntergrenze und variablen Kosten bzw. Einzelkosten zugrunde liegenden strengen Prämissen beachtet. Gleichzeitig muß man im Rahmen der Überprüfung der Fristigkeit preispolitischer Entscheidungen sicherstellen, daß nicht zu viele dieser Dispositionen in rein kurzfristig wirksame Entscheidungen „umdefiniert" werden. In diesem Sinne gilt es, **stets sorgfältig zu analysieren, ob man mit dem Abgeben einer bestimmten Offerte nicht eventuell doch eine Entscheidung trifft, aus der sich mittel- oder sogar langfristige „Ausstrahlungseffekte" ergeben.** Damit muß beispiels-

1. Berücksichtigung mittel- bzw. langfristiger Ausstrahlungseffekte kurzfristiger preispolitischer Entscheidungen - Auswirkungen auf denselben Kunden (künftige Aufträge), - Auswirkungen auf andere Kunden, insbesondere desselben Wirtschaftszweiges.
2. Ansatz von Kostenwerten für die Inanspruchnahme voll ausgelasteter bzw. in absehbarer Zukunft voraussichtlich wieder voll ausgelasteter Kapazitäten (Einbeziehen von "Opportunitätskosten" über die von Ausgaben abgeleiteten Einzelkosten hinaus in die Preisuntergrenzenkalkulation).
3. Berücksichtigung der mittel- bzw. langfristigen - zumindest teilweise, - sprunghaft, - in bestimmten Intervallen, - zu bestimmten Terminen abbaufähigen kurzfristig fixen Kosten (Bereitschaftskosten) bei der Vorgabe von Preisuntergrenzen.
4. Differenzierte Vorgabe von Solldeckungsbeiträgen (Aufbau einer Hierarchie von Deckungsbudgets).
5. Verzicht auf eine zu starke Dezentralisierung von Preisuntergrenzen-Informationen
6. Sorgfältige Ausbildung des für die Preispolitik zuständigen Personals nach den Grundsätzen der Deckungsbeitragsrechnung.

Abb. 3.3.7.3.1: Maßnahmen zur Abwehr der Gefahr einer zu nachgiebigen Preispolitik bei einer Preiskalkulation nach den Grundsätzen der Deckungsbeitragsrechnung

weise immer dann gerechnet werden, wenn davon auszugehen ist, daß die Kunden, denen man vorübergehend besonders günstige Preise einräumt, auch später, in Zeiten einer besseren Beschäftigungslage, bei entsprechenden Preisverhandlungen immer wieder an solche Sonderkonditionen anknüpfen. Darüber hinaus können sich solche **Fernwirkungen auch in bezug auf andere Kunden** ergeben, weil es oft nicht gelingt, mit einem bestimmten Abnehmer vereinbarte, kurzfristig gesehen unter beschäftigungspolitischen Gesichtspunkten durchaus sinnvolle Sonderpreise innerhalb der betreffenden Branche geheimzuhalten. Es ist daher nicht auszuschließen, daß die Annahme eines Zusatzauftrages zu einem besonders niedrigen Preis Erlöseinbußen bei anderen Produkten bzw. Aufträgen zur Folge hat. Streng genommen müßte man sich bemühen, derartige Erlös- bzw. Erfolgsminderungen zu erfassen. Diese müßten dann in die Berechnung der Preisuntergrenze für den betreffenden Zusatzauftrag einbezogen werden[20].

Da einer zeitlichen und auch einer ,,personellen" Preisdifferenzierung aus den vorstehend genannten Gründen in der Regel recht enge Grenzen gesetzt sind, sollte man auch in Zeiten der Unterbeschäftigung eine standhaftere, ,,mutigere" Preispoli-

20 Vgl. zu dieser Argumentationsweise auch Kilger, Wolfgang: Flexible Plankostenrechnung, 7. Aufl., Wiesbaden 1977, S. 680 f.

tik betreiben, die Preise also nicht unbedingt bis auf das Niveau der Einzelkosten senken. Soweit sollte man vor allem dann nicht gehen, wenn mit einer Verbesserung der Beschäftigungslage und (getragen von diesem Trend) bald wieder mit einer Vollauslastung der eigenen Kapazitäten zu rechnen ist. In solchen Situationen ist es ökonomisch gesehen richtiger, jene Bedingungskonstellationen gedanklich zu antizipieren, die – wie im folgenden erläutert – für das Kalkulieren und Vorgeben von Preisuntergrenzen für Betriebe mit knappen Kapazitäten kennzeichnend sind.

Wie eben betont, kann ein vorübergehendes (kurzfristiges) Senken der Angebotspreise auf das Niveau der Einzelkosten der abzusetzenden Leistungen allenfalls dann sinnvoll sein, wenn sämtliche Kapazitäten des betreffenden Betriebes unterbeschäftigt sind. Mittlerweile wird auch von vielen die Gleichsetzung der kurzfristigen kostenmäßigen Preisuntergrenze mit den Einzelkosten unter den genannten Prämissen als richtig akzeptiert, nicht selten aber gleichzeitig ebenso markant postuliert, daß man in Zeiten der Vollbeschäftigung doch zu einem Kalkulieren mit Vollkosten zurückkehren müsse. Dieser Schluß ist jedoch falsch.

Auch vollbeschäftigte Betriebe dürfen sich bei der Ermittlung von Preisgrenzen für den Absatzbereich nicht an den traditionellen Vollkostensätzen orientieren.

Grundsätzlich ist in Engpaß-Situationen zunächst zu überlegen, auf welche Weise man die für die Herstellung von Zusatzaufträgen oder von zusätzlich ins Programm aufzunehmenden Produktsorten erforderlichen Kapazitäten verfügbar machen kann und welche zusätzlichen Kosten oder Erfolgseinbußen hierdurch voraussichtlich hervorgerufen werden. Dabei sind z. B. das Einlegen von Überstunden, eine Variation der Produktionsgeschwindigkeit (intensitätsmäßige Anpassung), auf eine Kapazitätsfreisetzung abzielende Rationalisierungsmaßnahmen, das Verfügbarmachen von Kapazitäten durch den Zukauf von Zwischenprodukten oder durch die „Verdrängung“ von Endprodukten aus dem Produktionsprogramm, das Personal-Leasing, auf lange Sicht Kapazitätserweiterungen und ähnliche Maßnahmen in Betracht zu ziehen. Von diesen Handlungsalternativen ist die dem zeitlichen Rahmen der entsprechenden Disposition am besten gerecht werdende und zugleich kostengünstigste auszuwählen. Auf diese Weise wirft das Festlegen von Preisgrenzen zwangsläufig weitere Wahlprobleme auf: Je nachdem welcher Weg der Kapazitätsfreisetzung bzw. -erweiterung infrage kommt, sind in die Kalkulation unterschiedliche Kostenbestandteile einzubeziehen.

Ansatz von entgehenden Deckungsbeiträgen (Opportunitätskosten) für die Inanspruchnahme voll ausgelasteter Kapazitäten

In vollbeschäftigten Betrieben, die ihre Kapazitäten kurzfristig nicht erweitern können, läßt sich die Herstellung zusätzlich absetzbarer Erzeugnisse, für die kostenmäßige Preisuntergrenzen bestimmt werden sollen, häufig nur dadurch realisieren, daß man andere Erzeugnisse (oder auch Lohnarbeiten) aus dem Fertigungsprogramm „verdrängt“.

In solchen Situationen muß man bestimmen, welche Deckungsbeiträge unter diesen Umständen infolge der „Verdrängung“ anderer Produkte entgehen würden, und muß dann diese entgehenden Erfolge als **„Opportunitätskosten“** in die Kalkulation der kostenmäßigen Preisuntergrenze einbeziehen.

Ein Beispiel

In den Abbildungen 3.3.7.3.2 und 3.3.7.3.3 ist zur Erläuterung dieser Vorgehensweise **ein auf einen Mehrproduktbetrieb abstellendes einfaches numerisches Beispiel** wiedergegeben. Der Betrieb, auf den dieses Beispiel Bezug nimmt, könnte von der

Erzeugnisart X zusätzliche Mengen verkaufen, steht jedoch im Rahmen der diesbezüglichen Preisverhandlungen einem Nachfrager gegenüber, der nur bereit ist, einen verhältnismäßig niedrigen Preis zu bezahlen. Die Abteilung Kostenrechnung hat daher den Auftrag erhalten, für die Erzeugnisart X die kostenmäßige Preisuntergrenze zu bestimmen.

In Abb. 3.3.7.3.2 sind zunächst in beispielhafter Form jene Kostenarten aufgelistet, die für die Produktion einer Leistungseinheit (LE) der betreffenden Erzeugnisart zusätzlich anfallen würden (70,70 DM/LE). Wäre das betrachtete Unternehmen unterbeschäftigt, müßte es zum Zwecke der Ermittlung der kostenmäßigen kurzfristigen Preisuntergrenze über die Erfassung dieser erzeugungsbedingten Kosten hinaus lediglich noch die absatzbedingten Kosten kalkulieren, deren Höhe – wie aus Spalte I der Abb. 3.3.7.3.3 zu entnehmen ist – mit 22,67 DM/LE angenommen wurde. Durch Addition dieser beiden Kategorien von Leistungskosten käme man **für den Fall der Unterbeschäftigung zu einer kurzfristigen Preisuntergrenze in Höhe von 93,37 DM/LE.**

1	Rohstoffkosten (Einstandspreis)		51,50
	Beschaffungsnebenkosten		
2	Frachtkosten	3,80	
3	Verpackungskosten	1,20	
4	Transportversicherungskosten	1,03	
5	Einfuhrzölle	2,58	8,61
6	Σ Rohstoffkosten		60,11
7	Hilfsstoffkosten		3,00
8	erzeugungsabhängige Energiekosten		3,79
9	Standardsatz für allein gebrauchsbedingt verschleißende Werkzeuge und dergl.		1,40
10	Standardsatz für allein gebrauchsbedingte Instandhaltungskosten		2,10
11	Infolge der Kapitalbindung während der Durchlaufzeit in Kauf zu nehmende Zinskosten		0,30
12	Σ Leistungskosten der eigentlichen Herstellung		10,59
13	Σ erzeugungsbedingte Kosten		70,70

Abb. 3.3.7.3.2: Kalkulation der erzeugungsbedingten (durch die Leistungserstellung zusätzlich anfallenden) Kosten einer Erzeugnisart X – Beträge: DM/LE –

Ist der Betrieb, wie hier angenommen werden soll, **vollbeschäftigt**, wird er, sofern keine anderen Wege der Kapazitätsfreisetzung bzw. -erweiterung gangbar sind, um Erzeugnisart X herstellen zu können, grundsätzlich die „schlechteste" Produktart aus dem Produktions- und Absatzprogramm eliminieren. Das ist jene, die ihm pro in Anspruch genommene Engpaßeinheit – im Beispielfall pro Maschinenstunde – den geringsten Deckungsbeitrag (kurz formuliert: den niedrigsten engpaßbezogenen Deckungsbeitrag) bringt. Zunächst sei unterstellt, die in diesem Sinne „schlechteste" Erzeugnisart sei das Endprodukt A, welches je Leistungseinheit einen Deckungsbeitrag in Höhe von 68,67 DM und einen engpaßbezogenen Deckungsbeitrag in Höhe von 28,61 DM/Std. erbringt. Mit diesen 28,61 DM/Std. ist die für die Herstellung der Erzeugnisart X erforderliche Maschinenbelegungszeit von 0,8 Std. zu

Nr.		I	II_A	II_B	II_C	II_D	II_E	II_F	
		Unterbeschäftigung	Vollbeschäftigung						
		freie Kapazitäten	"Verdrängung" des jeweils "schlechtesten" Endproduktes						
			A	B	C	D	E	F	
13	Erzeugnisbedingte Kosten von X (vgl. Abb. 3.3.7.3.2) →	70,70	70,70	70,70	70,70	70,70	70,70	70,70	DM/LE
	Kosten der Kapazitätsinanspruchnahme								
	durch die Freisetzung der für die Herstellung einer Leistungseinheit erforderlichen Maschinenstunden (0,8 Std.) entgehender Deckungsbeitrag / in die Herstellungskosten einzukalkulierende "Opportunitätskosten"								
14	Nettoerlös je Leistungseinheit		145,00	220,00	173,00	255,00	140,00	135,00	DM/LE
	./. umsatzwertabhängige Kosten								
15	Provision		4,35	6,60	5,19	7,65	4,20	4,05	DM/LE
16	Lizenzen		2,10					7,50	DM/LE
	./. sonstige absatzabhängige Kosten								
17	Versandverpackungskosten		1,00	1,00	1,00	3,30	1,20	6,00	DM/LE
18	Ausgangsfracht		11,50	11,50	11,50	24,50	18,00	8,30	DM/LE
19	Verkaufsüberschuß je Leistungseinheit		126,05	200,90	155,31	219,55	116,60	109,15	DM/LE
	./. erzeugungsabhängige Kosten								
20	Rohstoffkosten (einschließlich Beschaffungsnebenkosten)		43,46	52,92	37,17	25,85	26,75	28,95	DM/LE
21	Hilfsstoffkosten		2,31	5,03	5,04	6,53	2,11	1,75	DM/LE
22	variable Energiekosten		9,26	11,62	7,33	11,96	5,46	6,27	DM/LE
23	sonstige Kosten		2,35	3,50	1,80	23,50	7,03	3,05	DM/LE
24	Deckungsbeitrag je Leistungseinheit für alternative Endprodukte		68,67	127,83	103,97	151,71	75,25	69,13	DM/LE
25	Inanspruchnahme der Maschinenstunden (Stunden/Leistungseinheit)		2,4	3,2	1,6	2,0	0,6	0,3	Std./LE
26	Deckungsbeitrag je Maschinenstunde für alternative Endprodukte	-	28,61	39,95	64,98	75,86	125,42	230,43	DM/Std.
27	0,8 Std./Leistungseinheit x pro Maschinenstunde entgehender Deckungsbeitrag	-	22,89	31,96	51,98	60,69	100,34	184,34	DM/LE
28	Zusätzliche Kosten der Herstellung von X	70,70	93,59	102,66	122,68	131,39	171,04	255,04	DM/LE
	Absatzbedingte Kosten								
29	Versandverpackung	3,00	3,00	3,00	3,00	3,00	3,00	3,00	DM/LE
30	Ausgangsfrachten	15,00	15,00	15,00	15,00	15,00	15,00	15,00	DM/LE
31	Verkaufsprovision (5%)	4,67	5,87	6,35	7,40	7,86	9,95	14,37	DM/LE
32	Σ absatzbedingte Kosten	22,67	23,87	24,35	25,40	25,86	27,95	32,37	DM/LE
33	Mindest-Preis für eine Leistungseinheit X	93,37	117,46	127,01	148,08	157,25	198,99	287,41	DM/LE

Abb. 3.3.7.3.3: Kalkulation der kurzfristigen kostenmäßigen Preisuntergrenze einer Erzeugnisart X für alternative Beschäftigungslagen des betrachteten Betriebes

bewerten, wie dies aus Zeile 27, Spalte II_A der Abb. 3.3.7.3.3 hervorgeht. **Durch Einbeziehung dieser Opportunitätskosten in die Kalkulation erhöht sich die kurzfristige kostenmäßige Preisuntergrenze für Erzeugnisart X auf 117,46 DM/LE.**

Die gemachten Ausführungen lassen deutlich erkennen, daß die Bewertung in Anspruch genommener knapper Maschinen- oder aber auch Arbeiterstunden im Rahmen von Preisuntergrenzen-Kalkulationen bei Anwendung der Deckungsbeitragsrechnung nach völlig anderen Grundsätzen erfolgt als bei Anwendung der herkömmlichen Vollkostenrechnung. Die knappen Kapazitäten werden nicht mit „anteiligen" Kosten bewertet, sondern mit jenen Erfolgen (genauer: Deckungsbeiträgen), die man bei einer anderweitigen Verwendung dieser Ressourcen erzielen könnte.

Die Höhe dieser in Ansatz zu bringenden Opportunitätskosten hängt von der Marktsituation ab, in der ein vollbeschäftigter Betrieb operiert. Ist es den betreffenden Unternehmen nur mit großer Mühe (z. B. nur durch Hereinnahme einiger nicht gerade lukrativer Lohnaufträge) gelungen, die Vollbeschäftigung sicherzustellen, so sind diese Kostenwerte verhältnismäßig niedrig. Andererseits werden sie relativ hoch sein, wenn ein Unternehmen sehr gute Absatzmöglichkeiten hat und demzufolge imstande ist, sich „die Rosinen aus dem Markt herauszupicken". Diese Abhängigkeit der in die Kalkulation von Preisuntergrenzen bei Vollbeschäftigung einzubeziehenden Opportunitätskosten von der jeweils relevanten Marktlage soll für den hier zur Demonstration herangezogenen Beispielfall durch unterschiedliche Annahmen über das jeweils „schlechteste" Endprodukt des betreffenden Betriebes näher erläutert werden (vgl. hierzu die Spalten II_A bis II_F). Man erkennt sehr deutlich, daß die nach den eben umrissenen Grundsätzen ermittelten Preisuntergrenzen um so höher sind, je höher der für die Bewertung der knappen Ressourcen des Betriebes relevante engpaßbezogene Deckungsbeitrag des jeweils unergiebigsten Endproduktes ist. Dies veranschaulicht nicht nur ein auf die Zeilen 26 und 33 der Abb. 3.3.7.3.3 abstellender Vergleich der einzelnen Spalten dieser Tabelle, sondern in graphischer Form auch Abb. 3.3.7.3.4. Wie unmittelbar zu erkennen ist, hat das Kalkulieren mit Opportunitätskosten – im strikten Gegensatz zum traditionellen Rechnen mit Vollkosten auf Basis der jeweiligen Ist-Beschäftigung – zur Folge, **daß bei einer guten Markt-, Auftrags- und Beschäftigungslage der Tendenz nach höhere kostenmäßige Preisuntergrenzen vorgegeben werden**. Damit wird man den Anforderungen, die an eine ökonomisch sinnvolle Preispolitik zu stellen sind, weit besser gerecht als bei Anwendung der herkömmlichen Verfahren der Preiskalkulation.

In diesem Zusammenhang ist zu bedenken, daß die nach den vorstehend besprochenen Grundsätzen ermittelten, für Zeiten der Vollbeschäftigung relevanten kostenmäßigen Preisuntergrenzen unter Umständen das Niveau der „Selbstkosten-plus-Gewinnzuschlags-Preise" wesentlich übersteigen können, daß letztere also möglicherweise für in „guten" Märkten operierende Betriebe viel zu niedrig sind. Die Behauptung, ein Arbeiten mit der Deckungsbeitragsrechnung würde generell zu niedrigeren kostenmäßigen Preisuntergrenzen führen, erweist sich mithin als unzutreffend.

Im Sinne der an anderer Stelle erhobenen Forderung, bei preispolitischen Dispositionen langfristig zu denken, sollten auch jene Betriebe, deren Kapazitätsauslastung sich erst der Vollbeschäftigung nähert, die aber bereits deutlich absehen können, daß sie alsbald wieder voll ausgelastet sein werden, zum Schutz gegen eine zu nach-

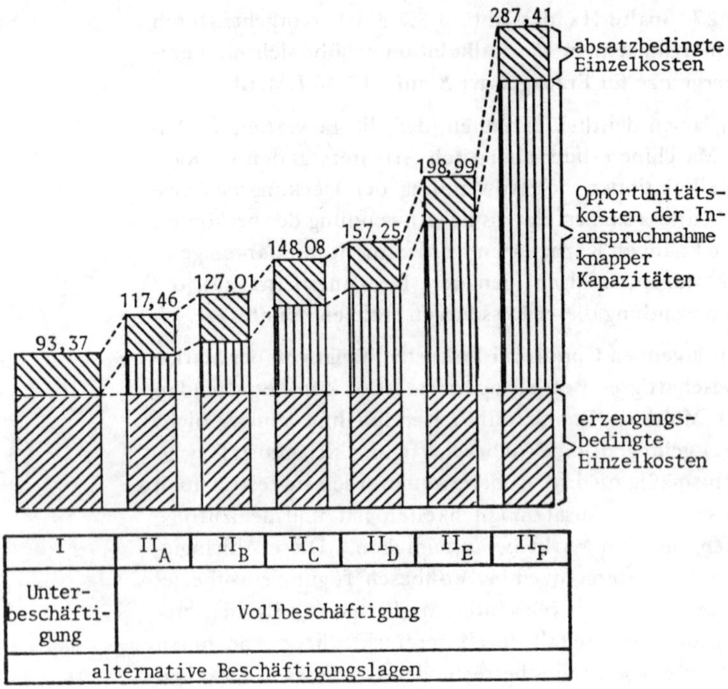

Abb. 3.3.7.3.4: Abhängigkeit der kurzfristigen kostenmäßigen Preisuntergrenze von der Beschäftigungslage und damit von der Höhe der „Opportunitätskosten" (der Dekkungsbeiträge, die bei anderweitiger Verwendung in Anspruch genommener Kapazitäten erzielt werden können) – dargestellt am Beispiel der Erzeugnisart X – Beträge: DM/LE –

giebige Preispolitik möglichst frühzeitig die in diesem Abschnitt für effektiv vollbeschäftigte Betriebe herausgestellten Erfordernisse bei der Aufstellung von Preisuntergrenzen-Kalkulationen berücksichtigen.

Auch für die Fundierung verschiedener mittel- und langfristig wirksamer preispolitischer Entscheidungen müssen kostenmäßige Preisuntergrenzen bestimmt werden, so z. B. für das Festlegen von Preisen für langfristige Lieferverträge, für die Herausgabe von nicht nur kurzfristig gültigen verbindlichen Preislisten und für ähnliche Zwecke. Solche Entscheidungen werden nicht vor dem Hintergrund gegebener, unveränderlicher Kapazitäten getroffen. Vielmehr ist z. B. bei der Bestimmung des kostenmäßigen Preislimits für einen langfristigen Liefervertrag zu berücksichtigen, daß dann, wenn dieser Kundenauftrag nicht angenommen werden sollte, unter Umständen gewisse, nicht mehr ausgelastete Kapazitäten und damit auch die für die Vorhaltung dieser Kapazitäten kurzfristig unveränderlichen Bereitschaftskosten vorübergehend bzw. – je nach der Entwicklung der weiteren Beschäftigungslage des Betriebes – auch endgültig abgebaut werden können.

Berücksichtigung abbaufähiger Bereitschaftskosten bei der Vorgabe mittel- und langfristiger Preisuntergrenzen

Solche zwar **kurzfristig fixe, mittel- bzw. langfristig aber durchaus disponible Bereitschaftskosten müssen** – über den Ansatz der den Leistungen direkt zurechenbaren variablen Kosten (sowie über gegebenenfalls in Ansatz zu bringende Opportunitätskosten) hinaus – **in die Kalkulation der Preisuntergrenze einbezogen werden.**

Dabei ist davon auszugehen, daß sich die Bereitschaftskosten eines Unternehmens

– nur teilweise,
– nur sprunghaft,
– nur in bestimmten Intervallen und viele von ihnen auch
– nur zu bestimmten Terminen

disponieren lassen.

So werden z. B. große Teile der fixen Verwaltungsgemeinkosten, die über die üblichen Zuschläge in die Ermittlung der Selbstkosten eingehen, auch von zahlreichen langfristig wirksamen preispolitischen Entscheidungen überhaupt nicht tangiert, so daß sie für darauf abstellende Preisuntergrenzen-Berechnungen keine Rolle spielen. Zeitlöhne sind – wenn man von der Möglichkeit des Einlegens von Kurzarbeit sowie von Überstunden absieht – ein gutes Beispiel für nicht „stundenweise", sondern nur „in Sprüngen" disponible Kosten, da ein Betrieb jeweils nur eine ganze Arbeitskraft entlassen bzw. neu einstellen kann.

Abb. 3.3.7.3.5 läßt erkennen, daß in die Kalkulation der kostenmäßigen Preisuntergrenze für einen bestimmten, die Kapazitäten des Unternehmens längere Zeit in Anspruch nehmenden Auftrag jeweils jene Teile der Bereitschaftskosten einzubeziehen sind, die bei Nichtannahme dieses Auftrags abgebaut werden könnten.

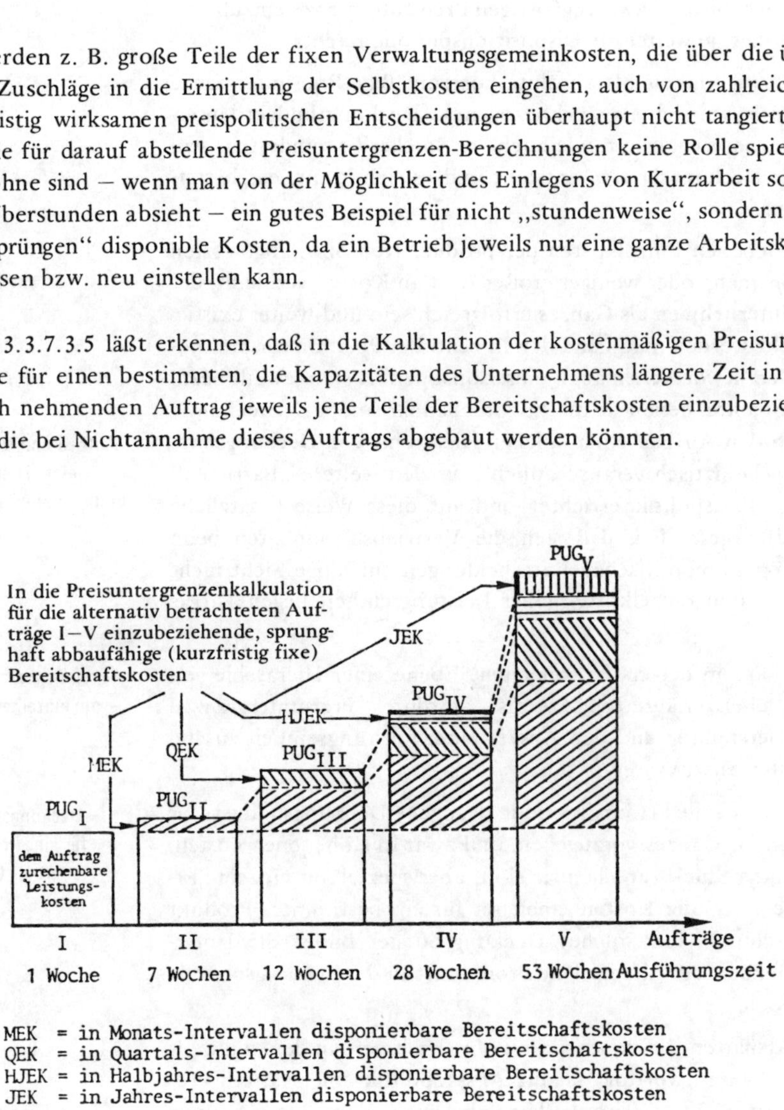

Abb. 3.3.7.3.5: Abhängigkeit der kostenmäßigen Preisuntergrenze (PUG) eines Auftrags von der zeitlichen Dimension (der Fristigkeit) der zu treffenden Entscheidung

Verfügt man bereits über eine Grundrechnung der Kosten, die die Bereitschaftskosten differenziert nach ihrer zeitlichen Bindungsdauer ausweist, so lassen sich daraus die für ein solches, die Fristigkeit preispolitischer Entscheidungen explizit berücksichtigendes Kalkulieren notwendigen Kosteninformationen unmittelbar entnehmen. Je länger der Zeitraum ist, auf den sich die preispolitische Entscheidung bezieht, desto notwendiger wird es, über die der betreffenden Absatzleistung direkt zurechenbaren Leistungskosten hinaus nicht nur die in Monats-Intervallen disponierbaren Bereitschaftskosten, sondern auch die in Quartals- bzw. in Halbjahres-Intervallen abbaufähigen oder sogar in Jahresspannen disponierbaren Bereitschaftskosten in die Kalkulation der mittel- bzw. langfristigen Preisuntergrenze einzubeziehen. Diese ist also um so höher, je weiter die Dispositionsperiode reicht.

Die für eine einzelne Leistungseinheit als absolute kostenmäßige Preisuntergrenze vorgegebenen Einzelkosten lassen sich als stückbezogenes „Deckungsbudget" interpretieren, als ein Indikator, der signalisiert, wie hoch der Stückerlös mindestens sein muß, damit kein negativer Deckungsbeitrag entsteht und es sich lohnt, das betreffende Produkt herzustellen.

Da über die eben angesprochenen Einzelkosten der produzierten bzw. abgesetzten Leistungseinheit hinaus ein mehr oder weniger großer Rest an Kosten verbleibt, der – wenn das betreffende Unternehmen als Ganzes erfolgreich sein und weiter existieren will – ebenfalls gedeckt werden muß, sind den in zentraler Position für preispolitische Entscheidungen Verantwortlichen auch diese sonstigen Kosten jeweils bezogen auf jene Kalkulationsobjekte, denen sie direkt zurechenbar sind, als „Deckungslasten" vorzugeben. **Durch den Aufbau einer solchen Hierarchie von Deckungsbudgets**, den Abb. 3.3.7.3.6 schematisch veranschaulicht, werden weitere „Barrieren" gegen eine zu nachgiebige Preispolitik errichtet und auf diese Weise zusätzliche Sicherungsmaßnahmen dafür getroffen, daß sich die Vertriebsdisponenten beim Treffen von preis- und programmpolitischen Entscheidungen auf lange Sicht nicht mit Erlösen, die knapp über den Einzelkosten einer Leistungseinheit liegen, zufrieden geben.

Aufbau und Vorgabe einer Hierarchie von Deckungsbudgets

Als kleinste „Bausteine" sind in der **ersten** (obersten) Ebene einer Hierarchie von Kosteninformationen der eben erläuterten Art als „absolute" Preisuntergrenzen grundsätzlich die für die Herstellung und den Absatz einer Leistungseinheit zusätzlich anfallenden Einzelkosten auszuweisen.

Preisuntergrenze für ein einzelnes Stück

In einer **zweiten** Ebene sind auf die Planungsperiode bezogene Deckungsbudgets für die einzelnen Produktarten als Ganzes vorzugeben, und zwar in Höhe jener Kosten, die zwar nicht dem einzelnen Stück zurechenbar sind, aber speziell für einzelne Erzeugnisarten anfallen (wie z. B. die Kosten einer nur für ein bestimmtes Produkt erforderlichen Spezialmaschine). Ein solches Deckungsbudget bildet die Untergrenze der Summe der Stückbeiträge, die für eine Produktart in der Planungsperiode erwirtschaftet werden müssen.

Deckungsbudget für eine Produktart als Ganzes

Besonders in nach Produktsparten divisionalisierten Unternehmen, in denen jeweils ein Vertriebsdisponent die Verantwortung für die Absatzpolitik einer ganzen Produktsparte trägt, sollte man in einer **dritten** Ebene die zwar nicht den einzelnen Erzeugnisarten, aber doch den Erzeugnissparten als Ganzes direkt zurechenbaren Kosten (wie z. B. die Kosten produktspartenspezifischer Fertigungs- und Vertriebsstellen) ausweisen und damit Untergrenzen für die Summe der Deckungsbeiträge

Deckungsbudget für eine Produktsparte als Ganzes

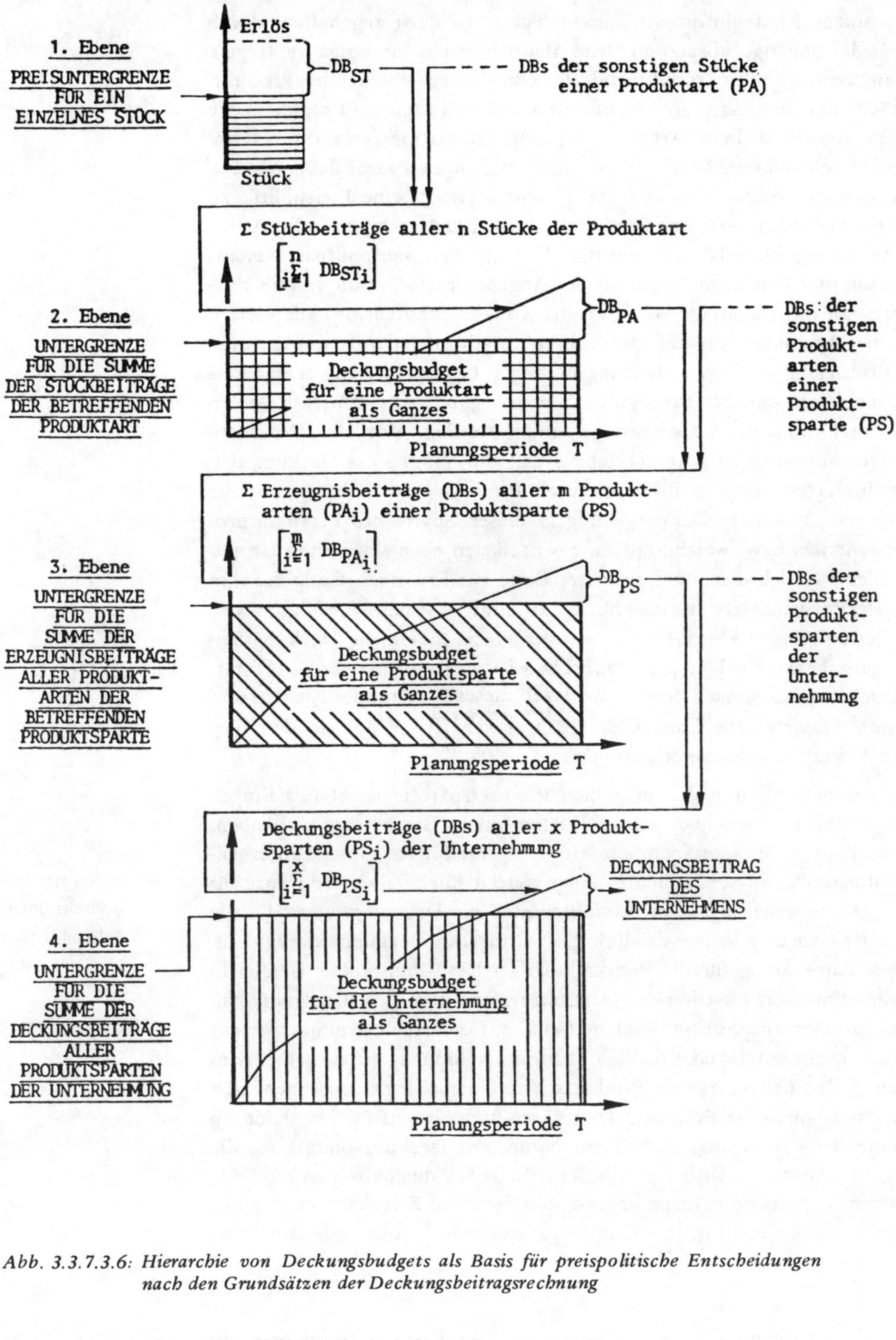

Abb. 3.3.7.3.6: Hierarchie von Deckungsbudgets als Basis für preispolitische Entscheidungen nach den Grundsätzen der Deckungsbeitragsrechnung

aller Erzeugnisarten der jeweiligen Produktsparten vorgeben. Ein Vertriebsdisponent, der über solche Kosteninformationen verfügt, wird dazu angehalten, durch preispolitische oder sonstige absatzpolitische Maßnahmen dafür Sorge zu tragen, daß die Deckungsbeiträge aller Produktarten der von ihm zu betreuenden Produktsparte ausreichen, um die gesamten Einzelkosten der betreffenden Produktsparte voll abzudecken. Anders als beim Arbeiten mit den Kalkulationsverfahren der traditionellen Vollkostenrechnung wird ein solcher Entscheidungsträger dabei nicht in ein starres Schema gezwängt: Von ihm wird nicht verlangt, eine Preispolitik zu betreiben, die gewährleistet, daß jede Produktart z. B. pro Maschinen- oder Arbeiterstunde denselben Deckungsbeitrag erbringt. Er kann sich preispolitisch weitaus flexibler verhalten und sich beim Festlegen der Angebotspreise an die jeweils relevante Marktlage (an die Nachfrage sowie an die Konkurrenzsituation) adaptieren, sich also z. B. bei Produkten, die auf „schlechten" Märkten verkauft werden müssen, mit verhältnismäßig niedrigen Deckungsbeiträgen begnügen, wenn er andererseits sicherstellen kann, daß für Erzeugnisse, die in „gute" Absatzmärkte gehen, überdurchschnittlich hohe Deckungsbeiträge erzielt werden. Von der Unternehmensleitung wird ihm lediglich vorgeschrieben, daß die Summe der Deckungsbeiträge aller Produktarten der von ihm betreuten Produktsparte höher ist als die Summe der Einzelkosten (das Deckungsbudget) dieser Sparte des Erzeugnisprogramms. Welche Artikel bzw. welche Sorten ein nach den eben skizzierten Grundsätzen handelnder Vertriebsdisponent in erster Linie zur Erwirtschaftung des ihm vorgegebenen Deckungsbudgets heranzieht, bleibt ihm – seinem Einfühlungsvermögen in die jeweiligen Marktverhältnisse – überlassen. Indem die Deckungsbeitragsrechnung ganz bewußt solche preispolitischen Dispositionsspielräume für notwendigerweise sehr sorgfältig nach den Grundsätzen dieses Systems der Kosten- und Leistungsrechnung ausgebildete Entscheidungsträger schafft, öffnet sie den Weg für eine bessere Ausnutzung der Marktchancen.

Deckungsbudget für die Unternehmung als Ganzes

Da sich nicht sämtliche Kosten den einzelnen Produktsparten direkt (als Einzelkosten) zurechnen lassen, weil über solche Kosten hinaus Restbeträge verbleiben, die – wie z. B. Kosten der Unternehmensleitung – nur für das Gesamtunternehmen direkt erfaßbar sind, ist schließlich in einer **vierten** Ebene als Untergrenze für die Summe der Deckungsbeiträge aller Produktsparten ein Deckungsbudget für die Unternehmung als Ganzes vorzugeben. Bei Einführung der Deckungsbeitragsrechnung und deren Anwendung für die Preiskalkulation bzw. Preispolitik ist gleichzeitig die Unternehmensorganisation so zu strukturieren, daß sich die für die einzelnen absatzpolitischen Dispositionsbereiche (so z. B. für einzelne Produktsparten) Verantwortlichen leicht miteinander darüber abstimmen können, wie sie gemeinsam für eine Deckung der den einzelnen Produktsparten nicht direkt zurechenbaren Kosten und darüber hinaus die Erzielung des angestrebten Gewinns sicherstellen. In diesem Zusammenhang sollte man sich davor hüten, das Deckungsbudget für die Unternehmung als Ganzes mit Hilfe irgendwelcher Schlüssel den einzelnen Produktsparten anzulasten. Langfristig gesehen erweist sich für diese Zwecke auch das von manchen Autoren hierfür empfohlene Tragfähigkeitsprinzip[21] nicht als zweckmä-

21 Vgl. hierzu u. a. Riebel, Paul: Die Preiskalkulation auf Grundlage von Selbstkosten oder von relativen Einzelkosten und Deckungsbeiträgen, hier S. 609.

ßig. Dieses Prinzip bedeutet, daß man die nur der Unternehmung als Ganzes zurechenbaren Kosten den verschiedenen Produktsparten nach der Höhe der von ihnen erbrachten Deckungsbeiträge zusätzlich anteilig vorgibt. Kurzfristig mag solches Vorgehen plausibel bzw. zweckmäßig erscheinen. Auf lange Sicht muß es jedoch dazu führen, daß sich Dispositionsbereiche, die durch besonders intensive Vertriebsanstrengungen bzw. durch eine den Marktverhältnissen besonders gut gerecht werdende Absatzpolitik eine Steigerung ihrer Deckungsbeiträge erreicht haben, dadurch daß man ihnen dann in der nächsten Abrechnungsperiode nach dem Tragfähigkeitsprinzip entsprechend höhere anteilige Einzelkosten des Gesamtunternehmens als indirekte Deckungslasten vorgibt, für ihr erfolgreiches Agieren gewissermaßen „bestraft" fühlen. Dies muß zwangsläufig zum Abbau von Motivationen für ein Handeln der eben skizzierten Art führen.

Verzicht auf eine zu starke Dezentralisierung von Preisuntergrenzen-Informationen

Informationen über Preisuntergrenzen, so z. B. Informationen über die Höhe der stückbezogenen Einzelkosten der verschiedenen Produktarten, sollten nicht zu stark dezentralisiert, so vor allem nicht den im wesentlichen nur für reine Vertriebsfragen kompetenten, an der Peripherie des Unternehmens operierenden Reisenden oder gar betriebsexternen Provisionsvertretern in die Hand gegeben **werden**. Denn diesem Personenkreis fehlt in der Regel die Übersicht über die vorausgehend dargelegten wichtigen Zusammenhänge, so daß solche Mitarbeiter bei ihren Dispositionen die Notwendigkeit der Deckung von nicht direkt für einzelne Leistungen bzw. Aufträge erfaßbaren Kosten nicht gebührend berücksichtigen. Dennoch kann man auch solche Vertriebsorgane in die Lage versetzen, preispolitisch flexibel zu sein, so z. B. dadurch, daß man ihnen gestaffelte Preis-Limits vorgibt und damit ein nach der Höhe der Deckungsbeiträge gestaffeltes Provisionssystem, das jedoch rein rechentechnisch die Provisionen stets als Prozentsatz des Umsatzes ausweist, verbindet. Die Absicherung gegen eine zu nachgiebige Preispolitik erfolgt in diesem Fall dadurch, daß für Aufträge, die nur sehr geringe Deckungsbeiträge erbringen, nur extrem niedrige Provisionen gewährt werden. Durch das **an den Deckungsbeiträgen orientierte Provisionssystem** wird der Reisende bzw. Vertreter motiviert, sich um den Abschluß von Geschäften zu günstigen (relativ hohe Deckungsbeiträge bewirkenden) Preisen zu bemühen.

Sorgfältige Ausbildung des für die Preispolitik zuständigen Personals nach den Grundsätzen der Deckungsbeitragsrechnung

Damit einerseits die Vorteile des Einsatzes der Deckungsbeitragsrechnung für Preiskalkulationen und darüber hinausreichende preispolitische Entscheidungen voll zur Entfaltung kommen und andererseits zugleich die Gefahren einer falschen Anwendung vermieden werden, **ist eine sehr sorgfältige Ausbildung bzw. Schulung des Personals erforderlich.** Dies ist an dieser Stelle besonders hervorzuheben, weil der Übergang von der Vollkostenrechnung zur Deckungsbeitragsrechnung eine grundlegende Umorientierung der kostenrechnerischen, speziell der sich auf die Art des Kalkulierens beziehenden Denkweise notwendig macht. Wie die vorangehenden Ausführungen gezeigt haben, muß man sich vor allem von der Vorstellung lösen, man könne Angebotspreise mit Hilfe eines universell anwendbaren Kalkulationsschemas bestimmen. Die Mitarbeiter sind darauf zu schulen, daß sie bei der Ermittlung kostenmäßiger Preisuntergrenzen nach verschiedenen Entscheidungssituationen (so vor allem nach der Länge des Dispositionszeitraums und der Beschäftigungslage des Betriebes) zu differenzieren und demgemäß – je nachdem, welche Art von Preisentscheidungen zu treffen ist – die Kalkulation anders aufzubauen und in dieselbe auch andere Kalkulationselemente aufzunehmen haben.

Abkehr von universell anwendbaren Kalkulationsschemata

Möglicherweise stellt dies an die zuständigen Disponenten zumindest während der Übergangsphase höhere Anforderungen. Diese reduzieren sich jedoch in der Regel rasch, wenn sich bei den betreffenden Mitarbeitern die Erkenntnis durchzusetzen beginnt, daß streng genommen jedes Kalkulieren kostenmäßiger Preisuntergrenzen nach dem Grundsatz des Rechnens mit relevanten (durch eine bestimmte Entscheidung zusätzlich ausgelösten) Kosten zu erfolgen hat. Dieses „oberste" Prinzip verbindet die im Aufbau unterschiedlichen Formen der Preiskalkulation als übergreifende Klammer.

zunehmende Lernerfolge im Zeitablauf

Da die Deckungsbeitragsrechnung – im Gegensatz zur Vollkostenrechnung – die für preispolitische Entscheidungen Verantwortlichen nicht in ein starres Kalkulationsschema „preßt", das ihnen bewußt einen (wenn auch durch die Vorgabe einer Hierarchie von Deckungsbudgets begrenzten) Dispositionsspielraum zur Adaption an die jeweiligen Marktverhältnisse einräumt, sollten diese Mitarbeiter gleichzeitig auch mit den Grundlagen der Marktforschung und in diesem Zusammenhang vor allem damit vertraut gemacht werden, wie man aufgrund einer Analyse der Nachfrage- und Konkurrenzverhältnisse **Preisobergrenzen für den Verkauf** (also maximal erzielbare Preise) bestimmen kann. Dies erfordert z. B. auch, daß man das für die Preispolitik kompetente Personal durch eine entsprechende Ausbildung in die Lage versetzt, gedanklich jene Kalkulationen zumindest in groben Umrissen zu antizipieren, die der Kunde bei der Ermittlung seiner Preisobergrenzen für den Einkauf aufstellt. Nach welchen Prinzipien im Rahmen einer Einzelkosten- und Deckungsbeitragsrechnung die Bestimmung von Preisobergrenzen im Rahmen der Beschaffung zu erfolgen hat, wird Gegenstand des nachfolgenden Abschnitts sein.

3.3.7.4 Bestimmung von Preisobergrenzen für den Einkauf

Bestimmung von Preisobergrenzen für den Einkauf

Die Einzelkosten- und Deckungsbeitragsrechnung ist – im Gegensatz zur Vollkostenrechnung – auch eine geeignete Informationsbasis für die **Bestimmung von Preisobergrenzen im Rahmen der Beschaffung**. Denn Preisobergrenzen für den Einkauf sind nicht von den im Rahmen der Selbstkostenermittlung bzw. Preiskalkulation für die betreffende Güterart angesetzten Werten abzuleiten, sondern grundsätzlich von jenen nachteiligen wirtschaftlichen Folgen, die beim Verzicht auf die Beschaffung dieser Güterart effektiv eintreten würden. Sie können also nur unter konkreter Bezugnahme auf die jeweils relevanten Alternativen zu der erwogenen Beschaffung bestimmt werden. Solche Alternativen als **Ansatzpunkte der Preisobergrenzenbestimmung** sind vor allem

Ansatzpunkte der Preisobergrenzenbestimmung

- der (vorübergehende oder dauerhafte) **Verzicht auf die geplante Verwendung** (Weiterverarbeitung) des betreffenden Einsatzgutes,
- die **Bereitstellung des Einsatzgutes auf anderen Wegen** (durch Eigenfertigung oder durch den Fremdbezug von einem anderen Lieferanten) sowie
- die **Bereitstellung eines vergleichbaren Substitutionsgutes**.

Ist z. B. für ein einzelnes Verbrauchsgut bei festliegenden Produktions- und Absatzbedingungen vor dem Hintergrund gegebener Kapazitäten und einer gegebenen Betriebsbereitschaft die kurzfristige Preisobergrenze zu bestimmen, und steht als Alternative zur Beschaffung nur der Verzicht auf die geplante Weiterverarbeitung zur Diskussion, so ergibt sich das oberste Limit für den Einkaufspreis aus dem nach den Grundsätzen der Einzelkosten- und Deckungsbeitragsrechnung zu ermittelnden Überschuß der Einzelerlöse über die Einzelkosten der Weiterverarbeitung jenes Einsatzgutes.

verwendungsertragsorientierte Preisobergrenzen

Abb. 3.3.7.4.1 enthält ein Beispiel für die Ermittlung solcher kurzfristiger **„verwendungsertragsorientierter" Preisobergrenzen**: Eine einstufige Unternehmung stellt auf Grund ihrer vorläufigen Produktions- und Absatzpläne fest, daß sie noch über eine nicht ausgelastete Restkapazität von 44 Maschinenstunden verfügt. Man hat daher einem Kunden zusätzlich die Lieferung einer bestimmten Menge des Produktes F angeboten. Würde der Kunde dieses Angebot annehmen, könnte man die noch freien 44 Maschinenstunden voll auslasten und dabei zusätzliche Deckungsbeiträge in Höhe von 150 DM/Maschinenstunde erzielen. Eine Zusage des Kunden liegt aber noch nicht vor. Deshalb ist man erfreut darüber, daß ein anderer Abnehmer anfragt, ob ihm 110 Leistungseinheiten (LE) des Endproduktes G geliefert werden könnten. Auch dieser Auftrag würde die noch freien Restkapazitäten gerade voll auslasten.

Ermittlung der Preisobergrenze bei Unterbeschäftigung
(für den Fall, daß der Auftrag über Produktart F nicht zustandekommt)

		DM je LE	DM in der Periode
1	**Netto-Umsatz**	295,38	32 492
	⁒ umsatzabhängige Kosten		
2	Versandverpackung und Frachten	11,82	1 300
3	Provisionen	8,86	975
4	Lizenzen	2,—	220
5	**Verkaufsüberschuß**	272,70	29 997
	⁒ erzeugungsabhängige Kosten		
6	Energiekosten	6,30	693
7	Produktverpackung	5,60	616
8	Stoffkosten **ohne Kosten für Stoff g**	103,20	11 352
9	**Verwertungsüberschuß** bezogen auf G	157,60	17 336
10	für eine LE G benötigt man 1,6 LE g		
11	**Verwertungsüberschuß** bezogen auf eine LE g (157,60/1,6)	98,50	

Ermittlung der Preisobergrenze bei Vollbeschäftigung
(für den Fall, daß man alternativ auch die Produktart F absetzen könnte)

12	bei Herstellung von G in Anspruch genommene Maschinenkapazitäten (in Std.)	0,40	44
13	„Opportunitätskosten" der Kapazitätsinanspruchnahme für den Fall, daß man auch Produktart F absetzen könnte (bei Herstellung von G verdrängte Deckungsbeiträge): 150 DM/Std. × 0,40 bzw. 44 Std.	60,—	6 600
14	**„Netto"-Verwertungsüberschuß** bezogen auf G (Zeile 9 ⁒ Zeile 13)	97,60	10 736
15	**„Netto"-Verwertungsüberschuß** bezogen auf g (97,60/1,6)	61,—	

Abb. 3.3.7.4.1: Beispiel für die Ermittlung der kurzfristigen verwendungsertragsorientierten Preisobergrenze für einen Einsatzstoff, der nur zu einem Endprodukt weiterverarbeitet wird

Produkt G müßte aus dem Einsatzstoff g erzeugt werden, für den man nunmehr dringend einen geeigneten Lieferanten sucht, da eine Eigenfertigung unmöglich ist.

Dieses Beispiel zeigt, daß bei knappen Kapazitäten – im Gegensatz zum Fall der Unterbeschäftigung – vom Verwertungsüberschuß noch die Opportunitätskosten der Kapazitätsinanspruchnahme in Abzug gebracht werden müssen (siehe Zeile 15 im Vergleich zu Zeile 11). Je höher diese sind, je besser der Betrieb beschäftigt ist, je mehr er sich also im Rahmen einer selektiven Absatzpolitik auf die Annahme besonders rentabler Aufträge beschränken kann, desto niedriger sind die dem Einkauf vorzugebenden Preisobergrenzen. Das liegt daran, daß bei knappen Kapazitäten die Verarbeitung einer zu beschaffenden Materialart wegen der ökonomisch interessanten anderweitigen Verwendungsmöglichkeiten der knappen Ressourcen der Tendenz nach nicht so rentabel ist wie bei Unterbeschäftigung des Betriebes.

keine Erlösspaltung

Bei der Ermittlung verwendungsertragsorientierter Preisobergrenzen darf **keine irgendwie geartete Erlösspaltung** vorgenommen werden: Auf das Kalkulationsobjekt (das bereitzustellende Einsatzgut) sind jeweils die gesamten aus der Weiterverarbeitung resultierenden Erlöse abzüglich der gesamten Weiterverarbeitungskosten zu projizieren.

Ermittlung von Preisobergrenzen-Funktionen

Geht eine zu beschaffende Materialart in **mehrere verschiedene Verwendungsrichtungen**, die pro Leistungseinheit dieses Materials unterschiedlich hohe Verwertungsüberschüsse erbringen, so darf man dem Einkauf nicht einfach den durchschnittlichen Verwertungsüberschuß als Preisobergrenze vorgeben. Dies wäre nur dann richtig, wenn die verschiedenen Verwendungsmöglichkeiten derart fest aneinandergekoppelt wären, daß entweder nur alle gemeinsam realisiert werden können oder keine von ihnen. Wird dagegen über die alternativen Weiterverarbeitungsmöglichkeiten separat disponiert, so ist nur die Ermittlung und Vorgabe einer **Preisobergrenzen-Funktion** möglich: je niedriger der Beschaffungspreis ist, um so mehr lohnt sich der Einkauf größerer Mengen, da um so mehr Verwendungsrichtungen rentabel werden. Dies geht aus dem in den Abbildungen 3.3.7.4.2 und 3.3.7.4.3 enthaltenen, auf den Einsatzstoff h abstellenden Beispiel hervor. Die „marginale" Endproduktart ist H_6, die nur einen Verwertungsüberschuß von 292,– DM/LE h erbringt. Auf die Herstellung dieses Erzeugnisses würde der betreffende Betrieb, wenn sich von der Beschaffungsseite her mengenmäßige bzw. preisliche Restriktionen ergeben, unter sonst gleichen Umständen zuerst verzichten. Die zweitschlechteste Weiterverarbeitungsmöglichkeit ist die Herstellung des Endproduktes H_4. Abb. 3.3.7.4.3 zeigt, welche Mengen des Einsatzgutes h der betreffende Betrieb in Abhängigkeit vom Beschaffungspreis nachfragen würde und in welche Verwendungsrichtung diese Mengen gingen.

Die Struktur von Preisobergrenzen-Funktionen der in Abb. 3.3.7.4.3 dargestellten Art ändert sich, wenn von der betreffenden Materialart noch gewisse Mengen auf Lager liegen. Außerdem ist sie von der Beschäftigungslage der Weiterverarbeitungskapazitäten abhängig. Es ergibt sich nämlich unter Umständen eine völlig andere Rangfolge der Verwendungszwecke (Endproduktarten), wenn für die Inanspruchnahme knapper Weiterverarbeitungskapazitäten andere Opportunitätskosten anzusetzen sind.

Preisobergrenzenbestimmung nach Annahme eines Kundenauftrags

Bei der **Bestimmung von Preisobergrenzen nach Annahme eines Kundenauftrags** (wie z. B. dann, wenn ein planmäßiger Lieferant plötzlich ausfällt, so daß ein Ersatzlieferant zu suchen ist) muß einerseits zusätzlich berücksichtigt werden, daß sich bei Nichterfüllung eines abgeschlossenen Liefervertrages möglicherweise auch Konventionalstrafen oder ähnliche Erlöseinbußen ergeben und daß andererseits bereits entstandene Kosten – genauer gesagt: schon eingegangene Auszahlungsverpflichtungen, die vor der Auftragsannahme noch variabel waren – nach Annahme des Auftrags nicht mehr beeinflußbare Kosten („sunk-costs") sind. Da sich ihr Anfall nicht mehr rückgängig machen läßt, sind sie für die zukunftsbezogene Preisobergrenzenbestimmung irrelevant, es sei denn, die Auslösung von in der Zukunft anfallenden Kosten wird durch festliegende Kostenbudgets begrenzt.

kostenersparnis-orientierte Preisobergrenzen

Ist neben dem Fremdbezug auch die Eigenfertigung bereitzustellender Einsatzgüter möglich, so ist die Preisobergrenze für die Beschaffung von den einsparbaren Eigenerzeugungskosten abzuleiten (sofern sichergestellt ist, daß sich die Weiterverarbeitung selbst erzeugter Güter des betreffenden Typs überhaupt lohnen würde). Für solche **kostenersparnisorientierte Preisobergrenzen** sind in Zeiten der Unterbeschäftigung die kurzfristig variablen Kosten (Leistungskosten) der Eigenerzeugung anzu-

	Endprodukte	Σ	H_1	H_2	H_3	H_4	H_5	H_6
1	Produktions- und Absatzmengen (in LE)	865	200	180	75	50	240	120
2	Verbrauch an Stoff h (in LE) für die Endprodukterzeugung in der Periode	288,20	80,80	26,64	36,90	17,50	60,96	65,40
3	**Brutto-Umsatz**	352 340	105 409	56 505	28 832	16 313	108 293	36 988
	./. Erlösschmälerungen, z. B.							
4	Rabatte	16 284	4 811	2 550	1 325	815	5 019	1 764
5	Skonti	6 194	1 758	911	480	294	2 088	663
6	**Netto-Umsatz**	329 862	98 840	53 044	27 027	15 204	101 186	34 561
	./. umsatzabhängige Kosten							
7	Versandverpackung und Frachten	13 194	3 954	2 122	1 081	608	4 047	1 382
8	Provisionen	9 896	2 965	1 591	811	456	3 036	1 037
9	Lizenzen	3 930		1 820	1 318			792
10	**Verkaufsüberschuß**	302 842	91 921	47 511	23 817	14 140	94 103	31 350
	./. erzeugungsabhängige Kosten							
11	Energiekosten	5 215	2 016	935	412	110	1 427	315
12	Produktverpackungskosten	10 407	3 200	2 508	919	388	1 976	1 416
13	Stoffkosten **außer für Stoff h**	85 045	20 403	22 310	8 716	7 712	15 380	10 524
14	**Verwertungsüberschuß** — bezogen auf H_1—H_6 —	202 175	66 302	21 758	13 770	5 930	75 320	19 095
15	**Verwertungsüberschuß** — bezogen auf eine LE h — (= Zeile 14/Zeile 2)	(702)	821	817	373	339	1 236	292
16	Rang		2.	3.	4.	5.	1.	6.

Abb. 3.3.7.4.2: Ermittlung der Verwertungsüberschüsse im Rahmen der Bestimmung kurzfristiger verwendungsertragsorientierter Preisobergrenzen für einen Einsatzstoff, der bei unterbeschäftigten Kapazitäten zu verschiedenen Endprodukten weiterverarbeitet wird (Zeile 3–14: DM in der Periode; (Zeile 15: DM/LE)

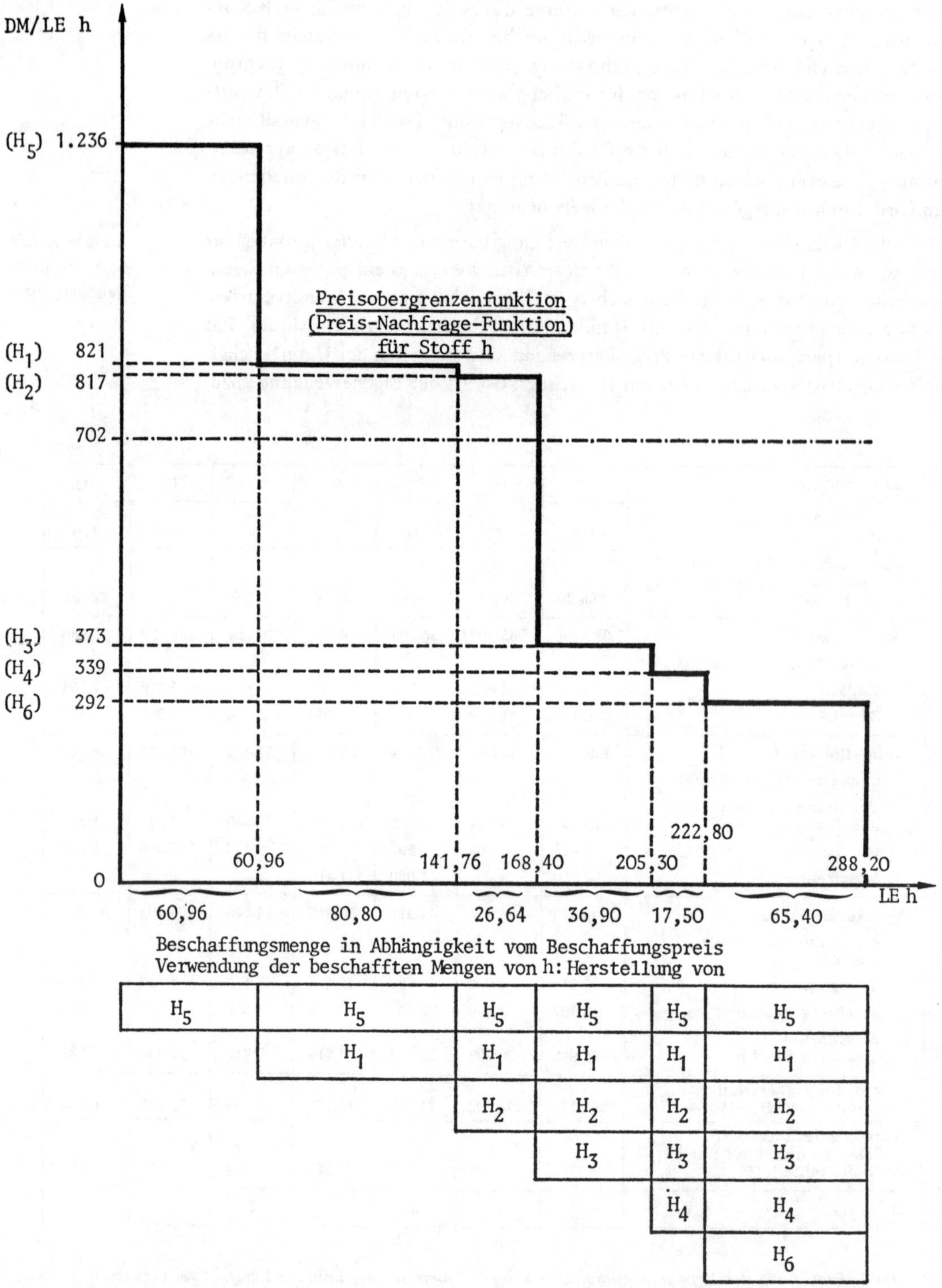

Abb. 3.3.7.4.3: Preisobergrenzen-Funktion für einen Einsatzstoff, der bei unterbeschäftigten Kapazitäten zu verschiedenen Endprodukten weiterverarbeitet wird

setzen. Im Falle der Vollbeschäftigung kommen dazu noch Kosten für die Inanspruchnahme der knappen Eigenerzeugungskapazitäten. Deren Höhe kann nur dann kalkuliert werden, wenn man zunächst sorgfältig analysiert, auf welche Weise die für eine Eigenfertigung erforderlichen Kapazitäten freigesetzt bzw. bereitgestellt werden können (z. B. durch eine Erhöhung der Produktionsgeschwindigkeit, durch das Einlegen von Überstunden, durch den Zukauf bisher selbst hergestellter Zwischenprodukte, durch den Verzicht auf die Herstellung von Endprodukten oder durch andere Maßnahmen). Die für eine solche differenzierende Vorgehensweise erforderliche Analyse ist dem in Abb. 3.3.7.4.4 enthaltenen Beispiel zu entnehmen: Ein Betrieb benötigt innerhalb einer bestimmten Planungsperiode für die im Streben nach Vollauslastung der eigenen Kapazitäten in Betracht gezogene Herstellung des Endproduktes J 500 Leistungseinheiten (LE) des Zwischenproduktes j. Für dessen Herstellung entstünden zusätzlich kurzfristig variable Kosten (Leistungskosten) in Höhe von 20 DM/LE. Da von den für die Eigenfertigung dieses Zwischenproduktes geeigneten Kapazitäten nur noch 25 Maschinenstunden frei verfügbar sind, andererseits aber 0,5 Maschinenstunden/LE j als Maschinenbelegungszeit anfallen, zieht man über die Ausnutzung der noch freien Restkapazitäten hinaus zusätzlich bestimmte Maßnahmen der Kapazitätserweiterung bzw. -freisetzung in Betracht, die allerdings über die kurzfristig variablen Eigenerzeugungskosten hinaus weitere Mehrkosten bzw. Erfolgseinbußen verursachen würden. In Abb. 3.3.7.4.4 sind diese Maßnahmen in der Reihenfolge der je „bereitstellbare" Maschinenstunde entstehenden Mehrkosten (bzw. entgehenden Erfolge) geordnet (siehe hierzu Spalte 4a). Die Eigenerzeugung des Gesamtbedarfs der Einsatzgüterart j würde die Inanspruchnahme sämtlicher aufgeführter Möglichkeiten der Bereitstellung bzw. Freisetzung von Kapazitätseinheiten erforderlich machen. Da für diese unterschiedlichen Maßnahmen verschieden hohe Kosten bzw. Erfolgseinbußen in Kauf genommen werden müssen, läßt sich für das Einsatzgut j wiederum keine eindeutige (feste) Preisobergrenze je Leistungseinheit, sondern lediglich eine Preisobergrenzen-Funktion angeben. Diese ergibt sich aus den in Spalte 6 der Abb. 3.3.7.4.4 ausgewiesenen Beträgen: Sofern ein Nebeneinander von Eigenfertigung und Fremdbezug möglich ist, würde man nur dann die insgesamt bereitzustellenden 500 Leistungseinheiten des Zwischenproduktes j zukaufen, wenn der Beschaffungspreis unter 20 DM/LE liegen würde. Ist der Beschaffungspreis höher als 32 DM/LE, kommt es zu keiner Beschaffung: die Gesamtmenge ist durch Eigenerzeugung bereitzustellen.

Ermittlung langfristiger Preisobergrenzen

Wenn man im Rahmen des Materialeinkaufs (wie etwa vor dem Abschluß langfristiger Lieferverträge oder beim Kauf größerer Mengen auf Vorrat) **langfristige Preisobergrenzen** zu ermitteln hat und wenn diese von den Verwendungserträgen abzuleiten sind, muß man bedenken, daß beim Verzicht auf die Beschaffung und Weiterverarbeitung der betreffenden Materialart nicht nur der Überschuß der Erlöse über die kurzfristig variablen Kosten wegfällt, sondern daß sich darüber hinaus in solchen Fällen auch jene Kosten abbauen lassen, die auf kurze Sicht als fix gelten müssen[22]. Die hierfür erforderlichen Informationen – insbesondere darüber, welcher Teil der Fixkosten abbaufähig ist, in welchen Sprüngen, in welchen Intervallen und zu welchen Terminen ein Fixkostenabbau erfolgen kann – sind aus der Grundrechnung zu entnehmen.

22 Einzelheiten hierzu vgl. bei Männel, Wolfgang: Preisobergrenzen im Einkauf, Opladen 1975, S. 45 ff.

1		2	3	4 a	4 b	5	6
Bereitstellung der für die Eigenfertigung erforderlichen Kapazitätseinheiten (Kapazitätserweiterung bzw. Kapazitätsfreisetzung)		dadurch verfügbare Engpaß-Maschinenstunden (Std.)	während der verfügbaren Maschinenstunden herstellbare Menge von j (LE)	für die Kapazitätsinanspruchnahme entstehende Mehrkosten (bzw. entgehende Erfolge) je Std. (DM/Std.)	je LE j (DM/LE)	kurzfristig variable Kosten der Eigenfertigung je LE j (DM/LE)	Gesamt-„Kosten" der Eigenfertigung je LE j (DM/LE)
1.	Ausnutzung der freien Restkapazitäten	25	50	—	—	20,—	20,—
2.	Erhöhung der Produktionsgeschwindigkeit bei der Herstellung des Zwischenproduktes x — unter Inkaufnahme höherer Energie- und Stoffkosten (intensitätsmäßige Anpassung)	50	100	4,80	2,40	20,—	22,40
3.	Einlegen von Überstunden (Spezialfall der zeitlichen Anpassung)	120	240	8,—	4,—	20,—	24,—
4.	Zukauf des bisher selbst hergestellten Zwischenproduktes y — unter Inkaufnahme höherer Fremdbezugskosten	30	60	12,50	6,25	20,—	26,25
5.	Verzicht auf die Herstellung des verkaufsfähigen Produktes Z (unter Verdrängung von Deckungsbeiträgen)	25	50	24,—	12,—	20,—	32,—
6.	1.—5. insgesamt	250	500	⌀ 8,70	⌀ 4,35	20,—	⌀24,35

Abb. 3.3.7.4.4: Die Ermittlung kurzfristiger kostenersparnisorientierter Preisobergrenzen für ein selbst herstellbares Zwischenprodukt

3.3.7.5 Entscheidungen zwischen Eigenfertigung und Fremdbezug

Auch für die Wahl zwischen Eigenfertigung und Fremdbezug[23] ist die Kenntnis der erzeugungsabhängigen Einzelkosten äußerst wichtig.

---

23 Zu Einzelheiten hierzu vgl. vor allem Männel, Wolfgang: Die Wahl zwischen Eigenfertigung und Fremdbezug; Theoretische Grundlagen – praktische Fälle, Herne–Berlin 1968 (2., völlig neu bearbeitete Aufl. erscheint 1980 im Verlag C. E. Poeschel, Stuttgart). – Männel, Wolfgang (Hrsg.): Entscheidungen zwischen Eigenfertigung und Fremdbezug in der Praxis, Herne–Berlin 1973.

Unterbeschäftigte Betriebe dürfen bei der Durchführung kurzfristiger Wirtschaftlichkeitsvergleiche den Fremdbezugskosten keinesfalls die – durch eine Zuschlagskalkulation oder Maschinenstundensatzrechnung oder ein ähnliches Verfahren ermittelten – „vollen" Herstellkosten gegenüberstellen, weil diese in mehr oder weniger großem Umfang Kostenarten enthalten, die als fixe Kosten der gegebenen Betriebsbereitschaft auf kurze Sicht ohnehin anfallen, gleichgültig, ob die betreffende Leistung im eigenen Betrieb erstellt oder von außen bezogen wird.

Kostenvergleiche bei Unterbeschäftigung

Die Fehler, die sich für die Entscheidung zwischen Eigenfertigung und Fremdbezug aus einer künstlichen Proportionalisierung fixer Kosten ergeben können, sind besonders groß, wenn sich diese Verfahrenskalkulation an den jeweiligen Istkosten der betreffenden Fertigungsstelle orientiert, wenn also mit abnehmender Beschäftigung steigende Verrechnungssätze in Ansatz gebracht werden. Dadurch entsteht nämlich die gefährliche Tendenz, daß Kostenstellen bzw. Arbeitsplätze oder Maschinen, die ohnehin schon schlecht ausgelastet sind, mit dem Fremdbezug immer weniger konkurrieren können, so daß man immer mehr zum Zukauf neigt und diese ohnehin unterbeschäftigten Betriebsbereiche noch weniger mit Aufträgen eindeckt.

Soll das Problem der kurzfristigen Wahl zwischen Eigenfertigung und Fremdbezug richtig gelöst werden, **darf man in die Kalkulation der Selbstanfertigungskosten bei Unterbeschäftigung allein die zusätzlichen variablen Kosten (Leistungskosten) einbeziehen.** Hierzu zählen neben den einmalig bei Beginn der Eigenerzeugung zusätzlich in Kauf zu nehmenden Kosten für das Reinigen, Umrüsten und Anlaufen der Maschinen und Apparaturen sowie den Kosten für Sonderwerkzeuge, spezielle Vorrichtungen usw. vor allem die Materialaufwendungen sowie die zusätzlichen Aufwendungen für Hilfsstoffe, Energien und gegebenenfalls noch Standardsätze für die Entwertung allein gebrauchsbedingt verschleißender Werkzeuge oder ähnlicher Betriebsmittel. Abgesehen davon müssen auch jene erfolgsmäßigen Konsequenzen berücksichtigt werden, die sich aus zeitlichen und sonstigen Unterschieden zwischen den beiden Bereitstellungsalternativen ergeben können. Welche Kosten zu den zusätzlichen Kosten der Eigenfertigung gehören, muß von Fall zu Fall sehr sorgfältig überprüft werden. Betriebe, die mit der Deckungsbeitragsrechnung arbeiten, sind hierbei im Vorteil.

Selektion fremdzubeziehender Einsatzgüter bei Vollbeschäftigung

Stellt sich die Frage „Eigenfertigung oder Fremdbezug?" – etwa im Rahmen der laufenden Produktions- und Bereitstellungspläne der Reparatur- und sonstiger Werkstätten, der Teileherstellung oder Zwischenprodukterzeugung – **für mehrere Projekte zugleich**, so muß, immer dann, wenn Engpässe vorliegen, über die Gesamtheit dieser Projekte eine simultane Entscheidung gefällt werden. Wenn lediglich mit einem einzigen Engpaß zu rechnen ist, geht man so vor, daß man zunächst – im ersten Schritt – für alle Projekte jenen Bereitstellungsweg ermittelt, der bei isolierter Betrachtung optimal wäre. Das ist jener, der die **geringsten zusätzlichen (kurzfristig variablen) Kosten** verursacht. In einem zweiten Schritt ist anschließend zu überlegen, **ob die verfügbaren Kapazitäten für die Realisierung dieser bei isolierter Betrachtung kostengünstigsten Bereitstellungswege ausreichen werden.** Ist das nicht der Fall, muß man – solange andere Möglichkeiten der Kapazitätsfreisetzung bzw. -erweiterung außer acht bleiben müssen – im dritten Schritt der Planungsüberlegungen bestimmen, welche Mehrkosten im Einzelfall entstünden, wenn einzelne Projekte, die bei ausreichenden Kapazitäten selbst herzustellen wären, nach außen vergeben werden.

Diese **Mehrkosten**, die durch den Übergang von der Eigenfertigung zum Fremdbezug des einzelnen Auftrages hervorgerufen würden, **müssen auf die dabei jeweils freigesetzten Engpaßeinheiten bezogen werden**. Auf diese Weise erhält man eine Kennzahl, die man als **„engpaßbezogene" Mehrkosten** bezeichnen kann. Sie gibt an, welcher Preis für die Freisetzung der Engpaßeinheiten durch einen Wechsel des Bereitstellungsweges bei dem betreffenden Projekt „gezahlt" werden muß. Mit Hilfe dieser Kennzahl kann man dann leicht herausfinden, welche Leistungen angesichts des Engpasses nicht im eigenen Betrieb hergestellt werden können, sondern zugekauft werden müssen, wenn insgesamt gesehen möglichst geringe Mehrkosten (im Vergleich zur Verwirklichung der bei isolierter Betrachtung optimalen Bereitstellungswege) entstehen sollen: Man wird **immer zunächst jene Aufträge nach außen vergeben, bei denen der Wechsel des Bereitstellungsweges die geringsten „engpaßbezogenen" Mehrkosten verursacht**. Im Prinzip handelt es sich hierbei um die gleichen Grundsätze, die auch bei der Zusammenstellung von Produktionsprogrammen angewendet werden müssen.

Rechnen mit engpaßbezogenen Mehrkosten des Fremdbezuges

Wird man bei der simultanen Wahl zwischen Eigenfertigung und Fremdbezug für mehrere Projekte nicht nur mit einem, sondern mit mehreren Engpässen konfrontiert, so gelangt man mit Hilfe traditioneller Methoden der Wirtschaftlichkeitsrechnung nicht mehr zum Ziel. In diesem Falle muß man Verfahren der mathematischen Optimierung (z. B. die Lineare Planungsrechnung) heranziehen. Auf solche kompliziertere Wirtschaftlichkeitsrechnungs-Verfahren ist man prinzipiell auch dann angewiesen, wenn die Frage „Eigenfertigung oder Fremdbezug?" nur simultan mit der Produktions- und Absatzplanung entschieden werden kann.

Ist in Zeiten der Voll- oder Überbeschäftigung zu prüfen, ob eigene Kapazitäten für andere Aufgaben (z. B. zur Steigerung der Absatzmengen oder zur Ausweitung des Produktionssortiments) freigemacht werden sollen, müssen zunächst wieder die „engpaßbezogenen" Mehrkosten des Fremdbezugs der fraglichen Güter bzw. Leistungen bestimmt werden. Im Anschluß daran **vergleicht man diese „engpaßbezogenen" Mehrkosten der Kapazitätsfreisetzung mit dem spezifischen Nutzen, der bei anderweitiger Verwendung der Engpaßeinheiten erzielt werden kann**: also in der Regel mit den „engpaßbezogenen" Deckungsbeiträgen der zusätzlichen absetzbaren Produkte. Bei der Bestimmung dieses Nutzens darf ebenfalls nur mit relevanten Kosten und Erlösen gerechnet werden. Es wäre beispielsweise verfehlt, wenn man bei der Berechnung des Vorteils einer Umsatzsteigerung von den (Netto-)Stückgewinnen, also von der Differenz zwischen Erlösen und „vollen" Selbstkosten der betreffenden Erzeugnisse, ausgehen würde. **Welche zusätzlichen Erfolge bei einer durch den Übergang zum Fremdbezug bestimmter Leistungen ermöglichten Ausweitung des Produktionsvolumens effektiv erwirtschaftet werden, läßt sich nur dann genau bestimmen, wenn man mit den Deckungsbeiträgen der betreffenden Produkte rechnet.**

Der Übergang zum Fremdbezug ist zu empfehlen, solange die damit verbundenen „engpaßbezogenen" Mehrkosten niedriger sind als die bei anderweitiger Verwendung der Kapazitäten pro Engpaßeinheit erzielbaren Erfolge. **Fixkosten spielen auch bei diesen Überlegungen keine Rolle**, da hierbei nur über die Verwendung der eigenen Betriebsmittel- und Personalkapazitäten disponiert wird und nicht über deren Auf- oder Abbau.

Zur Verdeutlichung der eben dargelegten Grundsätze sowie der Vorgehensweise bei der Lösung der geschilderten Wahlprobleme soll das nachfolgende Fallbeispiel dienen. Diesem liegt ein mehrstufiger Industriebetrieb zugrunde, dessen Leistungsfluß sowie Mengen- und Zeitangaben im oberen Teil der Abb. 3.3.7.5.1 dargestellt sind. Hieraus ist ersichtlich, daß das ursprünglich geplante Produktions- und Absatzprogramm 550 LE der Endproduktart A, 120 LE der Produktart B, 220 LE der Erzeugnisart C, 440 LE der Leistungsart D sowie zudem einige andere Endproduktarten umfaßte. Damit ergab sich folgender Bedarf an Zwischenprodukten: 330 LE a, 60 LE b, 88 LE c, 220 LE d (darüber hinaus ein Bedarf an sonstigen Zwischenprodukten). Die Eigenerzeugung der selbstherstellbaren Zwischenprodukt-Sorten (b, c, d und sonstige) lastet die Kapazität der Stelle II voll aus, so daß diese für den Fall einer Programmerweiterung einen Engpaß darstellen würde. Demgegenüber verfügen sowohl Stelle I als auch Stelle III noch über freie Restkapazitäten (Einzelheiten gehen aus Abb. 3.3.7.5.1 hervor).

Fallbeispiel einer kurzfristigen Kosten-Nutzen-Analyse

Einige Zeit nach der Fixierung dieser Pläne – aber noch rechtzeitig vor dem Beginn der betreffenden Periode – zeigt sich, daß zusätzlich zu den genannten Endprodukt-Sorten auch noch die im unteren Teil der Abb. 3.3.7.5.1 angegebenen Mengen der bisher nicht hergestellten Erzeugnisarten U, V, W und X verkauft werden könnten. Für deren Herstellung würde man die Zwischenprodukte u, v, w und x benötigen, die in der Fertigungsstelle II erzeugt werden müßten. Da diese Stelle schon bei Verwirklichung des ursprünglich geplanten Produktions- und Absatzprogramms voll beschäftigt wäre, überlegt man, **ob es wirtschaftlich ist, die aus absatzwirtschaftlicher Sicht realisierbare Programmerweiterung durch den Übergang zum Fremdbezug eines Teils der auch auf dem Markt angebotenen Zwischenprodukte b, c oder d zu ermöglichen**. Dabei muß man – dies sei unterstellt – davon ausgehen, daß sich die für die erwogene Ausweitung des Absatzvolumens erforderliche Kapazitätsfreisetzung nur auf diesem Weg erreichen läßt bzw. daß keine Möglichkeit zu einer Kapazitätserweiterung besteht. Ein teilweiser Fremdbezug des Bedarfs einer Zwischenprodukt-Sorte ist möglich.

Freisetzung von Produktionskapazitäten durch Übergang zum Fremdbezug

Dem betrachteten Unternehmen käme eine Programmausweitung sehr gelegen, da auf diese Weise eine bessere (nahezu volle) Auslastung der Kapazitäten der Fertigungsstelle III erreicht werden könnte.

Die bei einem Übergang von der Eigenerzeugung zum Fremdbezug von Zwischenprodukten in Kauf zu nehmenden **Mehrkosten** lassen sich unmittelbar aus Abb. 3.3.7.5.2 entnehmen (vgl. insbesondere Zeilen 12 und 14). Welchen spezifischen **Nutzen** man aus dem Verkauf der Endproduktsorten U, V, W und X ziehen könnte, zeigt Abb. 3.3.7.5.3. In ihr werden, ausgehend vom Nettoerlös, unter Abzug jener umsatzabhängigen und erzeugungsabhängigen Kosten, die den einzelnen Endproduktarten direkt (als Einzelkosten) zugerechnet werden können, die Deckungsbeiträge der Erzeugnisarten bestimmt (vgl. Zeile 11). Diese müssen zur Ermittlung der Rangfolge für die Programmerweiterung ebenfalls (wie die Kostenunterschiede zwischen Fremdbezug und Eigenfertigung) auf die beanspruchten (in Zeile 12 der Abb. 3.3.7.5.3 ausgewiesenen) Engpaß-Stunden der Fertigungsstelle II bezogen werden. Ein Vergleich der so ermittelten engpaßbezogenen Deckungsbeiträge (vgl. Zeile 13) macht deutlich, daß es unter den hier betrachteten Umständen am wirtschaftlichsten ist, das Produktions- und Absatzprogramm zunächst um die Produktsorte U zu erweitern. Erst danach sind die übrigen Endproduktarten (V, W und X) in der eben

Mehrkosten des Fremdbezugs

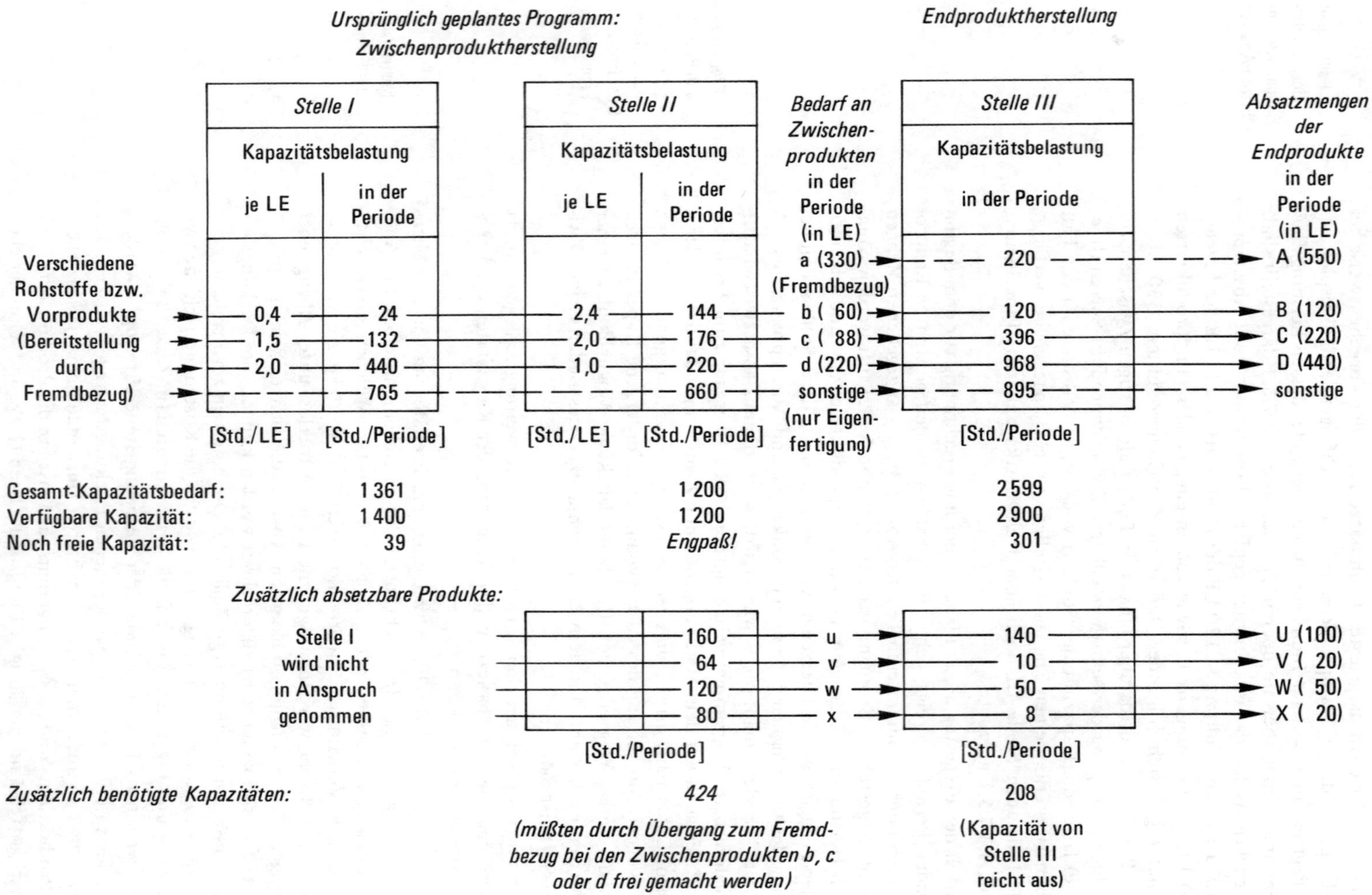

Abb. 3.3.7.5.1: Leistungsfluß sowie Mengen- und Zeitangaben für den Beispielbetrieb (LE = Leistungseinheit, z. B. Stück, Tonnen, kg)

Nr.			Zwischenprodukt-Sorten →	b	c	d	
1	zusätzliche kurzfristig variable (relevante)	Kosten je LE	bereitzustellende Mengen	60	88	220	[LE]
2			Gesamtbedarf an Engpaß-Masch.-Std. (Stelle II)	144	176	220	[Std.]
3		EF	Hauptrohstoffe	37,20	68,40	15,15	[DM/LE]
4		EF	Hilfs- und Zusatzstoffe	4,35	6,65	5,80	[DM/LE]
5		EF	beschaffungsbedingte Kosten	1,40	1,25	0,60	[DM/LE]
6		EF	Energiekosten in Stelle I	0,92	3,45	4,60	[DM/LE]
7		EF	Energiekosten in Stelle II	1,80	2,25	1,92	[DM/LE]
8			Σ zusätzliche Kosten der Eigenfertigung je LE	45,67	82,00	28,07	[DM/LE]
9		FB	Einstandspreis	172,00	227,00	137,00	[DM/LE]
10		FB	beschaffungsbedingte Kosten	14,40	9,80	5,90	[DM/LE]
11			Σ zusätzliche Kosten des Fremdbezugs je LE	186,40	236,80	142,90	[DM/LE]
12		Kosten-vergleich	effektive Mehrkosten des Fremdbezugs	140,73	154,80	114,83	[DM/LE]
13		Kosten-vergleich	bei Fremdbezug einer LE freisetzbare Engpaß-Masch.-Std. (Stelle II)	2,4	2,0	1,0	[Std./LE]
14		Kosten-vergleich	*engpaßbezogene Mehrkosten je freigesetzte Masch.-Std. in Stelle II*	58,64	77,40	114,83	[DM/Std.]
15		Kosten-vergleich	Rang für Übergang zum Fremdbezug	(1)	(2)	(3)	

EF = Eigenfertigung FB = Fremdbezug

Abb. 3.3.7.5.2: Bestimmung der engpaßbezogenen Mehrkosten des Fremdbezugs zum Zwecke der Festlegung einer Rangfolge für den Übergang von der Selbstherstellung zum Zukauf (Kapazitätsfreisetzung)

Nr.	Endproduktarten →	U	V	W	X	
1	absetzbare Mengen	100	20	50	20	[LE]
2	Gesamtbedarf an Engpaß-Masch.-Std. (Stelle II)	160	64	120	80	[Std.]
3	Nettoerlös je Leistungseinheit	284,86	420,72	270,53	349,24	[DM/LE]
	./. umsatzabhängige Vertriebseinzelkosten					
4	Provision	14,24	21,04	13,53	17,46	[DM/LE]
5	Fracht und Verpackung	17,60	13,20	8,50	21,50	[DM/LE]
6	Verkaufsüberschuß	253,02	386,48	248,50	310,28	[DM/LE]
	./. erzeugungsabhängige Kosten					
7	Hauptrohstoffe	56,35	81,45	38,15	45,30	[DM/LE]
8	Hilfs- und Zusatzstoffe	5,10	7,95	8,60	7,15	[DM/LE]
9	beschaffungsbedingte Kosten	4,55	3,70	2,70	2,80	[DM/LE]
10	Energiekosten	6,54	4,80	5,85	5,19	[DM/LE]
11	Deckungsbeitrag je Leistungseinheit	180,48	288,58	193,20	249,84	[DM/LE]
12	Bedarf an Engpaß-Masch.-Std. (Stelle II) für die Herstellung einer LE	1,6	3,2	2,4	4,0	[Std./LE]
13	*engpaßbezogener Deckungsbeitrag je beanspruchte Masch.-Std. in Stelle II*	112,80	90,18	80,50	62,46	[DM/Std.]
14	Rang für Aufnahme in das Programm	(1)	(2)	(3)	(4)	

Abb. 3.3.7.5.3: Bestimmung der engpaßbezogenen Deckungsbeiträge der zusätzlich absetzbaren Endproduktarten zum Zwecke der Ermittlung einer Rangfolge für die Aufnahme zusätzlicher Produkte in das Absatz- und das Produktionsprogramm (anderweitige Kapazitätsverwendung)

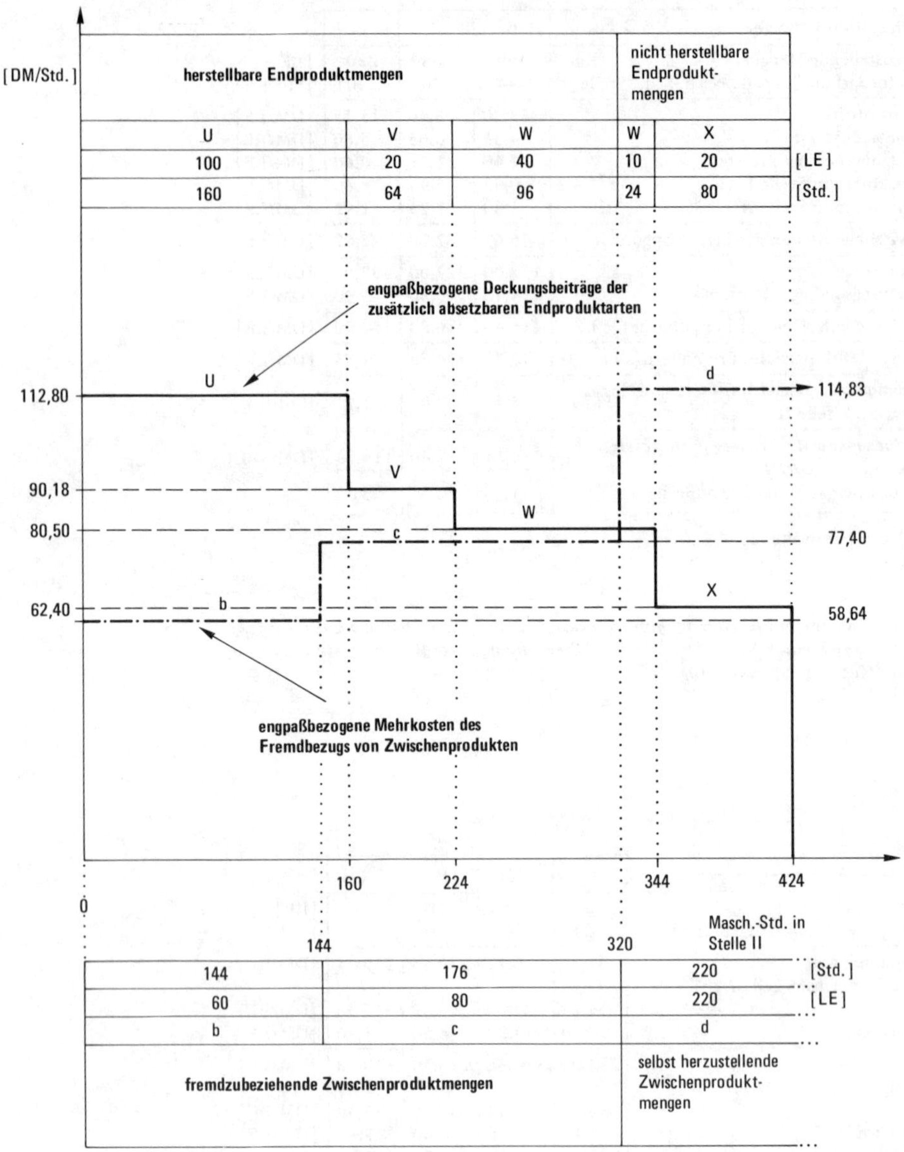

Abb. 3.3.7.5.4: Graphischer Vergleich der engpaßbezogenen Mehrkosten des Fremdbezugs der Zwischenprodukte b, c und d mit den engpaßbezogenen Deckungsbeiträgen der zusätzlich herstellbaren Endproduktarten U, V, W und X

genannten Reihenfolge in Betracht zu ziehen. Das Endprodukt U erbringt mit 112,80 DM/Std. einen fast doppelt so hohen engpaßbezogenen Deckungsbeitrag wie die Endproduktsorte X mit 62,46 DM/Std.

Käme z. B. für den Übergang zum Fremdbezug nur die Zwischenprodukt-Sorte d und für die Programmerweiterung nur die Endproduktart X in Betracht, so wäre ein Wechsel des Bereitstellungsweges unwirtschaftlich, da den damit verbundenen Mehrkosten (114,83 DM/Std.) nur ein wesentlich geringerer Nutzen (62,46 DM/Std.) gegenüberstünde.

Festlegung des Produktions- und Absatzprogramms

Kommen für den Übergang von der Selbstherstellung zum Zukauf – wie in diesem Beispiel unterstellt – b, c und d in Betracht und stehen für die Programmerweiterung die Endproduktsorten U, V, W und X zur Diskussion, so führt die Verwirklichung des Grundsatzes, daß stets zunächst die kostengünstigsten Kapazitätsfreisetzungsmöglichkeiten den wirtschaftlichsten Kapazitätsverwendungsmöglichkeiten gegenübergestellt werden müssen, zu den in Abb. 3.3.7.5.4 ausgewiesenen Ergebnissen: Diese Abbildung zeigt eindeutig, daß es auf jeden Fall wirtschaftlich ist, das Zwischenprodukt b fremdzubeziehen und dafür das Enderzeugnis U in das Produktions- und Absatzprogramm aufzunehmen. Eine solche Umlenkung von Maschinenstunden der Fertigungsstelle II in eine andere Verwendungsrichtung erfordert lediglich „Opfer“ in Höhe von 58,64 DM/Std., bringt aber andererseits einen Nutzen in Höhe von 112,80 DM/Std.

Es ist auch noch vorteilhaft, das Zwischenprodukt c zuzukaufen und während der auf diese Weise freigesetzten Maschinenstunden die Endproduktart V sowie 40 Leistungseinheiten der Endproduktart W herzustellen. Dagegen würde der Nutzen, den man aus einem Übergang zum Fremdbezug des Einsatzgutes d ziehen könnte, viel geringer sein als die hierfür zusätzlich anfallenden Kosten. Im Beispielfall kommt man also zu dem **Ergebnis**, daß es sich lohnt, die Zwischenprodukt-Sorten b und c in vollem Umfang zuzukaufen. Während der 320 Maschinenstunden, die auf diese Weise in Fertigungsstelle II freigesetzt werden, sind 100 LE U, 20 LE V und 40 LE W herzustellen. Durch eine solche Umdisposition läßt sich der Erfolg der betreffenden Planungsperiode um 9 482,– DM* erhöhen:

Zusätzliche Deckungsbeiträge:		
100 Leistungseinheiten	U · 108,48 DM/LE =	18 048,– DM
20 Leistungseinheiten	V · 288,58 DM/LE =	5 772,– DM
40 Leistungseinheiten	W · 193,20 DM/LE =	7 728,– DM
		31 548,– DM
Mehrkosten des Fremdbezugs:		
60 Leistungseinheiten	b · 140,73 DM/LE =	8 444,– DM
88 Leistungseinheiten	c · 154,80 DM/LE =	13 622,– DM
		22 066,– DM
Zusätzlicher Erfolg:		9 482,– DM

* Die in der folgenden Aufstellung ausgewiesenen, auf die Planungsperiode abstellenden DM-Beträge ergeben sich teilweise durch Auf- bzw. Abrunden.

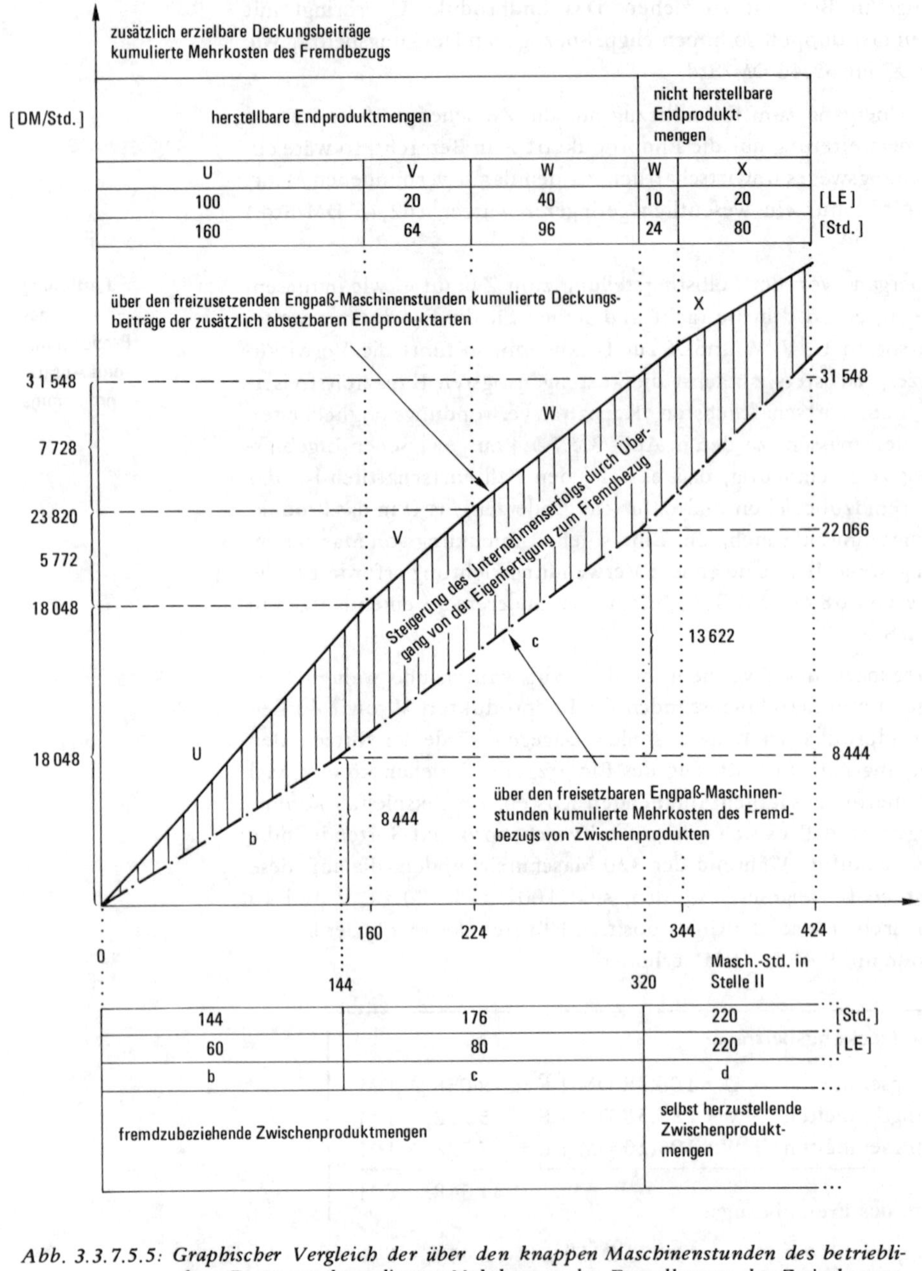

Abb. 3.3.7.5.5: Graphischer Vergleich der über den knappen Maschinenstunden des betrieblichen Engpasses kumulierten Mehrkosten des Fremdbezugs der Zwischenprodukte b, c und d mit den kumulierten Deckungsbeiträgen der zusätzlich herstellbaren Endproduktarten U, V, W und X

Diese Informationen vermittelt auch Abb. 3.3.7.5.5. In ihr sind die Mehrkosten des Übergangs von der Eigenfertigung zum Fremdbezug sowie die zusätzlich erzielbaren Deckungsbeiträge in absoluter Höhe über den Maschinenstunden der einen Engpaß darstellenden Fertigungsstelle – den ermittelten Rangfolgen gemäß – kumuliert ausgewiesen. Man erkennt aus dieser graphischen Darstellung, welche zusätzlichen Erfolge sich insgesamt erzielen lassen, wenn man immer mehr Maschinenstunden der vollausgelasteten Fertigungsstelle II von der Verwendungsrichtung „Eigenfertigung" abzieht und der Verwendungsrichtung „Herstellung absatzfähiger Endprodukte" zuführt. Das Maximum dieser Kapazitätsumdispositions-Erfolge wird bei 320 Maschinenstunden erreicht. An dieser Stelle ist die Differenz zwischen der, der Tendenz nach unterproportional verlaufenden, durchgezogenen Linie der kumulierten Deckungsbeiträge und der, der Tendenz nach überproportional ansteigenden, strichpunktiert gezeichneten Kurve der Mehrkosten des Fremdbezugs am größten.

langfristige Entscheidungen

Bei **langfristigen Entscheidungen über Eigenfertigung und Fremdbezug** sind zusätzlich zu den Leistungskosten auch die auf kurze Sicht fixen, langfristig aber disponiblen Kosten in die Vergleichsrechnungen (insbesondere Nutzschwellen-Analysen) einzubeziehen. Hierüber kann die Grundrechnung der Kosten, in der z. B. zwischen monatlich, quartalsweise, halbjährlich und jährlich disponierbaren Kosten unterschieden wird, sehr wertvolle Informationen liefern.

Bei der Anwendung von Nutzschwellen-Analysen wird häufig die **Größe des Bedarfs** an bereitzustellenden Einsatzgüterarten als Variable aufgefaßt. Man ermittelt also diejenige Bedarfsmenge, ab der sich ein Wechsel des Bereitstellungsweges – meistens der Übergang vom Fremdbezug zur Eigenfertigung – lohnen würde. Nicht selten gibt es jedoch in der Praxis auch Situationen, in denen die **Dauer des Bedarfs** unbekannt ist. Diese Zeitspanne wird damit zu einem wichtigen Einflußfaktor für die Entscheidung über den Bereitstellungsweg, und zwar insbesondere deshalb, weil sich die für die Eigenfertigung erforderlichen betrieblichen Potentiale – wie an anderer Stelle schon erwähnt – in der Regel nicht für beliebig lange, sondern **nur für ganz bestimmte Zeiträume** bereitstellen lassen, weil man also beim Aufbau und beim Vorhalten der Betriebsbereitschaft **zeitliche Bindungen** eingehen muß. Die Länge der Periode, für die ein Unternehmen bestimmte Potentiale aufbauen kann, läßt sich meist nur sprunghaft (hier im zeitbezogenen Sinne) variieren. Demgemäß kann man auch eine ehemals aufgebaute Betriebsbereitschaft bzw. eine geschaffene Kapazität nur in bestimmten Intervallen und nur zu bestimmten Terminen wieder abbauen.

Fallbeispiel für die langfristige Wahl zwischen Eigenfertigung und Fremdbezug

Im folgenden soll anhand eines **Fallbeispiels** gezeigt werden, welche Besonderheiten man bei der Durchführung langfristiger Wirtschaftlichkeitsvergleiche zwischen Eigenerzeugung und Zukauf zu beachten hat, wenn es nicht gelingt, die für die Selbstherstellung notwendigen betrieblichen Potentialfaktoren genau für die Zeit bereitzustellen, für die sie benötigt werden. Dabei wird vereinfachend unterstellt, daß innerhalb der einzelnen aufeinanderfolgenden Perioden gleich große, in ihrem Ausmaß bekannte Bedarfe zu befriedigen sind. Weiterhin wird davon ausgegangen, daß man sich für die gesamte Bedarfsperiode auf einen Bereitstellungsweg festlegen muß, daß also innerhalb dieses Zeitraums ein Wechsel von der Eigenfertigung zum Fremdbezug oder umgekehrt nicht möglich ist, z. B. wegen stark ins Gewicht fallender qualitativer Unterschiede zwischen beiden Bereitstellungswegen oder deshalb, weil man im Streben nach Ausnutzung von Einkaufsvorteilen die insgesamt benötigte Menge auf einmal beschafft und diese dann zunächst auf Lager legt bzw. weil

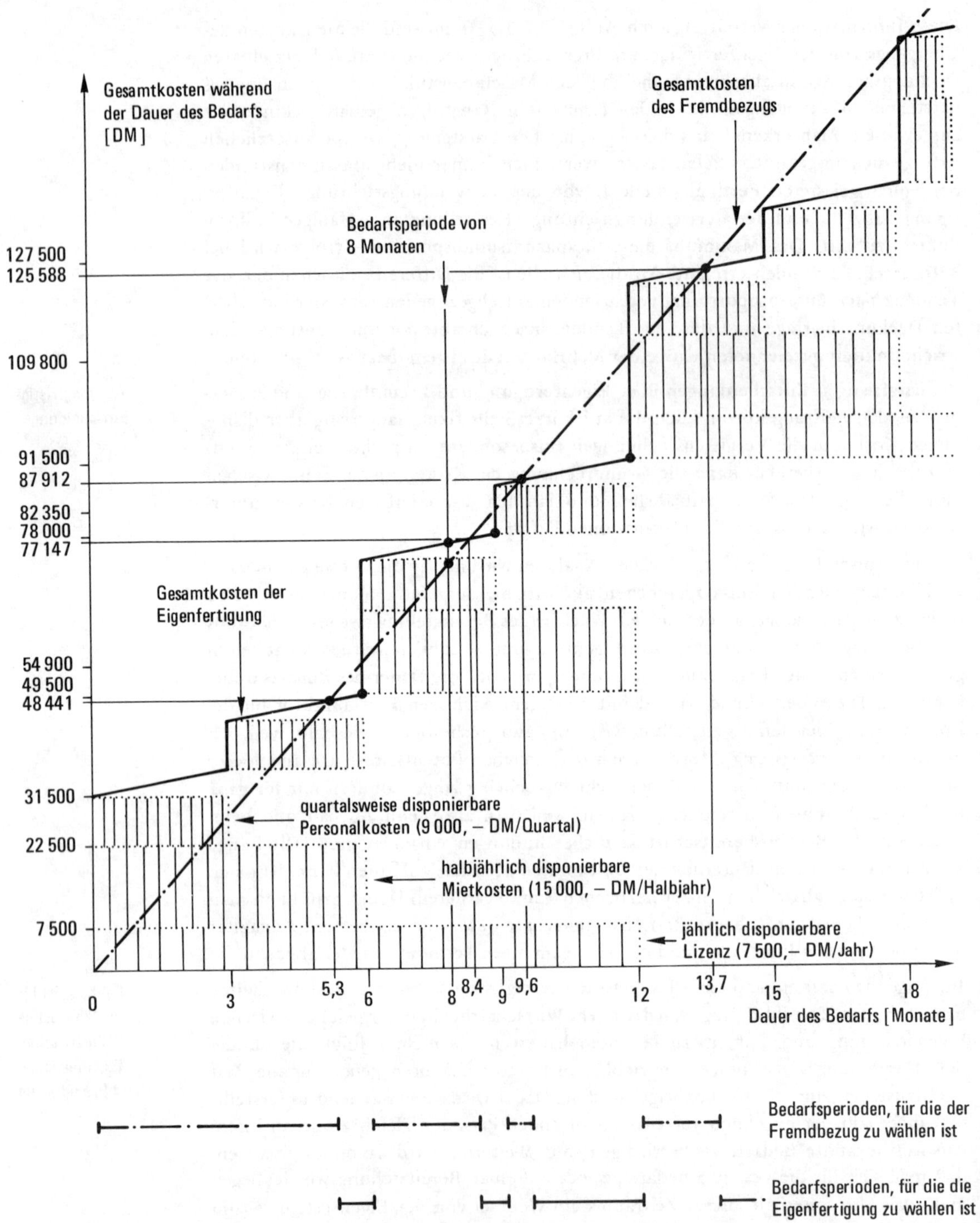

Abb. 3.3.7.5.6: Zeitbezogene Nutzschwellen-Analyse zur Vorbereitung von Entscheidungen über Eigenfertigung und Fremdbezug für die gesamte Bedarfsperiode
(Angaben über Zeiten und Gesamtkosten wurden auf- bzw. abgerundet)

man über das dem Gesamtbedarf entsprechende Quantum einen verbindlichen Kaufvertrag abschließt und dann die jeweilige Bedarfsmenge sukzessive abruft.

Die zeitbezogene Nutzschwellen-Analyse in Abb. 3.3.7.5.6 verdeutlicht, welchen Einfluß die Länge der Bedarfsperiode angesichts der „Bindungsdauer" der Bereitschaftskosten auf die Festlegung des Bereitstellungsweges ausübt.

Die Graphik basiert auf der Annahme, ein Industriebetrieb habe Bedarf an einer bestimmten Art von Teilen, die von außen bezogen, aber auch selbst hergestellt werden können. Zur Ermöglichung der Eigenerzeugung müßte dieses Unternehmen allerdings zunächst eine **Pauschallizenz** erwerben und zudem einen **Raum** anmieten. Schließlich müßte auch noch eine zusätzliche **Arbeitskraft** (ein Facharbeiter) eingestellt werden. Der Lizenzgeber ist nur bereit, Jahresverträge abzuschließen und diese, sofern der Bedarf fortbesteht, jeweils um **mindestens ein Jahr** zu verlängern. Der Mietvertrag müßte für **mindestens sechs Monate** abgeschlossen werden. Ihn könnte das Unternehmen jeweils um ein halbes Jahr verlängern. Eine geeignete Arbeitskraft kann der betreffende Betrieb nur durch Abschluß eines Anstellungsvertrages gewinnen, der eine **quartalsweise** Kündigungsmöglichkeit vorsieht. Demgemäß muß bei der Beurteilung der Eigenfertigung davon ausgegangen werden, daß über die Pauschallizenz **in Jahresintervallen**, über die zu mietende Fertigungsstätte **in Halbjahresintervallen** und über die Arbeitskraft **in Intervallen von der Länge eines Quartals** zu disponieren ist. Im einzelnen gelten folgende Daten:

Mengenproportionale Kosten des Fremdbezugs:	61, – DM/LE
Mengenproportionale Kosten der Eigenfertigung:	10, – DM/LE
Bereitschaftskosten der Eigenfertigung:	
– Kosten der Pauschallizenz	7 500, – DM/Jahr
– Mietkosten	15 000, – DM/Halbjahr
– Personalkosten	9 000, – DM/Quartal
Bedarf in einem Monat:	150 LE.

Festlegung des Bereitstellungsweges bei einer Bedarfsperiode von 8 Monaten

Für den durch die vorstehend angegebenen Daten näher gekennzeichneten Beispielbetrieb sei zunächst unterstellt, daß die **Bedarfsperiode genau 8 Monate** beträgt und daß in jedem dieser Monate 150 Leistungseinheiten der benötigten Einsatzgüterart bereitzustellen sind. Es wäre falsch, wenn unter diesen Bedingungen in die Kosten der Selbstherstellung neben den erzeugungsmengenabhängigen Kosten und den für das gesamte Jahr zu entrichtenden Lizenzgebühren in Höhe von 7 500, – DM jeweils nur 8 monatliche Miet- und Gehaltszahlungen einbezogen würden. Auf diese Weise würde man ähnliche Fehler begehen wie bei einer Proportionalisierung fixer Kosten. Lassen sich innerhalb eines Monats nur maximal 150 Leistungseinheiten im eigenen Betrieb erzeugen, müßte man, sofern der über 8 Monate hinweg bestehende Bedarf ausschließlich durch Eigenfertigung befriedigt werden soll, den Mietvertrag über 6 Monate hinaus noch einmal verlängern (also insgesamt für 12 Monate abschließen), und die Arbeitskraft müßte für mindestens 9 Monate bezahlt werden. Folglich wird die Alternative Eigenfertigung mit Mietkosten für 12 Monate und mit Personalkosten für 9 Monate belastet, selbst wenn die betreffenden Potentialfaktoren nur 8 Monate lang in Anspruch genommen werden. Falls diese Produktionsfaktoren während der restlichen Zeit, in der sie nicht mehr für die Eigenproduktion der bereitzustellenden Teileart benötigt werden, für andere rentable Zwecke eingesetzt werden können, müßte man die dann zusätzlich erzielbaren Deckungsbeiträge von den nach den eben erläuterten Grundsätzen zu kalkulierenden Gesamtkosten der Eigenerzeugung in Abzug bringen. Dieser Spezialfall soll jedoch hier außer acht gelassen werden.

Aus den vorstehend genannten Gründen ist eine Eigenproduktion für einen Zeitraum von 8 Monaten unwirtschaftlich: Die Kosten der Eigenfertigung wären um 76 500,– ./. 73 200,– = 3 300,– DM höher als die Fremdbezugskosten.

Festlegung des Bereitstellungsweges für alternativ lange Bedarfsperioden

Abb. 3.3.7.5.6 demonstriert **für alternative Längen der Bedarfsperiode** die Gesamtkosten des Fremdbezugs einerseits und die durch Kumulation von Bereitschaftskosten und (hier als mengenproportional unterstellten) Leistungskosten ermittelbaren Gesamtkosten der Eigenfertigung andererseits. Der Tatsache, daß die Bereitschaftskosten der Eigenfertigung zum Teil nur für ein ganzes Jahr, zum Teil nur in Halbjahresintervallen und zum Teil nur quartalsweise disponierbar sind, wurde dabei durch die exakte Erfassung der „Bindungsdauer" dieser drei verschiedenen Kategorien leistungsunabhängiger Kosten Rechnung getragen. Kennzeichnend für die in Abb. 3.3.7.5.6 graphisch dargestellte Wirtschaftlichkeitsrechnung ist, daß in ihr die für die Bereithaltung eines Potentialfaktors jeweils für dessen Bindungsdauer eingegangenen Zahlungsverpflichtungen **in ihrer Gesamtheit** bereits zum Zeitpunkt der Bereitstellung dieses Potentialfaktors zu den bis dahin schon aufsummierten Kosten „hinzukumuliert" werden. **Dieses von den Zahlungszeitpunkten losgelöste, auf die Disponierbarkeit der Bereitschaftskosten abstellende Vorgehen** folgt aus der Erkenntnis, daß man die für die Bindungsdauer eines Potentialfaktors insgesamt eingegangenen Zahlungsverpflichtungen bereits zu dem Zeitpunkt, an dem man diesen „Nutzenvorrat" für die Leistungserstellung verfügbar machte, zusätzlich in Kauf genommen hat. Die betreffenden Zahlungen sind auch dann zu leisten, wenn jener Potentialfaktor während des Zeitraums, für den man an ihn gebunden ist, nicht immer bzw. nicht voll genutzt werden kann.

Ein nach den eben erläuterten Grundsätzen aufgebauter Kostenvergleich läßt erkennen, für welche Längen der Bedarfsperiode (bei gegebener Größe des Bedarfs innerhalb der einzelnen Teilperioden dieses Zeitraums) die Eigenfertigung rentabel ist: Für den Beispielbetrieb ist die Einrichtung einer eigenen Produktionsstätte zur Herstellung der benötigten Teileart unter Kostengesichtspunkten nur dann zu befürworten, wenn die Bedarfsperiode in der Zeit zwischen 5,3 und 6 Monaten, zwischen 8,4 und 9 Monaten, zwischen 9,6 und 12 Monaten oder nach 13,7 Monaten zu Ende geht. Besteht der Bedarf über einen Zeitraum von mehr als 13,7 Monaten, ist die Eigenfertigung der Teileart mit Ausnahme eines zu Beginn des 19. Monats nochmals für einen sehr kurzen Zeitraum – für eine Bedarfsmenge von 5 Leistungseinheiten – festzustellenden Kostenvorteils des Fremdbezugs stets die kostengünstigste Alternative. Diese Darlegungen sollen zeigen, wie wichtig es ist, sich bei der Entscheidungsvorbereitung um eine möglichst genaue Prognose der Dauer des Bedarfs zu bemühen.

Aufgaben Nr. 5 bis 19

5. *Was ist unter einem retrograden Abrechnungssystem zu verstehen?*

6. *Worin unterscheidet sich die im Direct Costing ermittelte Deckungsspanne von dem nach den Grundsätzen der Vollkosten- und Nettoergebnisrechnung ermittelten Nettostückgewinn?*

7. *Welche Konsequenzen ergeben sich aus der das Direct Costing kennzeichnenden Bewertung der Lagerbestände mit den variablen Herstellkosten?*

8. *Wie behandeln Direct Costing und Fixkostendeckungsrechnung die sogenannten „Periodengemeinkosten"?*

9. *Ein Einproduktbetrieb verkauft sein Erzeugnis zu einem Preis von 79 DM/Stück. Für die Bereitschaft zur Produktion fallen in einer Periode Bereitschaftskosten in Höhe von 40 000 DM an. Da der Lieferant für den zu beschaffenden Hauptrohstoff Mengenrabatte gewährt, hängt die Höhe der variablen Kosten von der Beschaffungs- und Produktionsmenge ab. Bei einer Herstellung von bis zu 600 Stück müssen variable Stückkosten von 50 DM/Stück aufgewandt werden, während dieser Betrag bei einer Produktion über 600 bis 1 200 Stück auf 43 DM/Stück und bei einer Produktion über 1 200 Stück hinaus sogar auf 35 DM/ Stück absinken würde. Die Rabattschwellen für die „durchgerechnete" Rabattstaffel liegen also bei Beschaffungs- bzw. Produktionsmengen von 601 bzw. 1 201 Stück.*

   Stellen Sie fest, bei wieviel Stück der sogenannte Break-even-Punkt liegt! Ermitteln Sie diese Nutzschwelle graphisch und rechnerisch!

10. *Ein Unternehmen, das nur eine Produktart herstellt, hat im abgelaufenen Geschäftsjahr von dieser Produktart 5 000 Stück zu einem Preis von 50 DM/Stück verkaufen können. In dieser Periode waren Fixkosten in Höhe von 50 000 DM sowie variable Stückkosten in Höhe von 30 DM/Stück angefallen.*

    Für das nächste Geschäftsjahr wird damit gerechnet, daß kurzfristig die fixen Kosten – insbesondere wegen Kostenerhöhungen im Personalbereich – um 10 % ansteigen werden, während die variablen Stückkosten durch Ausnutzen entsprechend günstiger Beschaffungsquellen konstant gehalten werden sollen. Die Absatzabteilung ist der Auffassung, daß trotz einer geplanten Preiserhöhung von 5 % die Absatzmenge im nächsten Geschäftsjahr um 8 % gesteigert werden kann.

    Welcher Periodenerfolg ist für das nächste Geschäftsjahr – bei Zugrundelegung der prognostizierten Datenveränderungen – zu erwarten? Ermitteln Sie die voraussichtlich eintretende Erfolgsänderung und überprüfen Sie, ob auch eine Verlagerung des Break-even-Punktes stattfindet!

11. *Ein Unternehmen der Konsumgüterindustrie, das sechs verschiedene Erzeugnisarten produziert, ist in zwei Unternehmensbereiche unterteilt: Zum Unternehmensbereich I zählt lediglich die Erzeugnisgruppe A (mit den Erzeugnissen A_1, A_2 und A_3), während der Unternehmensbereich II die Erzeugnisgruppe B (mit den Erzeugnissen B_1 und B_2) sowie die Erzeugnisgruppe C umfaßt.*

Für die zentralen Abteilungen des Unternehmens fallen in der Periode Fixkosten in der Höhe von 600 000 DM an. Für die einzelnen Erzeugnisse werden die folgenden Werte für zurechenbare Erzeugnisfixkosten ermittelt: A_1 (50 000 DM), A_2 (80 000 DM), A_3 (40 000 DM), B_1 (50 000 DM), B_2 (210 000 DM) und C (200 000 DM). Der Vertrieb der Erzeugnisse A_1, A_2 und A_3 einerseits und der Vertrieb der Erzeugnisse B_1 und B_2 andererseits erfolgt jeweils durch eigenständige Vertriebsabteilungen, für die Fixkosten von 750 000 DM bzw. 200 000 DM ermittelt werden. Die Koordinierung der die Erzeugnisgruppe B und C betreffenden Entscheidungen im Unternehmensbereich II führt zum Anfall von Fixkosten in Höhe von 200 000 DM.

Für die verschiedenen Erzeugnisse werden in der Periode folgende Nettoerlöse erzielt:

A_1 (1 000 000 DM), A_2 (800 000 DM), A_3 (700 000 DM), B_1 (500 000 DM), B_2 (400 000 DM) und C (1 200 000 DM). Als zurechenbare variable Kosten wurden für die verschiedenen Erzeugnisse die folgenden Werte festgestellt: A_1 (400 000 DM), A_2 (300 000 DM), A_3 (300 000 DM), B_1 (200 000 DM), B_2 (200 000 DM) und C (700 000 DM).

Erstellen Sie für dieses Unternehmen eine periodenbezogene Fixkostendeckungsrechnung!

Welche sortimentspolitische Entscheidung würden Sie dem Unternehmen auf Grund der Ergebnisse dieser Rechnung nahelegen?

12. *Welche Kostenkategorien werden im System der Einzelkosten- und Deckungsbeitragsrechnung gebildet? Nennen Sie möglichst präzise das jeweils für die Kostenkategorienbildung maßgebliche Kriterium!*

13. *In welchen Schritten ist bei der Aufspaltung des Gesamtkostenblocks in variable (leistungsabhängige) Kosten und fixe (leistungsunabhängige) Kosten vorzugehen?*

14. *Begründen Sie, warum der Begriff „Einzelkosten" im System des Rechnens mit Einzelkosten und Deckungsbeiträgen relativ ist!*

15. *Was versteht man unter einem „engpaßbezogenen Deckungsbeitrag", und welche Bedeutung hat diese Kennzahl im System der Einzelkosten- und Deckungsbeitragsrechnung?*

16. *Stimmt es, daß die kurzfristige kostenmäßige Preisuntergrenze mit den Einzelkosten der betreffenden Leistung identisch ist?*

17. *Eine Unternehmung kann die Produkte A, B, C und D herstellen und von diesen Produktarten innerhalb der Planungsperiode jeweils maximal 1 000 Stück verkaufen. Die Vertriebsabteilung erwartet die folgenden Nettoerlöse pro Stück: für A 90 DM, für B 42 DM, für C 56 DM und für D 17 DM. Die Kalkulationsabteilung ermittelt innerhalb der Leistungskosten Einzelkosten pro Stück, und zwar für A 70 DM, für B 32 DM, für C 40 DM und für D 12 DM. Innerhalb der Planungsperiode fallen für den Betrieb insgesamt Bereitschaftskosten von 40 000 DM an.*

    Sämtliche Produkte durchlaufen drei Fertigungsstufen. Die Fertigungsstufe I (Dreherei) weist eine Perioden-Kapazität von 20 000 Stunden auf, die Ferti-

gungsstufe II (Fräserei) eine Perioden-Kapazität von 21 000 Stunden und die Fertigungsstufe III (Montage) eine Perioden-Kapazität von 14 000 Stunden. Die Herstellung eines Stückes von Produktart A beansprucht Fertigungsstelle I mit 7 Stunden, Fertigungsstelle II mit 6 Stunden und Fertigungsstelle III mit 8 Stunden. Die Erzeugung eines Stückes der Produktart B beansprucht Stelle I mit 3 Stunden, Stelle II mit 3 Stunden, Stelle III mit 2 Stunden, und die Produktion eines Stückes der Erzeugnisart C beansprucht Stelle I mit 5 Stunden, Stelle II mit 6 Stunden sowie Stelle III mit 4 Stunden. Bei Herstellung eines Stückes von Produktart D werden Stelle I mit 4 Stunden, Stelle II mit 2 Stunden und Stelle III mit 5 Stunden in Anspruch genommen. Bestimmen Sie das gewinnmaximale Produktionsprogramm! Errechnen Sie den Periodenerfolg, der bei Realisierung dieses optimalen Produktionsprogramms erzielt wird!

18. *Ein Einproduktunternehmen rechnet in der nächsten Planungsperiode mit der Produktion und dem Absatz von 20 000 Stück. Ein solches Produktionsvolumen würde die vorhandenen maschinellen und personellen Kapazitäten nur zu 70 % auslasten. Doch wird kein Kapazitätsabbau erwogen, da man bereits für die darauffolgende Periode wieder eine Vollauslastung prognostiziert. Die Kalkulationsabteilung erwartet für die geplante Produktionsmenge Rohstoffkosten von insgesamt 100 000 DM. Die im Lager- und Einkaufsbereich vorzuhaltende Betriebsbereitschaft wird Bereitschaftskosten in Höhe von 10 000 DM verursachen. Die Fertigungslöhne werden auf 50 000 DM, die Leistungskosten für den Verbrauch an Hilfsstoffen (Kleinmaterial, Lacke, u. ä.) auf 8 000 DM geschätzt. Für die voraussichtlich anfallenden Energiekosten (Strom) ermittelte man einen Gesamtbetrag von 13 000 DM, einschließlich einer fixen, pauschalen Grundgebühr von 2 000 DM und der für die Aufrechterhaltung der Betriebsbereitschaft auf Grund des separat meßbaren Kilowattstunden-Verbrauchs anfallenden Energiekosten von 5 000 DM. Die im Fertigungsbereich auftretenden sonstigen Bereitschaftskosten werden 30 000 DM, die Bereitschaftskosten im Verwaltungs- und Vertriebsbereich insgesamt 40 000 DM betragen. Für das zur Produktverpackung erforderliche Material kalkuliert man Kosten in Höhe von 10 000 DM. Für die in Abhängigkeit vom Umsatz zu zahlende Verkaufsprovision werden Kosten in Höhe von 30 000 DM veranschlagt (Verkaufspreis: 15 DM/Stück). Nach Abschluß dieser Planung ergibt sich für die Vertriebsabteilung eine neue Situation: Sie könnte einen einmaligen, nicht geplanten Zusatzauftrag über weitere 2 000 Stück von einem bisher noch nicht belieferten Kunden erhalten. Allerdings ist dieser Kunde nur bereit, für das angebotene Erzeugnis einen äußerst niedrigen Preis zu zahlen.*

   Stellen Sie durch die Ermittlung der kurzfristigen kostenmäßigen Preisuntergrenze fest, ab welchem Verkaufspreis die Annahme dieses Zusatzauftrages für das Unternehmen gerade noch rentabel wäre! Sie können dabei unterstellen, daß die in der Kostenplanung enthaltenen Leistungskosten erzeugungs- bzw. absatzmengenproportionalen Charakter haben.

19. *Ein Waschmittelproduzent hat in seinem Sortiment ein Produkt, dessen Absatzpreis in der letzten Zeit bis auf 500 DM/t gesunken ist. Die Vertriebsabteilung erstellt eine Absatzprognose, die zu der Annahme führt, daß sich dieser Preis voraussichtlich in den nächsten fünf Monaten nicht verändern wird. Für diese Zeit rechnet man mit einem Absatz von nur 600 t pro Monat. Da die Leistungs-*

kosten der Herstellung und des Vertriebs des Produktes mit 470 DM/t nur knapp unter dem zur Zeit erzielbaren Verkaufserlös liegen, prüft die Unternehmensleitung, ob für den Zeitraum von fünf Monaten eine Produktionseinstellung vorzunehmen ist. Eine solche vorübergehende Produktionseinstellung wird auch deshalb erwogen, weil man fest damit rechnet, daß nach diesen fünf Monaten eine kräftige Konjunkturbelebung eintreten wird, die dann auch Preiserhöhungen ermöglichen würde. Bei einer vorübergehenden Produktionseinstellung könnten die für die Produktarten als Ganzes anfallenden Bereitschaftskosten von monatlich 36 000 DM abgebaut und damit eingespart werden. Allerdings ist für den Fall einer solchen Entscheidung zu bedenken, daß bei Wiederaufnahme der Produktion zu Beginn des auf die fünfmonatige Produktionsunterbrechung folgenden Monats zusätzliche einmalige Kosten in Höhe von 60 000 DM anfallen würden.

Soll dieses Unternehmen eine vorübergehende Produktionseinstellung vornehmen? Wie wäre zu entscheiden, wenn – entgegen der Absatzprognose der Vertriebsabteilung – eine sofortige Preisanhebung auf dem Markt ohne Absatzmengenrückgang durchzusetzen wäre?

4. Systeme der Plankostenrechnung (Grundlagen)

Man kann die Systeme der Kosten- und Leistungsrechnung, insbesondere die Kostenrechnungssysteme, auch danach einteilen, ob ihnen effektiv angefallene Kosten (Istkosten) zugrundeliegen oder zukünftige, d. h. erwartete bzw. bei normalem, ordnungsgemäßem Betriebsablauf erreichbare Kosten (Plankosten i. w. S.).

Für letztere ist der Begriff **Plankostenrechnung** geprägt worden. Diese entwickelte sich aus der Kritik an der **Istkostenrechnung**. Da jede Istkostenrechnung nur vergangenheitsbezogene Kosten enthält, kann sie weder die für eine wirksame, durch Soll-Ist-Kostenvergleiche erfolgende Kontrolle der Kostenwirtschaftlichkeit erforderlichen Normgrößen bereitstellen, noch die für das Treffen unternehmerischer Entscheidungen relevanten, für die Zukunft zu erwartenden Kosten. Sie vermag allenfalls Anhaltspunkte für die Prognose bzw. Planung solcher Kosten zu liefern. Insofern ist sie eine wichtige Ergänzung der Plankostenrechnung, dies nicht zuletzt deshalb, weil sie für die Gegenüberstellung von Ist- und Plankosten bzw. Sollkosten benötigt wird.

die Plankostenrechnung als Gegenstück der Istkostenrechnung

Es gibt mehrere **Plankostenrechnungssysteme**. Historisch gesehen steht am Anfang der Entwicklung das einfache System der **starren Plankostenrechnung**, das dann aber sehr bald durch die **flexible Plankostenrechnung** verfeinert wurde, und zwar zunächst auf Vollkostenbasis, später dann, unter Verwendung des Gedankengutes der Teilkostenrechnungssysteme, auf Teilkostenbasis.

4.1 Die starre Plankostenrechnung

Bei der starren Plankostenrechnung werden für eine Abrechnungsperiode pro Kostenstelle unter Differenzierung nach Kostenarten für einen bestimmten, für die Dauer des Abrechnungszeitraums konstant (starr) gehaltenen Beschäftigungsgrad Plankosten vorgegeben, die man dann im Anschluß den Ist-Kosten gegenüberstellt.

Dies geschieht in folgenden Schritten:

(1) Kostenstellenbildung,
(2) Bezugsgrößenwahl (Festlegung eines Maßstabs für die Messung des Beschäftigungsgrades),
(3) Bestimmung der Planbeschäftigung,
(4) Festlegung der Plankosten,
(5) Abweichungsanalyse (Soll-Ist-Kosten-Vergleich).

Im Rahmen jeder Plankostenrechnung erfolgt eine **Kostenstelleneinteilung** nach eindeutigen Verantwortungsbereichen, denn man will feststellen, welche Abweichun-

Kostenstellenbildung

gen zwischen den geplanten und den effektiv angefallenen Kosten auf die Disposition der einzelnen Kostenstellenleiter zurückzuführen sind.

Für die Messung des Beschäftigungsgrades, den man der Kostenplanung zugrunde legt (Planbeschäftigung), sind **Bezugsgrößen** festzulegen, zu denen die Kostenarten in einer proportionalen Beziehung stehen. Sind die erbrachten Leistungen einer Kostenstelle gleichartig (wie in Einproduktbetrieben) oder können sie mit Hilfe von Äquivalenzziffern gleichnamig gemacht werden, so benötigt man nur **eine direkte Bezugsgröße**, die dann auch unmittelbar von den Quantitäten der erstellten Leistungen abgeleitet werden kann (z. B. Fertigungszeiten, Stückzahlen, Gewichtseinheiten). In vielen Fällen sind aber gleichzeitig mehrere unterschiedliche Kostenbestimmungsfaktoren wirksam, wie z. B. bei wechselnden Losgrößen, bei wechselnder Fertigung, wechselnden Bedienungsverhältnissen oder auch bei wechselnder Auftragszusammensetzung. Für die Kostenplanung sind dann **mehrere direkte Bezugsgrößen** pro Kostenstelle notwendig (wie z. B. die Zahl der Rüststunden und zugleich die Zahl der eigentlichen Bearbeitungsstunden).

Ermittlung der direkten und indirekten Bezugsgrößen

Im Beschaffungs-, Verwaltungs- und Vertriebsbereich sowie bei anderen Kostenstellen, deren Leistungen sich quantitativ nicht messen lassen, bzw. für die mit einem ökonomisch vertretbaren Aufwand keine direkten Bezugsgrößen für die Kostenplanung ermittelt werden können, müssen **indirekte Bezugsgrößen** gewählt werden (so etwa für den Einkauf die Auftragszahl, für die Buchhaltung die Anzahl der Buchungspositionen oder für den Versand die Zahl der Aufträge bzw. Sendungen). Für die Geschäftsleitung, die Verkaufsdirektion und ähnliche Kostenstellen mit vorwiegend dispositiver Arbeit ist es nicht einmal möglich, solche indirekten Bezugsgrößen zu finden. Die Kostenplanung erfolgt hier durch eine **pauschale Vorgabe von Budgetkosten**: den einzelnen Kostenstellen wird eine bestimmte Kostensumme pauschal vorgegeben, die nicht überschritten werden darf.

Welcher Beschäftigungsgrad bei festliegender Bezugsgröße der jeweils für eine Periode erfolgenden **Bestimmung der Planbeschäftigung** zugrunde gelegt werden soll, ist umstritten, so daß es auch in dieser Hinsicht unterschiedliche Konzepte der Plankostenrechnung gibt. Die **technisch maximale Kapazitätsausnutzung** ist hierfür ungeeignet, da sie meistens bereits progressive Kosten verursacht und daher unter ökonomischen Gesichtspunkten überhaupt nicht angestrebt wird. Unter Kostenaspekten erscheint jene Beschäftigung als zweckmäßiger, bei der die vorhandenen Produktionsfaktoren optimal genutzt werden, bei der also die Stückkosten ihr Minimum erreichen. Doch ist auch eine solche Orientierung an der **Optimalbeschäftigung** nicht ungefährlich, da sie nachteilige psychologische Auswirkungen haben kann. Zu niedrige, nur im Idealfall realisierbare Kostenvorgaben können die Aktivitäten der Disponierenden lähmen, zur Resignation und somit zu Minderleistungen führen, so daß der eigentlich gewünschte Ansporneffekt in keiner Weise erreicht wird. Abgesehen davon ergeben sich in der Praxis oft grundsätzliche Schwierigkeiten für eine Realisierung der Optimalbeschäftigung, speziell deshalb, weil es in mehrstufigen Mehrproduktbetrieben selten gelingt, die Kapazitäten exakt aufeinander abzustimmen: die optimale Beschäftigung relativ groß dimensionierter Kostenstellen kann allein deshalb nicht erreicht werden, weil in anderen Stellen des Unternehmens Engpässe vorhanden sind. Es spricht daher vieles für eine **am Engpaß des Betriebes orientierte Festlegung der Planbeschäftigung** für die einzelnen Kostenstellen. Sie hat

Bestimmung der Planbeschäftigung

den Vorteil, daß sich die von den Kostenstellenleitern nicht zu verantwortende, mangelhafte Abstimmung der betrieblichen Teilkapazitäten nicht in den Kostenabweichungen niederschlägt.

Die **Normalbeschäftigung** (als vergangenheits- oder zukunftsbezogene Durchschnittsgröße oder als **erwartete Beschäftigung**) ist als Basisbeschäftigung für die Zwecke der Plankostenrechnung weniger geeignet, da sie keine erstrebenswerte Normgröße darstellt und bei ihrer Festlegung Willkür und subjektive Momente nicht ausgeschlossen werden können.

Festlegung der Plankosten

Die eigentliche **Festlegung der Plankosten** erfolgt in der Regel differenziert nach Einzel- und Gemeinkosten. Die **Planung der Einzelkosten** erfolgt unter Orientierung an Stücklisten oder Rezepturen bzw. auf Grund von Untersuchungen des Materialverbrauchs der Vorperiode. Für die **Planung der Gemeinkosten** stehen verschiedene Methoden zur Verfügung. Die **analytischen Methoden** gehen von den Istkosten vergangener Perioden aus und versuchen durch Schätzung, graphische Darstellung, Trendberechnungen oder Regressionsanalysen den mutmaßlichen Verlauf der Kostenkurve und damit letztlich die Kosten für die Planbeschäftigung festzustellen. Der Hauptmangel dieser Methode liegt darin, daß die von der Vergangenheit abgeleiteten Plankosten nur dann Gültigkeit haben, wenn die maßgeblichen Kosteneinflußgrößen unverändert bleiben. Die **synthetischen Methoden** versuchen, durch exakte Verbrauchsanalysen, genaue Messungen und technische Berechnungen des Kostenverhaltens die Kosten für jede Kostenstelle getrennt nach Kostenarten vorzugeben.

Die **Festlegung der Plankosten** erfolgt im Rahmen der starren Plankostenrechnung **nur für einen Beschäftigungsgrad**. Diesen für die geplante Beschäftigung (B_P) fixierten Kosten (K_P) stehen die bei der realisierten Beschäftigung (B_I) effektiv angefallenen Istkosten K_I gegenüber (vgl. Abb. 4.1.1). Um den die Wirtschaftlichkeitskon-

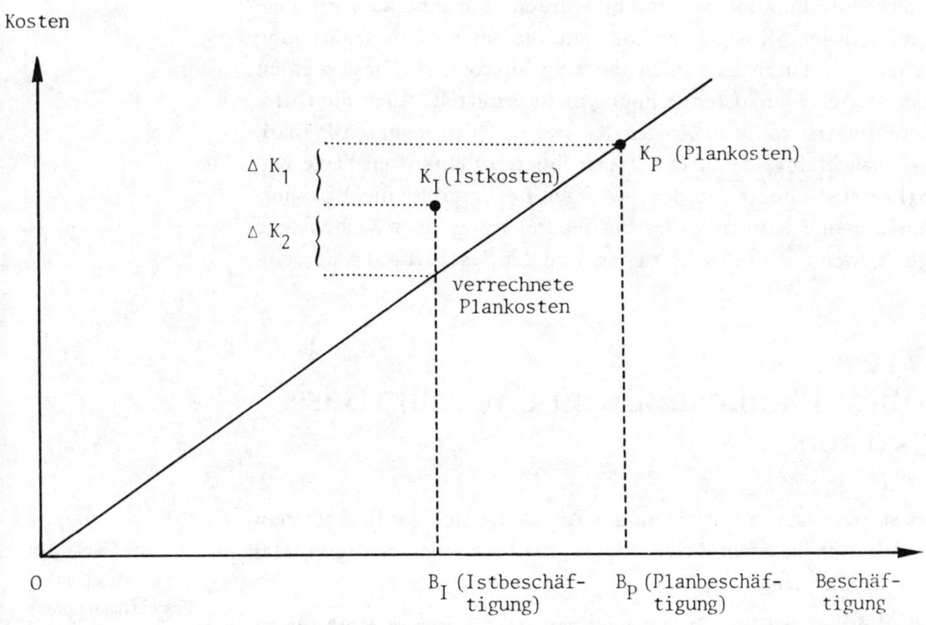

Abb. 4.1.1: Starre Plankostenrechnung

trolle störenden Einfluß von **Preisschwankungen** auszuschalten, werden bei der Errechnung der Istkosten die Istmengen (Werkstoffe, Arbeitsleistungen) mit geplanten Verrechnungspreisen bewertet, die während der Planungsperiode nicht geändert werden. Die sich beim Soll-Ist-Vergleich ergebenden Kostenabweichungen enthalten daher keine Preisabweichungen.

Um für kalkulatorische Zwecke den **„Plan-Kalkulationssatz"** der einzelnen Kostenstellen bestimmen zu können, werden die gesamten Plankosten (als Summe der geplanten Einzel- und Gemeinkosten einer Kostenstelle) durch die jeweilige Planbeschäftigung dividiert. Da in der starren Plankostenrechnung keine Aufteilung der Gesamtkosten in fixe und variable Bestandteile erfolgt, errechnet man auf diese Weise allerdings stets nur einen Vollkosten-Verrechnungssatz.

Multipliziert man die in der Abrechnungsperiode effektiv erzeugten Mengen mit diesem „Plan-Kalkulationssatz", so erhält man die sogenannten **„verrechneten Plankosten"**, die man dann mit den für die effektiv erzeugten Mengen angefallenen Istkosten vergleichen kann.

Analyse der Abweichungen

Vorteile der starren Plankostenrechnung sind die einfache und schnelle Handhabung bei der laufenden Abrechnung sowie die Orientierung an Zukunftswerten. Ihre **Mängel** zeigen sich bei der zum Zwecke der Kostenkontrolle durchzuführenden **Analyse der Abweichungen zwischen Ist- und Plankosten**. Weicht die Ist- von der Planbeschäftigung ab, so ergibt sich aus der Differenz der Istkosten (K_I) und der Plankosten (K_P) eine Kostenabweichung (ΔK_1), die keinen geeigneten Maßstab für die Wirtschaftlichkeit einer Kostenstelle darstellt, weil die sich auf unterschiedliche Beschäftigungsgrade beziehenden Ist- und Plankosten in der Regel nicht vergleichbar sind. Es ist nicht festzustellen, in welchem Umfang diese Kostenabweichungen durch den Beschäftigungsrückgang von B_P auf B_I oder z. B. durch eine Abweichung von der optimalen Faktorkombination verursacht wurden. Für eine aussagefähige Abweichungsanalyse müßten jene Kosten bekannt sein, die bei der Istbeschäftigung (B_I) bei wirtschaftlichem Verhalten entstehen dürfen **(Sollkosten)**. Diese werden jedoch im Rahmen der starren Plankostenrechnung nicht ermittelt. Auch die Differenz zwischen den effektiv angefallenen Kosten K_I und den verrechneten Plankosten (ΔK_2) ist wenig aussagefähig, da in den „verrechneten Plankosten" fixe Kostenbestandteile enthalten sind, die sich zu der jeweiligen Bezugsgröße nicht proportional verhalten. Eine sinnvolle Kontrolle der Betriebsgebarung einer Kostenstelle wäre nur dann möglich, wenn Plan-Beschäftigung und Ist-Beschäftigung übereinstimmen würden.

4.2 Die flexible Plankostenrechnung auf Basis von Vollkosten

Vorgabe von Plankosten für verschiedene Beschäftigungsgrade

Aus der Kritik an der starren Plankostenrechnung entwickelte sich die flexible Plankostenrechnung, **die nicht nur für einen Beschäftigungsgrad Plankosten vorgibt**. Man nennt dies **Vorgabe von Sollkosten**.

Bedient sich die Selbstkostenvorgabe der **mehrstufigen synthetischen Methode**, so werden unter Differenzierung nach Kostenstellen und Kostenarten für verschiedene

Beschäftigungsgrade (z. B. für eine Kapazitätsauslastung von 100 %, 90 %, 80 %), ausgehend von den durch gründliche Verbrauchsanalysen ermittelten, meist nichtlinearen und unstetigen Sollkostenfunktionen die jeweiligen Sollkosten bestimmt. Weiter verbreitet ist jedoch eine Vorgabe von Sollkosten mit Hilfe der **einstufigen synthetischen Methode** in Form der **Variatorenrechnung**. Dabei werden zunächst die Sollkosten für die Planbeschäftigung ermittelt und – unter Aufspaltung der Kosten in fixe und variable Bestandteile – davon dann die Sollkosten für andere Beschäftigungsgrade abgeleitet. Man glaubt, dieses Ableiten durch ein Arbeiten mit „Veränderungsfaktoren" **(Variatoren)** vereinfachen zu können: Für jede Kostenart einer Kostenstelle wird ein Variator festgelegt, der angibt, um wieviel Prozent die Kostenhöhe variiert, wenn sich die Beschäftigung um 10 % ändert (Variator 0 bedeutet also, daß die Kostenart zu den fixen Kosten gehört, Variator 8 besagt, daß bei einer Änderung des Beschäftigungsgrades um 10 % eine Änderung der Kostenart um 8 % eintritt).

Variatorenrechnung

Diese **Variatorenrechnung** führt allerdings nur dann zu richtigen Ergebnissen, wenn ein stetiger, linearer Kostenverlauf gegeben ist. Treten sprungfixe Kosten auf, so müssen für die verschiedenen Beschäftigungsintervalle unterschiedliche Variatoren gebildet werden (Sprungvariatoren). Ferner wird bei der Festlegung der Variatoren in der Regel nicht beachtet, daß sich die Kosten bei Rückgang des Beschäftigungsgrades anders verhalten als bei einer Verbesserung der Beschäftigungslage. So können die Kosten z. B. beim Beschäftigungsrückgang aus wirtschaftlichen, rechtlichen oder sozialen Gründen nicht so rasch und nicht in dem Maße abgebaut werden, wie sie bei einer entsprechenden Steigerung der Beschäftigung ansteigen (Kostenremanenz). Es müßten daher streng genommen unterschiedliche Variatoren für das Ansteigen und den Rückgang der Beschäftigung angegeben werden.

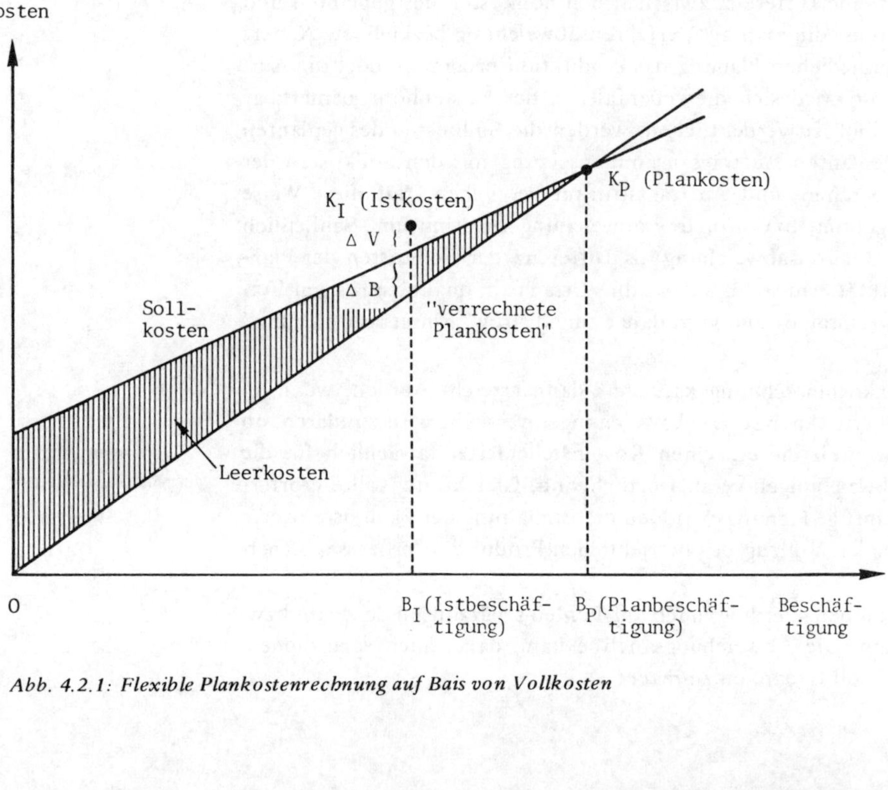

Abb. 4.2.1: Flexible Plankostenrechnung auf Bais von Vollkosten

Angesichts dieser Mängel der Variatorenrechnung erschiene es sinnvoller, die variablen und fixen Bestandteile jeder Kostenart für jede Kostenstelle in der Planung offen auszuweisen, so daß jederzeit eine Berechnung der Gesamtkosten für unterschiedliche Beschäftigungsgrade durchgeführt werden kann. Diese Vorgehensweise ist zudem für die Kostenstellenleiter leichter verständlich.

Analyse der Abweichungen

Die **Abweichungsanalyse** ergibt – wie in Abb. 4.2.1 dargestellt – zunächst die **Beschäftigungsabweichung** (ΔB) als *Differenz zwischen Sollkosten* und *„verrechneten Plankosten"*. Diese Größe zeigt, in welchem Umfang die Änderung der Beschäftigung gegenüber der Planbeschäftigung an der gesamten Abweichung der Istkosten von den Plankosten beteiligt ist. Bei Übereinstimmung von Plan- und Istbeschäftigung ist sie gleich Null. Die Beschäftigungsabweichung wird als ein Maß für die Nutzung der fixen Kosten angesehen: Sind Ist- und Planbeschäftigung identisch, so handelt es sich bei den fixen Kosten ausschließlich um „Nutzkosten", die sich mit abnehmender Beschäftigung in „Leerkosten" verwandeln. Doch sind Beschäftigungsabweichungen für die Kontrolle einzelner Kostenstellen kaum ein geeigneter Indikator, da die jeweiligen Kostenstellenleiter für solche Abweichungen in der Regel nicht verantwortlich zu machen sind.
Die **Verbrauchsabweichung** (ΔV) als *Differenz zwischen Ist- und Sollkosten* ist Ausdruck für den mengenmäßigen Mehr- oder Minderverbrauch an Kostengütern. Zur näheren Analyse der Ursachen von Verbrauchsabweichungen ist deren *Aufspaltung in verschiedene Teilabweichungen* erforderlich.

Stehen in einem Unternehmen für die Erstellung einer bestimmten Leistung z. B. mehrere unterschiedlich wirtschaftliche Produktionsverfahren zur Wahl, so könnte die Abweichung des Istverbrauchs von dem geplanten Verbrauch darauf zurückzuführen sein, daß nicht das der Planung zugrundeliegende Verfahren angewandt wurde. Dies signalisiert eine Differenz zwischen den Sollkosten des geplanten und des realisierten Verfahrens, die man als **Verfahrensabweichung** bezeichnet. Ändert sich gegenüber der ursprünglichen Planung das Produktionsprogramm oder die Auftragszusammensetzung, so wird sich dies ebenfalls in der Kostenhöhe bemerkbar machen. Um diesen Einfluß zu verdeutlichen, werden die Sollkosten des geplanten Programms bzw. der geplanten Auftragszusammensetzung mit den Sollkosten der effektiv realisierten Programm- und Auftragsstruktur verglichen. Auf diese Weise versucht man die **Programm-** bzw. **Auftragsabweichung** zu ermitteln. Schließlich könnte man auch die **Qualitätsabweichung** als Differenz der Sollkosten der Planqualität und der Istqualität ermitteln. Sie hat ihre Ursache in qualitätsmäßigen Veränderungen des Materialeinsatzes und wird daher auch häufig „Einsatzabweichung" genannt.

Verantwortlichkeit der Kostenstellenleiter

Das Hauptziel der Plankostenrechnung kann nur dann erreicht werden, wenn im Anschluß an die detaillierte Analyse der Abweichungen versucht wird zu klären, **ob und gegebenenfalls inwieweit die einzelnen Kostenstellenleiter tatsächlich für die eingetretenen Kostenabweichungen verantwortlich sind.** Gleichzeitig sollte erörtert werden, wie man für künftige Planungsperioden die Einhaltung der Plankostenwerte und damit einen optimalen Vollzug des betrieblichen Produktionsprozesses sicherstellen kann.

Kostenabweichungen können allerdings auch auf Fehleinschätzungen der Plan- bzw. Sollkostenwerte beruhen. Die Abweichungsanalyse kann daher auch dazu dienen, sich über das „richtige" Soll Gedanken zu machen.

Vor- und Nachteile der flexiblen Plankostenrechnung auf Vollkostenbasis

In der Literatur ist man überwiegend der Auffassung, daß die flexible Plankostenrechnung eine gründliche Kostenkontrolle ermöglicht und dabei vor allem die Abweichungen zwischen den geplanten und den effektiv angefallenen Kosten in weit aufgefächerter Form durch den Ausweis der verschiedenen Arten von Kostenabweichungen offenlegt. Diese weit verbreitete Auffassung ist jedoch in ihrem Grundtenor zu positiv. Der in diesem Abschnitt besprochenen Variante der flexiblen Plankostenrechnung haftet nämlich der entscheidende Nachteil an, daß sie auf dem Vollkostenkonzept basiert und daher ebenfalls grundsätzlich auch jene Mängel aufweist, die an anderer Stelle als systemimmanente Mängel der Vollkostenrechnung herausgestellt wurden. Es wäre zu vermuten, daß diese Nachteile sich dadurch reduzieren, daß sich die flexible Plankostenrechnung im Prinzip auf eine Trennung der Kosten in fixe und variable Bestandteile stützt. Doch tritt diese für die Ermittlung der Sollkostenwerte wichtige Kostenspaltung im System der auf Vollkosten basierenden flexiblen Plankostenrechnung nicht in für die Kostenstellenleiter und die sonstigen Disponenten erkennbarer Weise in Erscheinung. Aus den eben genannten Gründen bilden die Plankosten in der Regel auch keine aussagefähige informatorische Basis für die Vorbereitung unternehmerischer Entscheidungen.

Außerdem läßt sich gegen die flexible Plankostenrechnung auf Vollkostenbasis einwenden, daß sie im Prinzip nur einen Kosteneinflußfaktor, nämlich den Beschäftigungsgrad, berücksichtigt, daß also eine Reihe anderer, ebenfalls sehr wichtiger Kostenbestimmungsfaktoren vernachlässigt werden. Diesem Mangel versucht die sogenannte „doppelt-flexible" bzw. „voll-flexible" Plankostenrechnung zu begegnen.

4.3 Die flexible Plankostenrechnung auf Basis von Teilkosten (Grenzplankostenrechnung)

In weitgehender Analogie zu der Weiterentwicklung der Istkostenrechnungssysteme von der herkömmlichen Vollkostenrechnung bis hin zu den modernen Formen der Einzelkosten- und Deckungsbeitragsrechnung, die sich aus der Offenlegung der Mängel des traditionellen Abrechnungssystems ergab, führten die kritischen Einwände gegen eine Kostenplanung auf Vollkostenbasis zur Konzipierung einer flexiblen Plankostenrechnung auf Basis von Teilkosten, für die sich in Deutschland die Bezeichnung **„Grenzplankostenrechnung"** durchgesetzt hat[24].

Die Grenzplankostenrechnung sieht in der von Plaut konzipierten Form, die hier in erster Linie betrachtet werden soll, sowohl in der Kostenstellen- wie auch in der Kostenträgerrechnung ausdrücklich eine Trennung von fixen und variablen Kostenbestandteilen vor.

24 Als originäre Quellen hierfür müssen vor allem die Arbeiten von Plaut genannt werden. Vgl. dazu insbesondere Plaut, Hans-Georg: Die Grenz-Plankostenrechnung, in: Zeitschrift für Betriebswirtschaft, 23. Jg. (1953), S. 347–363 und S. 402–413. – Ders.: Unternehmenssteuerung mit Hilfe der Voll- oder Grenzplankostenrechnung, in: Zeitschrift für Betriebswirtschaft, 31. Jg. (1961), S. 460–482. Ferner sei auf das umfassende Werk von Kilger verwiesen. Vgl. Kilger, Wolfgang: Flexible Plankostenrechnung – Theorie und Praxis der Grenzplankostenrechnung und Deckungsbeitragsrechnung, 7. Aufl., Opladen 1977.

Die Kostenstellenrechnung entspricht in ihrem Aufbau weitgehend der auf Vollkosten basierenden flexiblen Plankostenrechnung. Doch wird für die einzelnen Kostenstellen eine andere, nämlich eine nach fixen und variablen Kosten differenzierende Kostenplanung vorgenommen. Die fixen Kostenelemente werden als Periodenkosten en bloc vorgegeben, also nicht auf die einzelnen Leistungseinheiten weiterverrechnet. Man plant also keine anteiligen Fixkosten und somit auch keine Gesamtkosten je Leistungseinheit für unterschiedliche Beschäftigungsgrade. Lediglich für die variablen Kosten werden Plankosten bzw. Sollkosten ermittelt. Da man regelmäßig einen linearen Kostenverlauf unterstellt, also variable Kosten mit proportionalen Kosten gleichsetzt, stimmen die „verrechneten Plankosten" mit den jeweiligen Sollkosten überein, wie das Abb. 4.3.1 erkennen läßt.

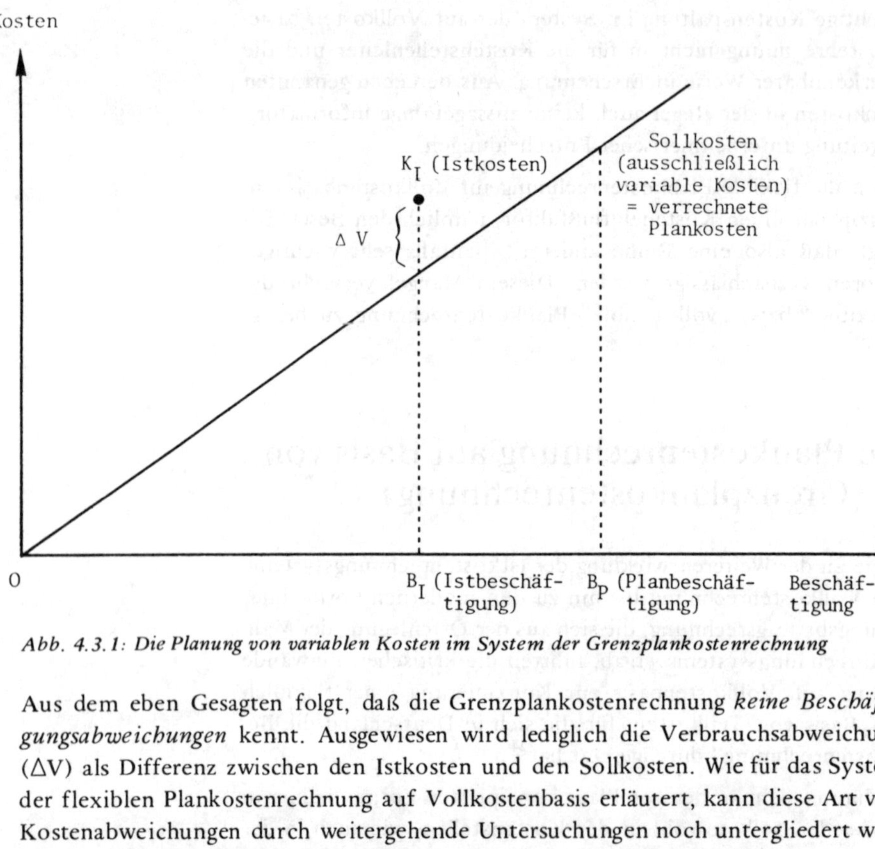

Abb. 4.3.1: Die Planung von variablen Kosten im System der Grenzplankostenrechnung

Aus dem eben Gesagten folgt, daß die Grenzplankostenrechnung *keine Beschäftigungsabweichungen* kennt. Ausgewiesen wird lediglich die Verbrauchsabweichung (ΔV) als Differenz zwischen den Istkosten und den Sollkosten. Wie für das System der flexiblen Plankostenrechnung auf Vollkostenbasis erläutert, kann diese Art von Kostenabweichungen durch weitergehende Untersuchungen noch untergliedert werden (also etwa in Verfahrensabweichungen, Qualitätsabweichungen, usw.).

Vorteile der Grenzplankostenrechnung

Der entscheidende **Vorteil der Grenzplankostenrechnung** liegt darin, daß die schwerwiegenden Mängel des Vollkostenrechnungssystems vermieden werden. Insbesondere wird der Erkenntnis Rechnung getragen, daß die fixen Kosten nach ihrer Proportionalisierung, also nach einer Verrechnung auf einzelne Leistungseinheiten, nicht mehr sinnvoll kontrolliert werden können, daß es also *nur möglich ist, diese Kosten periodenweise für einzelne Kostenstellen zu überwachen*. Im Rahmen solcher Kostenkontrollen darf man allerdings nicht übersehen, daß die Leiter der einzelnen Kostenstellen in der Regel nur einen Teil der für die betreffenden Kostenstellen direkt erfaßbaren fixen Kosten selbst disponieren, daß sie also nicht für sämtliche Fixkosten einer Kostenstelle verantwortlich sind.

Verständlicherweise liefert die Grenzplankostenrechnung auch *bessere Kosteninformationen für die Vorbereitung unternehmerischer Entscheidungen*. Welche konkrete Aussagefähigkeit solche Kosteninformationen haben, hängt jedoch sehr stark davon ab, ob die Grenzplankostenrechnung als Teilkostenrechnung in ihrem Aufbau den einfachen Prinzipien des Direct Costing folgt, wie das für das von Plaut entwickelte Konzept zutrifft, oder ob sie nach den moderneren Grundsätzen des Rechnens mit Einzelkosten und Deckungsbeiträgen gestaltet ist. Mit diesem Hinweis soll zugleich betont werden, daß – im Gegensatz zu der in Literatur und Praxis oft geäußerten Auffassung – auch die Deckungsbeitragsrechnung als Plankostenrechnung aufgebaut werden kann.

Aufgaben Nr. 20 bis 22

20. *Warum ergibt sich innerhalb der starren Plankostenrechnung das Problem der Bestimmung der Planbeschäftigung und wie stellt sich dieses dar?*
21. *Welche Arten von Abweichungen versucht die flexible Plankostenrechnung im Rahmen der Abweichungsanalyse zu ermitteln und was sollen diese aussagen?*
22. *Worin unterscheidet sich die Grenzplankostenrechnung von der flexiblen Plankostenrechnung auf Vollkostenbasis?*

Zusammenfassungen

Zusammenfassung des 2. Abschnitts

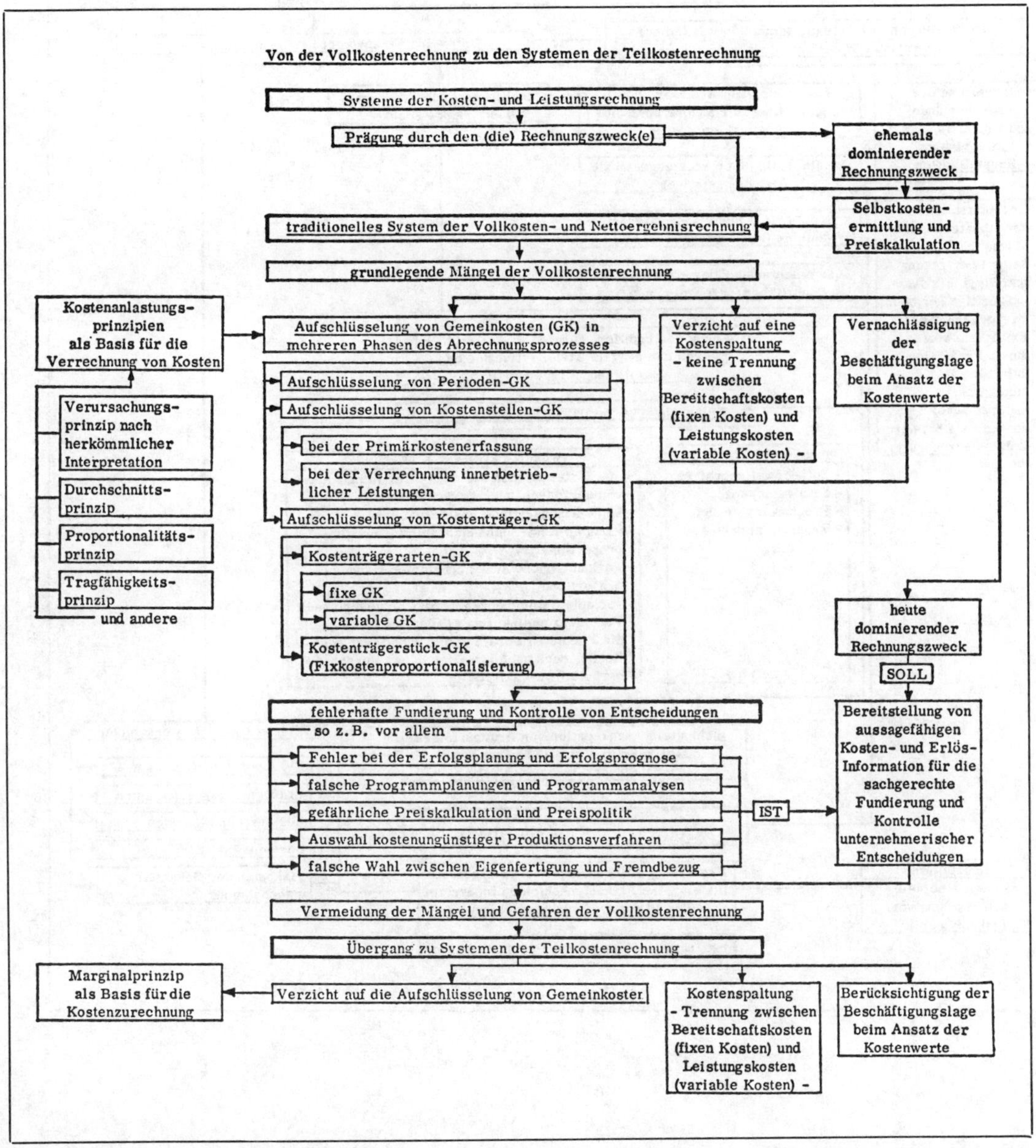

Zusammenfassung der beiden ersten Teile des 3. Abschnitts

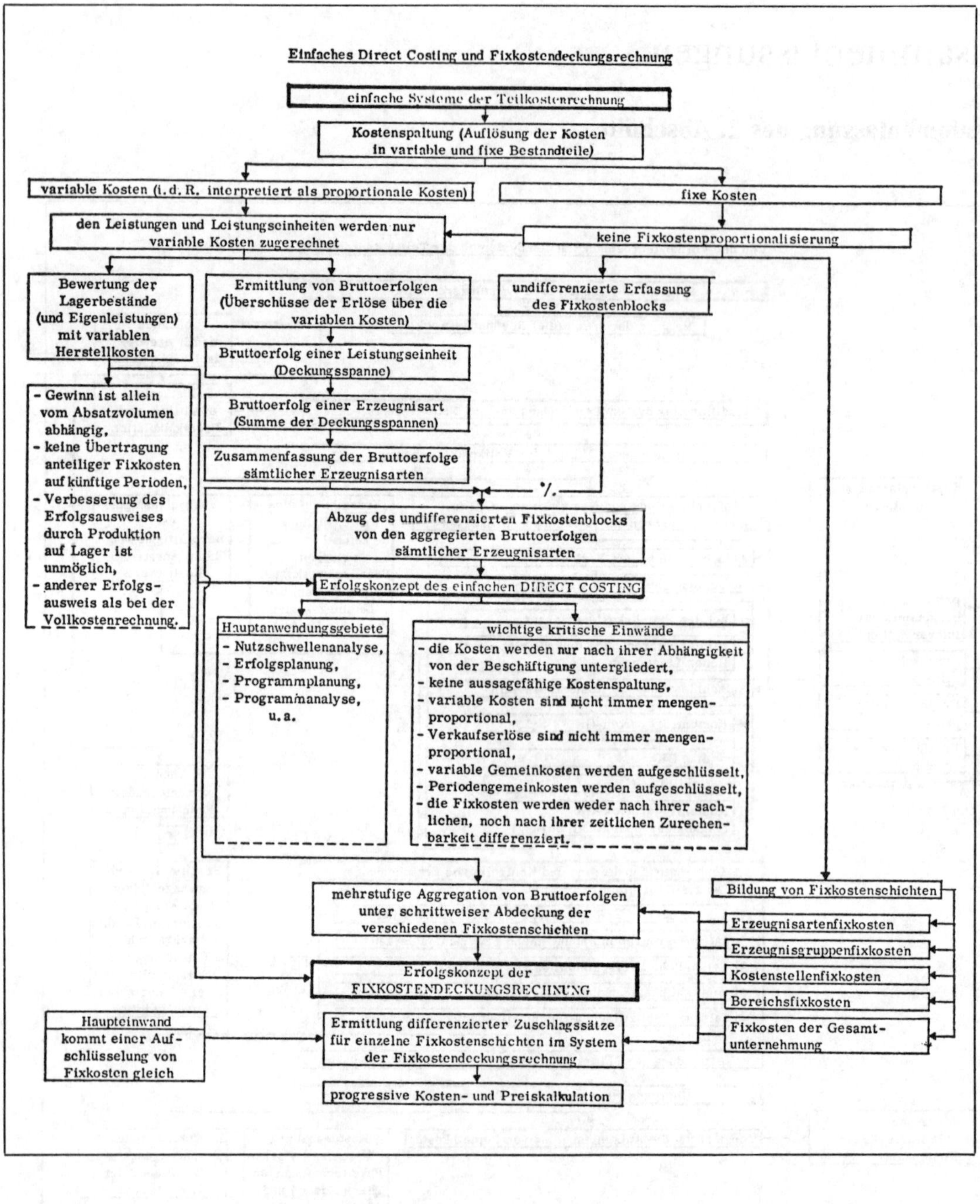

Zusammenfassung des dritten Teiles des 3. Abschnitts

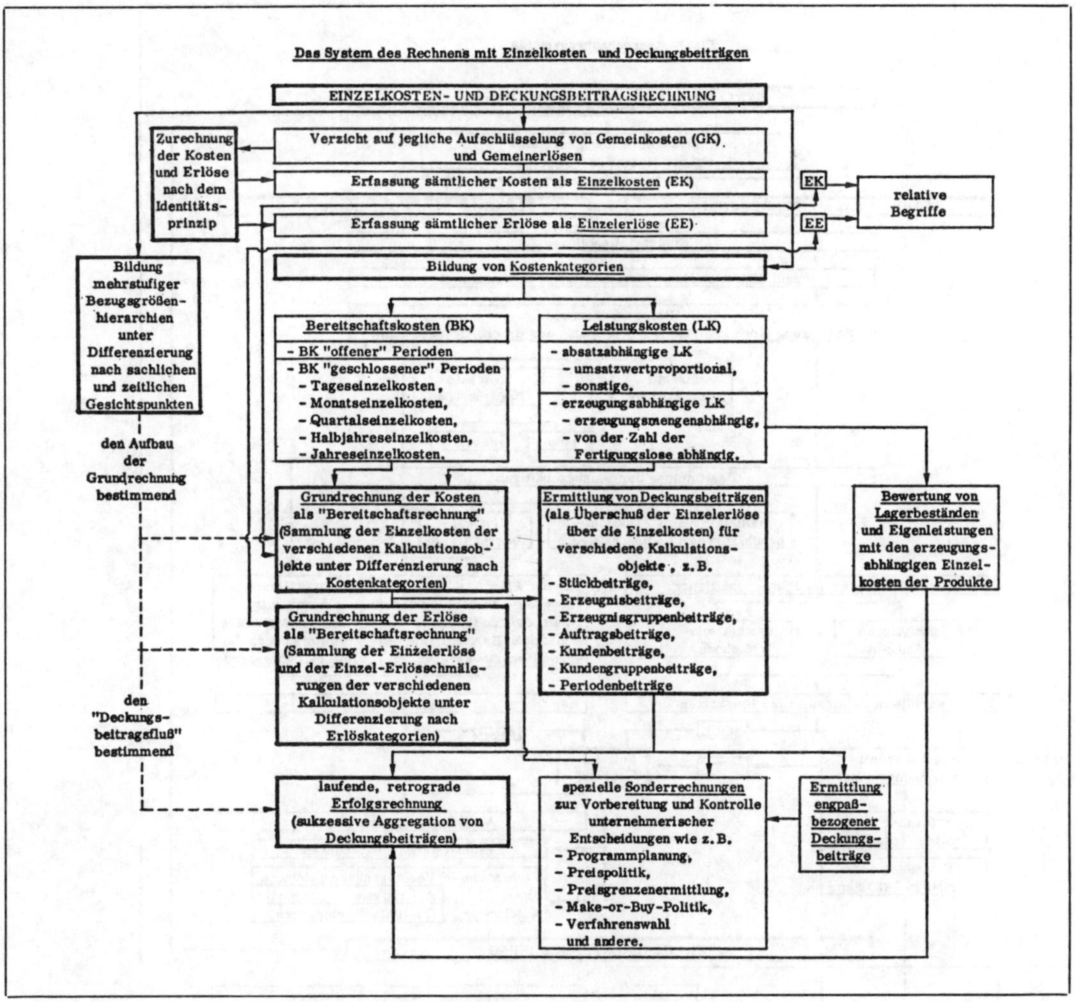

Zusammenfassung des 4. Abschnitts

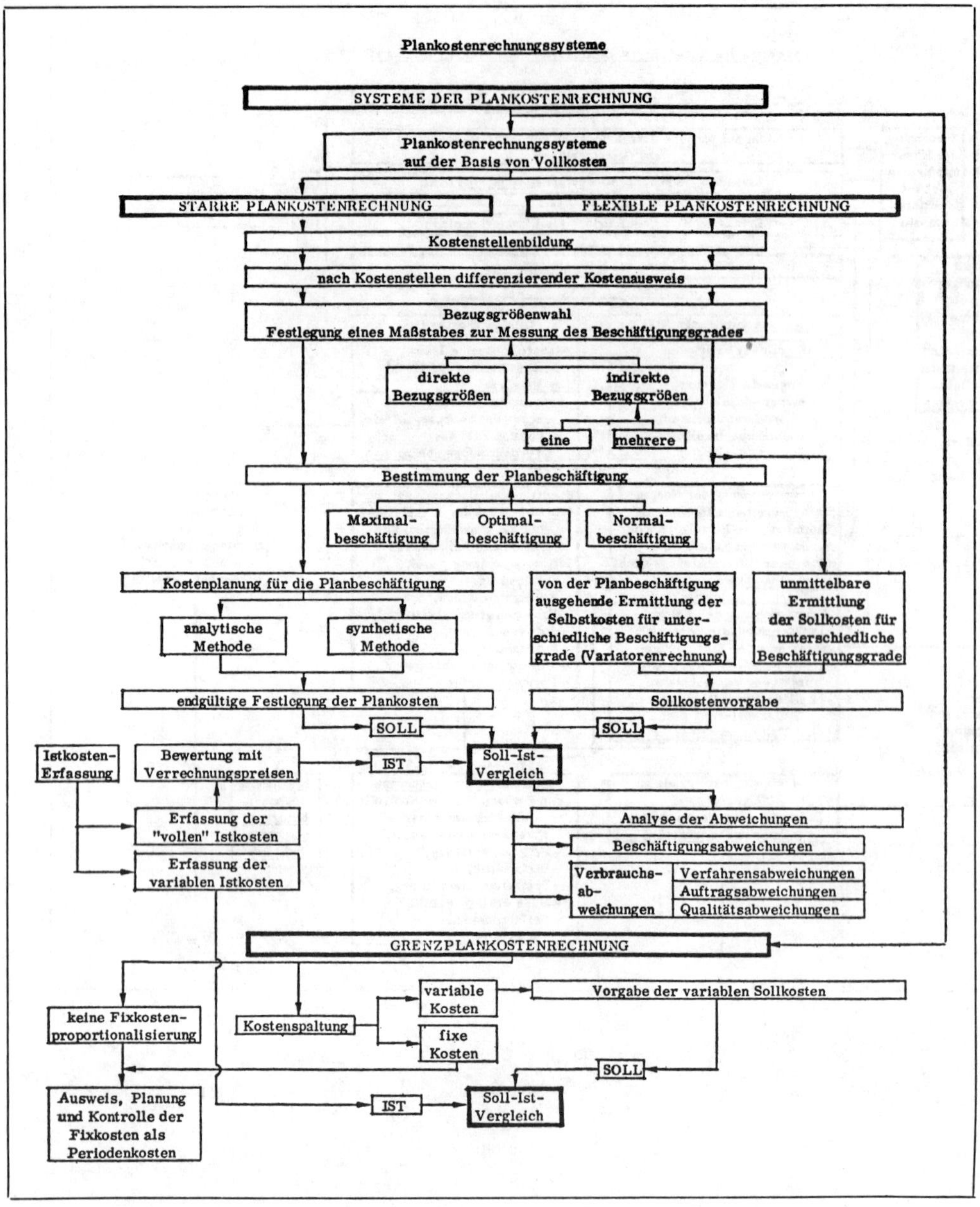

Lösungen zu den Aufgaben Nr. 1–22

1. Ausgehend von den in der Finanzbuchhaltung auf entsprechenden Belegen festgehaltenen Ausgaben werden beim Erfassen einzelner Kostenarten im Rahmen der auf eine Abrechnungsperiode (z. B. auf einen Monat oder auf ein Jahr) abstellenden Kostenartenrechnung teilweise **Periodengemeinkosten aufgeschlüsselt**, also Ausgaben, die streng genommen nur mehreren Abrechnungsperioden gemeinsam zurechenbar sind (z. B. Verrechnung von Abschreibungen, Aufschlüsselung von Weihnachtsgratifikationen auf einzelne Monate, monatliche Verrechnung anteiliger Mietkosten für Mietverträge, die für ein ganzes Jahr oder einen noch längeren Zeitraum abgeschlossen wurden). Im Rahmen der Kostenstellenrechnung erfolgt dann eine **Aufschlüsselung von Kostenstellengemeinkosten** (z. B. Verrechnung der Gebäudekosten nach Quadratmetern, Umlage von Stromkosten nach installierten Kilowatt). Die Kostenträgerzeitrechnung beinhaltet einmal eine **Aufschlüsselung fixer Kostenträgergemeinkosten** (wie z. B. die Verrechnung anteiliger fixer Maschinenkosten auf in wechselnder Fertigung hergestellte Produktsorten) sowie zum anderen in Sonderfällen (wie etwa bei der Kuppelproduktion) die **Aufschlüsselung variabler Kostenträgergemeinkosten** (z. B. beim Rechnen nach den Grundsätzen der Gewichts- oder der Marktpreisverhältnisrechnung). Schließlich führt die Kostenträgerstückrechnung zu einer **Proportionalisierung fixer Kosten**, wenn sie die beschäftigungsunabhängigen Kosten auf die einzelnen Leistungseinheiten verteilt.

2. Für die Erfolgsprognose und Erfolgsplanung ergeben sich aus der Proportionalisierung fixer Kosten vor allem folgende Nachteile (Gefahren):

   – Man stellt die Beziehungen zwischen Umsatz, Kosten und Gewinn so dar, als entstünde für jedes Stück, also bereits ab der ersten Leistungseinheit, ein Gewinn, während man in Wirklichkeit erst dann Gewinne erzielt, wenn die „kritische" Menge (Nutzschwelle) überschritten wird, wenn also die Gesamterlöse die **effektiven** Gesamtkosten übersteigen.

   – Es werden keine Informationen über die Nutzschwelle geliefert.

   – Beim Rechnen mit Nettostückgewinnen werden die erfolgsmäßigen Auswirkungen einer Variation des Leistungsvolumens generell unterschätzt.

   – Bei Leistungsmengen, die größer oder kleiner sind als die der Fixkostenproportionalisierung zugrunde liegende Basis-Beschäftigung, stimmen die vorkalkulierten Kosten nicht mit den effektiv anfallenden Kosten überein, und zwar auch dann nicht, wenn man die Produktions- und Absatzmenge richtig vorausgeschätzt hat.

3. Die Antwort auf die in dieser Aufgabe enthaltenen Frage ist mehrteilig:

   – Beim Rechnen mit Nettostückgewinnen wird die Ertragskraft einer Leistungseinheit generell unterschätzt, weil die für die einzelnen Leistungsarten pro Stück ermittelten Selbstkosten auch anteilige Gemeinkosten enthalten, die mit der Erzeugung und dem Vertrieb dieser Leistungen nichts zu tun haben.

   – Aus den eben genannten Gründen ist es durchaus möglich, daß ein als „Verlustprodukt" ausgewiesenes Erzeugnis in Wirklichkeit noch einen positiven

Beitrag zur Deckung der fixen Kosten und zur Gewinnerzielung erbringt. Das Streichen von Produkten mit negativem Nettostückgewinn kann daher sogar zu einer Verschlechterung der Erfolgssituation führen.

- Die Höhe der Nettostückgewinne ist von der stets willkürlich bleibenden Wahl der Gemeinkostenschlüssel abhängig.
- Da die Gemeinkostenschlüssel von den Kostenrechnern festgelegt werden, üben diese beim Rechnen mit Nettostückgewinnen letztlich indirekt einen u. U. maßgeblichen Einfluß auf die Programmpolitik des Unternehmens aus.
- Die Beschäftigungslage (z. B. die Inanspruchnahme betrieblicher Engpässe) bleibt völlig unberücksichtigt.

4. Die auf die jeweilige Ist-Beschäftigung der Planungsperiode abstellende Proportionalisierung der Fixkosten hat zur Folge, daß sich mit rückläufiger Kapazitätsauslastung immer höhere Selbstkostenwerte und somit auch immer höhere Angebotspreise ergeben. In Zeiten schlechter Beschäftigung werden daher meist zu hohe Preisforderungen gestellt. Es besteht die akute Gefahr, daß man sich sukzessive aus seinem Markt „herauskalkuliert". Andererseits sind die Preise bei guter Beschäftigungslage zu niedrig, so daß keine Reserven für schlechte Zeiten geschaffen werden.

5. Für ein retrogrades Abrechnungssystem ist kennzeichnend, daß man – sozusagen „rückschreitend" – von den in der Regel nach Produktarten differenziert erfaßten Erlösen des Betriebes ausgeht, diese zunächst um die Erlösschmälerungen mindert und dann von den verbleibenden Nettoerlösen sukzessive die den einzelnen interessierenden Kalkulationsobjekten des Betriebes direkt zurechenbaren Kosten in Abzug bringt. Auf diese Weise werden für die verschiedenen Kalkulationsobjekte zunächst Bruttoerfolge ermittelt, die man immer weiter zusammenfaßt, bis man schließlich zum Gesamterfolg des Unternehmens gelangt. Das retrograde Abrechnungssystem steht im Gegensatz zum progressiven Abrechnungssystem der Vollkostenrechnung, in dem ausgehend von der Kostenartenrechnung über die Kostenstellenrechnung sämtliche Kosten auf die Kostenträger „weitergewälzt" und dann in der Betriebsergebnisrechnung den Nettoerlösen gegenübergestellt werden.

6. Die im Direct Costing ermittelte Deckungsspanne unterscheidet sich vom Nettostückgewinn dadurch, daß bei ihrer Berechnung von den Erlösen nicht die vollen Stückkosten, sondern lediglich die variablen Kosten der Herstellung und des Vertriebs in Abzug gebracht werden, wobei man – dies ist für das Direct Costing charakteristisch – in der Regel variable Kosten mit mengenproportionalen Kosten gleichsetzt.

7. Aus der Tatsache, daß im Direct Costing die Lagerbestände nur mit variablen Herstellkosten bewertet werden, ergeben sich mehrere Konsequenzen:
   - Es wird verhindert, daß anteilige Fixkosten der Produktionsperiode in den Lagerbeständen „aufgespeichert" und somit erst in einer der nächsten Abrechnungsperioden den dann erzielten Erlösen gegenübergestellt werden.
   - Hieraus folgt, daß Betriebe ihren Gewinn, den sie innerhalb des Jahresabschlusses ausweisen, nicht mehr durch eine allein bilanzpolitisch motivierte

Produktion von Vorräten, deren Absatz überhaupt noch nicht gesichert ist, verbessern können.

– Der Gewinn einer Abrechnungsperiode ist allein eine Funktion des Absatz- bzw. Umsatzvolumens. Von der Produktionsmenge ist er unabhängig. Man kann also vom Periodengewinn oder Periodenverlust auf die Absatzmenge des Betriebes schließen.

– Angesichts der engen Verbindung von Bestandsbewertungskonzeption und Erfolgskonzeption ergibt sich für das Direct Costing ein anderer Erfolgsausweis als bei der Vollkostenrechnung. In Betrieben mit saisonalen Schwankungen der Absatzmenge schwanken die nach den Grundsätzen des Direct Costing ermittelten Periodenerfolge dann, wenn die Produktionsmenge von Periode zu Periode ziemlich gleich bleibt, der Tendenz nach stärker als bei einer Abrechnung nach den Prinzipien der Vollkosten- und Nettoergebnisrechnung.

8. Direct Costing und Fixkostendeckungsrechnung behandeln die Periodengemeinkosten, also solche Kosten bzw. Ausgaben, die sich streng genommen nur für mehrere Perioden gemeinsam erfassen und nur diesen gemeinsam direkt zurechnen lassen, genauso wie die herkömmliche Vollkostenrechnung: Sie nehmen eine Aufschlüsselung von Periodengemeinkosten vor.

9. Die Ermittlung der Nutzschwelle muß wegen der Rabattstaffelung in mehreren Rechenschritten erfolgen, durch die festzustellen ist, innerhalb welchen Rabattstufenbereichs die Nutzschwelle liegt.

   Die Analyse der ersten Rabattstufe (0–600 Stück) unter Zugrundelegung des hierfür relevanten Wertansatzes der variablen Stückkosten von 50 DM/Stück zeigt, daß innerhalb dieser Stufe die Nutzschwelle nicht erreicht wird:

$$\frac{40\,000 \text{ DM}}{79 \text{ DM/Stück} - 50 \text{ DM/Stück}} \approx 1\,380 \text{ Stück.}$$

   Analysiert man den zweiten Rabattstufenbereich (601–1 200 Stück) unter Zugrundelegung des hierfür relevanten Wertansatzes der variablen Stückkosten von 43 DM/Stück, so erhält man zunächst als rechnerisches Ergebnis eine Breakeven-Menge von 1 112 Stück:

$$\frac{40\,000 \text{ DM}}{79 \text{ DM/Stück} - 43 \text{ DM/Stück}} \approx 1\,112 \text{ Stück.}$$

   Würde man die Nutzschwellenermittlung mit diesem Ergebnis abbrechen, bliebe das tatsächliche (rationale) Einkaufsverhalten des Unternehmens außer acht. Da bei der Beschaffung von mehr als 1 200 Stück ein weiterer Rabatt erzielt werden kann (von 43 DM/Stück reduzieren sich die variablen Kosten auf 35 DM/Stück), ist zu überlegen, ob es nicht rentabler ist, statt 1 112 Stück 1 201 Stück (also 89 Stück mehr) einzukaufen. Durch einen Vergleich der Gesamtkosten für alternative Beschaffungsmengen kann festgestellt werden, ob eine solche Beschaffungspolitik zu empfehlen ist:

$$x \cdot 43 \text{ DM/Stück} = 1\,201 \text{ Stück} \cdot 35 \text{ DM/Stück}$$
$$x \approx 978 \text{ Stück.}$$

Die Beschaffung von 978 Stück verursacht die gleichen Kosten wie die Beschaffung von 1 201 Stück; bei Bedarfsmengen, die zwischen 978 und 1 200 Stück liegen, ist daher in jedem Fall die Stückzahl von 1 201 einzukaufen. Allerdings muß sichergestellt sein, daß für die bereitgestellten, aber nicht benötigten Mengen keine zusätzlichen Kosten (z. B. für eine eventuelle Vernichtung) anfallen.

Bei einer solchen Einkaufspolitik wird der Kostenverlauf zwischen 978 und 1 200 Stück für das Unternehmen überhaupt nicht relevant (die gepunkteten Linien in der Abbildung sollen dies verdeutlichen). Dies bedeutet zugleich, daß auch die zunächst für den zweiten Rabattstufenbereich ermittelte Break-even-Menge von 1 112 Stück nicht relevant ist. Daher ist nunmehr zu bestimmen, welche Menge abgesetzt werden muß, um die Kosten für die Beschaffung von 1 201 Stück und die Fixkosten abzudecken:

$$y \cdot 79 \text{ DM/Stück} = 40\,000 \text{ DM} + 1\,201 \text{ Stück} \cdot 35 \text{ DM/Stück}$$
$$y = 1\,039 \text{ Stück.}$$

Hieraus folgt, daß die absatzwirtschaftliche Nutzschwelle nicht bei 1 112 Stück, sondern schon bei 1 039 Stück erreicht wird.

Sofern für den Einkauf nach dem Prinzip der Durchrechnung gestaffelte Mengenrabatte relevant werden, kann es also durchaus (wie in diesem Beispiel) vorkommen, daß die absatzwirtschaftliche Nutzschwelle (im Beispiel: 1 039 Stück) von der beschaffungswirtschaftlichen Nutzschwelle (im Beispiel: 1 201 Stück) abweicht.

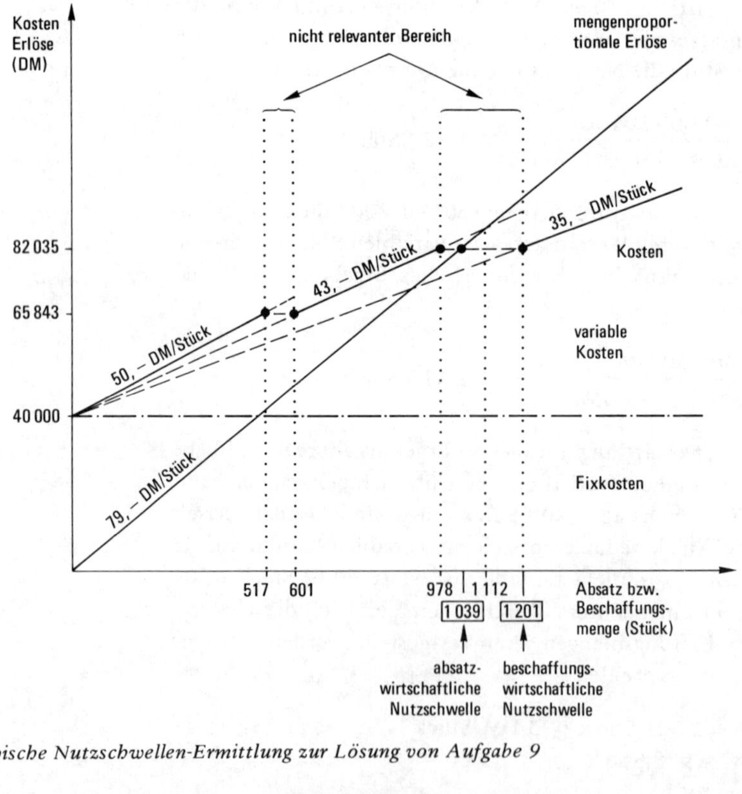

Graphische Nutzschwellen-Ermittlung zur Lösung von Aufgabe 9

10. **Im abgelaufenen Geschäftsjahr** wurde folgender Betriebsgewinn erzielt:

	Erlös:	5 000 Stück · 50, – DM/Stück	= 250 000 DM
./.	Kosten:	50 000 DM + 5 000 Stück · 30, – DM/Stück	= 200 000 DM
	Im abgelaufenen Geschäftsjahr erzielter Gewinn		= 50 000 DM

Sofern die prognostizierten Datenänderungen **im nächsten Geschäftsjahr** tatsächlich eintreten sollten, ist mit folgendem Betriebsgewinn zu rechnen:

	Erlös:	5 400 Stück · 52,50 DM/Stück	= 283 500 DM
./.	Kosten:	55 000 DM + 5 400 Stück · 30, – DM/Stück	= 217 000 DM
	Für das nächste Geschäftsjahr erwarteter Gewinn		= 66 500 DM

Der Gewinn würde sich also im Beispielfall der Aufgabe 10 – im Vergleich zum vorausgegangenen Geschäftsjahr – um 16 500 DM erhöhen.

Die Nutzschwelle würde sich nur geringfügig von 2 500 Stück

$$\left(= \frac{50\,000 \text{ DM}}{20 \text{ DM}} \right)$$ für das abgelaufene Jahr auf 2 444 Stück

$$\left(\approx \frac{55\,000 \text{ DM}}{22{,}50 \text{ DM}} \right)$$ für das nächste Jahr verringern.

11. Bei der Anwendung der Fixkostendeckungsrechnung auf das betrachtete Unternehmen ergibt sich die folgende periodenbezogene Erfolgsrechnung (Beträge in 1 000 DM):

	Erzeugnisgruppen					
	A			B		C
	Erzeugnisarten			Erzeugnisarten		
	A_1	A_2	A_3	B_1	B_2	
Nettoerlöse	1 000	800	700	500	400	1 200
./. variable Kosten	400	300	300	200	200	700
= Deckungsbeitrag I	600	500	400	300	200	500
./. Erzeugnisfixkosten	50	80	40	50	210	200
= Deckungsbeitrag II	550	420	360	250	−10	300
./. Erzeugnisgruppenfixkosten	750			200		–
= Deckungsbeitrag III	580			40		300
./. Bereichsfixkosten	–			200		
= Deckungsbeitrag IV	580			140		
./. Unternehmensfixkosten	600					
= Deckungsbeitrag V (Betriebsgewinn)	120					

Eine Analyse der Erfolgsbeiträge, die die verschiedenen Produkte zur Erzielung des gesamten Betriebsgewinns von 120 000 DM beisteuern, verdeutlicht, daß das Erzeugnis B_2 diesen Betriebsgewinn negativ beeinflußt. Der Deckungsbeitrag II dieser Erzeugnisart ist nämlich negativ (– 10 000 DM). Der Betriebsgewinn des Unternehmens kann folglich von 120 000 DM auf 130 000 DM gesteigert werden, wenn man das Erzeugnis B_2 aus dem Sortiment eliminiert. Diese Gewinnsteigerung durch die Produktionseinstellung von B_2 gelingt allerdings nur dann, **wenn die ausgewiesenen Erzeugnisfixkosten von 210 000 DM sofort und in voller Höhe abgebaut werden können** und wenn hierdurch keine negativen Einflüsse auf den Absatz der übrigen Produkte ausgehen. Auf den durch Eliminierung von B_2 freiwerdenden Kapazitäten könnten u. U. andere Erzeugnisse mit positivem Deckungsbeitrag hergestellt werden. Dies würde dann zu einer weiteren Verbesserung der wirtschaftlichen Lage des Unternehmens führen.

12. Die Bildung von Kostenkategorien ist eine zwingende Voraussetzung für die praktische Anwendbarkeit des Systems der Einzelkosten- und Deckungsbeitragsrechnung. In diesem Sinne erfolgt zunächst in einem ersten Schritt eine Aufspaltung der Kosten in leistungsabhängige und leistungsunabhängige Komponenten. Es erfolgt – so die Terminologie – eine Trennung zwischen **Leistungskosten** (vgl. zur näheren Erläuterung dieses Begriffs das Glossar) und **Bereitschaftskosten** (auch dieser Begriff ist im Glossar nochmals erläutert). Unter den Leistungskosten werden die kurzfristig, bei gegebenen Kapazitäten „automatisch" mit Art und Menge der Leistungen sowie mit der Art des Fertigungsverfahrens variierenden Kosten zusammengefaßt, wobei – im Gegensatz zum Direct Costing – nicht einfach unterstellt wird, daß die Leistungskosten leistungsmengenproportional sind. In Betrieben, die lagerfähige Fertigwaren herstellen, bei denen demzufolge die Produktionsmenge einer Periode nicht unbedingt mit der Absatzmenge dieser Periode übereinstimmen muß, ist es notwendig, die Leistungskosten weiter in **absatzabhängige** und **erzeugungsabhängige** Kosten zu unterteilen. Erstere kann man noch weiter unterteilen in solche Kosten, deren Höhe **umsatzwertproportional** ist, und **sonstige absatzabhängige** Kosten (wie z. B. Ausgangsfrachten). Demgegenüber lassen sich die erzeugungsabhängigen Kosten weiter untergliedern in **erzeugungsmengenabhängige** Kosten einerseits und **von der Zahl der Fertigungslose abhängige** Kosten (wie z. B. Rüstkosten) andererseits.

Bereitschaftskosten, welche die kurzfristig bei gegebenen Kapazitäten fixen, also von Art und Menge der Leistungen sowie von der Art des angewandten Fertigungsverfahrens unabhängigen Kosten umfassen, werden in den modernen Entwicklungsformen der Einzelkosten- und Deckungsbeitragsrechnung weiter **nach ihrer Zurechenbarkeit auf Perioden** untergliedert. Dies führt zunächst zu der Unterscheidung zwischen Bereitschaftskosten **für eine im voraus bekannte, feststehende Zahl von Perioden** (wie z. B. Mieten für einen in der Dauer festgelegten Vertrag) und Bereitschaftskosten **für eine zunächst noch unbekannte Zahl von Perioden** (wie etwa die Anschaffungsausgaben für eine Maschine, deren wirtschaftliche Nutzungsdauer noch unbekannt ist). Die Bereitschaftskosten für eine im voraus feststehende Zahl von Perioden lassen sich nach ihrer Bindungsdauer z. B. weiter untergliedern in **Monatseinzelkosten, Quartalseinzelkosten, Halbjahreseinzelkosten und Jahreseinzelkosten.**

In früheren Entwicklungsstadien sah die Einzelkosten- und Deckungsbeitragsrechnung zudem eine **Aufgliederung der Bereitschaftskosten nach ihrem Ausgabencharakter** vor, doch findet man diese in moderneren Varianten nicht mehr, weil die praktische Realisierung der Aufspaltung von Kosten nach diesem Gesichtspunkt sehr große, kaum zu bewältigende Schwierigkeiten bereitet.

13. Bei der Aufspaltung des Gesamtkostenblocks eines Betriebes in Leistungskosten und Bereitschaftskosten erweist sich ein **Vorgehen in folgenden Schritten** als zweckmäßig:

- Differenzierte Erfassung der Kosten nach einzelnen **Kostenarten,**
- Differenzierung nach einzelnen **Kostenstellen** bzw. **Kostenplätzen** (d. h. die Frage, welche Kosten leistungsabhängig sind und welche Kosten leistungsunabhängig sind, wird jeweils – anders ist das nicht möglich – aus der Sicht einer Kostenstelle bzw. eines Kostenplatzes beantwortet),
- Bezugnahme auf die für die Ausgestaltung des Rechnungswesens bedeutsamen **Anpassungsarten** und die **Fristigkeit der Betrachtung** (hierbei hat insbesondere die Festlegung zu erfolgen, daß Kosten, die nur langfristig, auf Grund quantitativer Anpassungsmaßnahmen in ihrer Höhe variiert werden können, nicht zu den Leistungskosten gezählt werden: als Leistungskosten erscheinen dann nur solche Kosten, deren Höhe „automatisch" – also ohne zusätzliche Dispositionen über Kapazität und Betriebsbereitschaft – mit dem Leistungsvolumen des Betriebes variiert),
- Trennung zwischen den Kosten für **Gebrauchsgüter (Potentialfaktoren)** und **Verbrauchsgüter (Repetierfaktoren),**
- **Analyse der Kosten für Gebrauchsgüter (Potentialfaktoren)** mit dem Ziel zu ermitteln, welche Potentialfaktoren allein zeitbedingt, welche allein nutzungsbedingt und welche sowohl zeitbedingt als auch nutzungsbedingt „verzehrt" werden.
- **Analyse der Kosten für Verbrauchsgüter (Repetierfaktoren)** unter besonderer Beachtung der relevanten Preissysteme im Beschaffungsbereich sowie unter Berücksichtigung der beschaffungs- und lagerpolitischen Grundkonzeption des Unternehmens.

Als Spezialliteratur zu dem in dieser Aufgabe angesprochenen Problemkreis sei vor allem genannt: Männel, Wolfgang: Grundzüge einer aussagefähigen Kostenspaltung, in: Kostenrechnungspraxis, Jg. 1972, Nr. 3, S. 111–119.

14. **Der Begriff Einzelkosten** wird im System der Einzelkosten- und Deckungsbeitragsrechnung deshalb **relativ** gebraucht, weil man in diesem System der Teilkostenrechnung generell **sämtliche Kosten als Einzelkosten** irgendwelcher für die Unternehmensleitung bzw. aus der Sicht der Rechnungszwecke wichtige Kalkulationsobjekte erfaßt. So spricht man etwa – anders als in der herkömmlichen Vollkostenrechnung – von Einzelkosten nicht nur in bezug auf die verschiedenen Kostenträgerarten und Leistungseinheiten, sondern zum Beispiel auch in bezug auf einzelne Kostenstellen, Perioden usw. Im Grunde erweist sich

dadurch der Begriff Gemeinkosten – rein abrechnungstechnisch gesehen – als überflüssig, eben weil keinerlei Gemeinkosten aufgeschlüsselt werden. Von Gemeinkosten muß man nur dann sprechen, wenn man zeigen will, daß bestimmte Kosten für mehrere spezielle Kalkulationsobjekte (z. B. für mehrere Produktarten) gemeinsam anfallen. In bezug auf diese müßte man solche Kosten dann Gemeinkosten nennen. Sie wären jedoch Einzelkosten der Gesamtheit dieser Kalkulationsobjekte (also z. B. Einzelkosten der betreffenden Produktgruppe).

15. Der **„engpaßbezogene" Deckungsbeitrag** ist ein relativer Deckungsbeitrag. Er wird dadurch ermittelt, daß man z. B. den Deckungsbeitrag einer Leistungsart auf die durch diese Leistungsart in Anspruch genommene Anzahl der Maßeinheiten des effektiven betrieblichen Engpasses oder eines potentiellen Engpasses bezieht (so z. B. auf die in Anspruch genommenen Arbeiter- oder Maschinenstunden). Die so ermittelte **Kennzahl** ist ein für unternehmerische Entscheidungen **relevantes Maß für die Ergiebigkeit der Nutzung effektiver oder potentieller Engpässe**, somit also das entscheidende **Kriterium für die Programmplanung** des Betriebes: Zunächst sind jene Leistungsarten in das Produktions- und Absatzprogramm eines Unternehmens aufzunehmen, die den höchsten engpaßbezogenen Deckungsbeitrag erbringen. Eine Auswahl der Leistungsarten in der Reihenfolge abnehmender engpaßbezogener Deckungsbeiträge führt bei kurzfristig festliegenden Bereitschaftskosten automatisch zur Maximierung des Gewinns.

16. Die **kurzfristige kostenmäßige Preisuntergrenze** stimmt nicht generell mit den Einzelkosten jener Leistung, für die der Preis zu fixieren ist, überein. **Allenfalls in Zeiten der Unterbeschäftigung** ist es richtig, notfalls im Rahmen kurzfristig (also **nur vorübergehend**) wirksamer preispolitischer Entscheidungen bis zu den Einzelkosten herunterzugehen. Doch darf man auch dies **nicht als ein strenges Dogma** ansehen. Denn es kommen Ausnahmesituationen vor, in denen es unter Umständen sogar ratsam sein kann, die Preise für ganz kurze Zeit im Sinne einer langfristigen Erhaltung des Kundenstammes oder aus liquiditätspolitischen Gründen **noch unterhalb der Einzelkosten** der betreffenden Produkte anzusetzen, wie dies beispielsweise manche Betriebe auch im Rahmen der Einführungspolitik für ein bestimmtes Produkt oder im Rahmen einer „Verdrängungspolitik" in Zeiten eines besonders scharfen Wettbewerbes tun. **In Zeiten der Vollbeschäftigung** muß bei der Preisuntergrenzenermittlung über die Kalkulation der Einzelkosten hinaus auch die **Inanspruchnahme der knappen Kapazitäten bewertet** und in die Preisuntergrenzen einbezogen werden. Dies geschieht durch den **Ansatz von Opportunitätskosten**, die ihrerseits in der Regel von entgehenden Deckungsbeiträgen abgeleitet werden (also z. B. von den Deckungsbeiträgen jenes „Grenzproduktes", das angesichts der Kapazitätsknappheit nicht mehr hergestellt werden könnte, wenn man das zu kalkulierende Produkt produzieren würde).

17. Um ein geeignetes Kriterium für die optimale Programmplanung zu erhalten, müssen zunächst für die verschiedenen Produkte die **Stückdeckungsbeiträge** ermittelt werden:

Produktarten	A (DM)	B (DM)	C (DM)	D (DM)
Nettoerlöse	90, –	42, –	56, –	17, –
./. Einzelkosten	70, –	32, –	40, –	12, –
= Deckungsbeitrag je Stück	20, –	10, –	16, –	5, –

Da die Stückdeckungsbeiträge sämtlicher Produktarten positiv sind, sollte das betreffende Unternehmen bestrebt sein, möglichst alle absetzbaren Erzeugnisarten zu produzieren. Durch eine **Kapazitätsanalyse** muß geprüft werden, ob hierfür ausreichende Kapazitäten vorhanden sind.

Produkte	A	B	C	D	Kapazitätsbedarf (Std.)	Kapazität (Std.)
absetzbare Mengen (Stück)	1 000	1 000	1 000	1 000	Σ	Σ
Stelle I (Std.)	7 000	3 000	5 000	4 000	19 000	20 000
Stelle II (Std.)	6 000	3 000	6 000	2 000	17 000	21 000
Stelle III (Std.)	8 000	2 000	4 000	5 000	19 000	14 000

Diese Kapazitätsanalyse zeigt, daß in den Stellen I und II jeweils noch freie Kapazitäten vorhanden sind, daß aber in der Stelle III ein Engpaß vorliegt: einem Kapazitätsbedarf von insgesamt 19 000 Stunden steht nur eine Perioden-Kapazität von 14 000 Stunden gegenüber. Der für die weitere Programmplanung relevante Engpaß liegt also in der Stelle III.

Es ist zu bestimmen, welche Produkte diesen Engpaß am ergiebigsten nutzen. Ein Kriterium hierfür stellt der **engpaßbezogene Deckungsbeitrag** dar. Dieser wird dadurch ermittelt, daß der jeweilige Stückdeckungsbeitrag auf den jeweiligen Bedarf an Engpaßstunden bezogen wird.

Zeilen	Produktarten	A	B	C	D
1	Deckungsbeitrag (DM/Stück)	20, –	10, –	16, –	5, –
2	Bedarf an Engpaß-Stunden (Std./Stück)	8	2	4	5
3	engpaßbezogene Deckungsbeiträge (DM/Std.) = Zeile 1 / Zeile 2	2,50	5, –	4, –	1, –
4	Rangfolge der Produktarten	(3)	(1)	(2)	(4)

Aus den engpaßbezogenen Deckungsbeiträgen läßt sich die für die Programmplanung maßgebliche Rangfolge der Produktarten unmittelbar ableiten.

Aufbauend hierauf läßt sich das optimale Produktions- und Absatzprogramm direkt berechnen:

Produkt B: 1 000 Stück	· 2 Std./Stück	=	2 000 Std.
Produkt C: 1 000 Stück	· 4 Std./Stück	=	4 000 Std.
Produkt A: 1 000 Stück	· 8 Std./Stück	=	8 000 Std.
			14 000 Std.

Produkt D: 1 000 Stück können nicht mehr produziert werden wegen des Engpasses in Stelle III

Das optimale Produktions- und Absatzprogramm des Unternehmens besteht somit aus den Produkten B, C und A mit jeweils 1 000 Stück, während das Produkt mit dem geringsten engpaßbezogenen Deckungsbeitrag (Produkt D) aus dem Sortiment eliminiert wird. Dies ist selbstverständlich nur dann richtig, wenn zwischen diesem Produkt D und den übrigen Produkten keine Absatzverbundenheiten bestehen (etwa derart, daß man für den Fall einer Eliminierung des Produktes D auch ökonomisch nachteilige Veränderungen der Absatzverhältnisse der übrigen Produkte zu befürchten hätte).

Die Fixkosten des Unternehmens haben keinen Einfluß auf die kurzfristige Produktions- und Absatzprogrammplanung. Sie müssen aber selbstverständlich bei der Errechnung des Periodenerfolges berücksichtigt werden. Von den kumulierten Periodendeckungsbeiträgen der Produktarten B, C und A (insgesamt 46 000 DM) sind die Fixkosten in Höhe von 40 000 DM abzuziehen, so daß sich ein Erfolg von 6 000 DM ergibt.

Produkt B = 1 000 Stück · 10 DM/Stück	=	10 000 DM	Deckungsbeitrag
Produkt C = 1 000 Stück · 16 DM/Stück	=	16 000 DM	Deckungsbeitrag
Produkt A = 1 000 Stück · 20 DM/Stück	=	20 000 DM	Deckungsbeitrag
		46 000 DM	Gesamtdeckungsbeitrag
	./.	40 000 DM	Bereitschaftskosten
		6 000 DM	Periodenerfolg

18. Nach den Grundsätzen der Einzelkosten- und Deckungsbeitragsrechnung dürfen nur jene Kosten in die Berechnung der kostenmäßigen Preisuntergrenze einbezogen werden, die durch die Annahme des Zusatzauftrages effektiv zusätzlich anfallen würden.

Da das Unternehmen nur mit einer Auslastung der vorhandenen Kapazitäten von 70 % rechnet, kann der Zusatzauftrag ohne zusätzliche Bereitstellung von Kapazitäten realisiert werden. Seine Annahme führt lediglich zu einer besseren Ausnutzung der verfügbaren Kapazitäten.

Daher sind die Bereitschaftskosten des Lager- und Einkaufsbereichs (10 000 DM), des Fertigungsbereichs (30 000 DM) und des Verwaltungs- und Vertriebsbereichs (40 000 DM) für die Preisuntergrenzenermittlung nicht relevant.

Aus den gleichen Gründen müssen auch die Fertigungslöhne (50 000 DM) für das ebenfalls unterbeschäftigte Personal außer Ansatz bleiben.

Von den geplanten Energiekosten (13 000 DM) sind nur jene Beträge zu berücksichtigen, die als Leistungskosten in Abhängigkeit von der produzierten Menge anfallen (für die Herstellung von 20 000 Stück: 6 000 DM).

Somit ergibt sich für den Zusatzauftrag folgende kurzfristige kostenmäßige Preisuntergrenze pro Stück:

	Rohstoffkosten	(100 000 DM : 20 000 Stück)	5,– DM/Stück
+	Hilfsstoffkosten	(8 000 DM : 20 000 Stück)	0,40 DM/Stück
+	variable Energiekosten (Leistungskosten)	(6 000 DM : 20 000 Stück)	0,30 DM/Stück
+	Produktverpackungskosten	(10 000 DM : 20 000 Stück)	0,50 DM/Stück
=	erzeugungsbedingte Kosten		6,20 DM/Stück
+	umsatzwertabhängige Verkaufsprovision (10 % v. H.)		0,69 DM/Stück
=	kostenmäßige Preisuntergrenze		6,89 DM/Stück

Sofern der Preis, den der Kunde zu zahlen bereit ist, über 6,89 DM/Stück liegt, sollte der Zusatzauftrag angenommen werden, da hierdurch zusätzliche Deckungsbeiträge erzielt werden können. Dabei muß allerdings sichergestellt sein, daß das Akzeptieren eines solchen Sonderpreises auf lange Sicht keine negativen Konsequenzen für die Preispolitik des Unternehmens dem gleichen oder anderen Kunden gegenüber hat.

19. Das betrachtete Unternehmen muß die durch eine vorübergehende Produktionseinstellung einsparbaren Kosten den hierdurch entgehenden Deckungsbeiträgen sowie den zusätzlichen Kosten der Wiederaufnahme der Produktion gegenüberstellen, um die Rentabilität einer derartigen Entscheidung erkennen zu können:

	(1) **Entgehende Deckungsbeiträge** (opportunity costs)	
	(a) Ermittlung des Deckungsbeitrags pro t	
	Nettoerlös 500 DM/t	
	./. Leistungskosten 470 DM/t	
	Deckungsbeitrag 30 DM/t	
	(b) Ermittlung der durch die Produktionseinstellung in fünf Monaten entgehenden Deckungsbeiträge	
	30 DM/t · 3 000 t	= 90 000 DM
+	(2) **Kosten der Wiederaufnahme der Produktion im 6. Monat**	+ 60 000 DM
	Bei einer vorübergehenden Produktionseinstellung in Kauf zu nehmende Erfolgseinbußen	150 000 DM
./.	(3) **Durch die Produktionseinstellung einsparbare Bereitschaftskosten 5 · 36 000 DM**	= 180 000 DM
	Durch eine vorübergehende (fünfmonatige) Produktionseinstellung erzielbare Verbesserung des Unternehmenserfolgs	= 30 000 DM

Es ist wirtschaftlich, die Produktion in der derzeitigen Konjunkturlage für fünf Monate zu unterbrechen.

Sollte es dagegen – entgegen der von der Vertriebsabteilung erstellten Absatzprognose – gelingen, eine sofortige Preisanhebung auf über 510 DM/t auf dem Markt ohne Einbußen bei der Absatzmenge durchzusetzen, wäre die Fortführung der Produktion rentabler, da bei einem Nettoerlös von 510 DM/t die Summe aus entgehenden Deckungsbeiträgen in Höhe von 40 DM/t · 3 000 t = 120 000 DM und Wiederingangsetzungskosten genau so hoch wäre wie die bei einer vorübergehenden Produktionseinstellung erzielbaren Kostenersparnisse:

(510 DM/t – 470 DM/t) · 3 000 t + 60 000 DM = 5 · 36 000 DM.

20. **Innerhalb der starren Plankostenrechnung** muß deshalb die Planbeschäftigung bestimmt werden, weil man in diesem System die **Plankosten nur für einen ganz bestimmten Beschäftigungsgrad** (eben für die Planbeschäftigung) vorgibt. Bei der Ermittlung dieser Planbeschäftigung ergibt sich zunächst die Frage, **welche Maßgröße für die Messung des Beschäftigungsgrades** der betreffenden Kostenstelle geeignet erscheint. Nicht immer wird man den Beschäftigungsgrad mit Hilfe einer einzigen direkten Bezugsgröße messen können, sondern oft nur mit Hilfe mehrerer indirekter Bezugsgrößen, wie etwa dann, wenn gleichzeitig mehrere unterschiedliche Kostenbestimmungsfaktoren wirksam sind, die man ihrerseits quantitativ nur schwer erfassen kann. Darüber hinaus stellt sich bei der Festlegung der Planbeschäftigung die Frage, ob man als Basisbeschäftigung **die maximal mögliche Ausnutzung der betrieblichen Kapazität, die Optimalbeschäftigung oder die Normalbeschäftigung** wählen soll. Als zweckmäßigste Bezugsgrundlage erweist sich in der Regel die Optimalbeschäftigung unter Berücksichtigung der betrieblichen Engpässe.

21. Im Rahmen der **Abweichungsanalyse**, die die **flexible Plankostenrechnung auf Vollkostenbasis** vornimmt, wird vor allem unterschieden zwischen der **Beschäftigungsabweichung** (sie soll zeigen, in welchem Umfang die Änderung der Beschäftigungslage an der gesamten Abweichung der Istkosten gegenüber den Plankosten beteiligt ist) und der **Verbrauchsabweichung**, die ein Ausdruck für den mengenmäßigen Mehr- oder Minderverbrauch an Kostengütern sein soll. Letztere wird in der Regel noch weiter aufgespalten in verschiedene Teilabweichungen, und zwar vor allem in die **Verfahrensabweichung** (Kostenänderungen auf Grund der Wahl anderer Fertigungsverfahren), die **Programm- bzw. Auftragsabweichung** (Kostenänderungen auf Grund einer vom geplanten Programm abweichenden Auftragsstruktur) sowie die **Qualitätsabweichung** (als Differenz der Sollkosten der Planqualität und den Kosten der Istqualität). Die letzte Art von Abweichungen hat ihre Ursache in qualitätsmäßigen Veränderungen des Materialeinsatzes und wird daher nicht selten auch „Einsatzabweichung" genannt.

22. Während im System der flexiblen Plankostenrechnung auf Vollkostenbasis für die einzelnen Kostenstellen des Betriebes prinzipiell Vollkosten geplant werden, wenn auch – im Gegensatz zur starren Plankostenrechnung – differenziert für unterschiedliche Beschäftigungsgrade, ermittelt die **Grenzplankostenrechnung**, die **mit dem System des Direct Costing** verwandt ist, **keine anteiligen Fixkosten** und plant daher auch keine Gesamtkosten je Leistungseinheit für unter-

schiedliche Beschäftigungsgrade. Ihr liegt eine **Aufspaltung der Kosten in fixe und variable Kostenbestandteile** zugrunde. **Die Fixkosten werden als feste Kostensumme der Periode vorgegeben. Nur für die variablen Kosten ermittelt man Plankosten- bzw. Sollkostenwerte** für unterschiedliche Produktionsvolumina, wobei man in der Regel vereinfachend einen linearen Kostenverlauf unterstellt, also variable Kosten mit proportionalen Kosten gleichsetzt. Der Verzicht auf die Vorgabe anteiliger Fixkosten je Leistungseinheit hat zwangsläufig zur Folge, daß im System der Grenzplankostenrechnung keine Beschäftigungsabweichungen ausgewiesen werden.

Literaturhinweise

Die im folgenden angegebenen Literaturhinweise sollen zusätzliche Wege für die Einarbeitung in das Stoffgebiet eröffnen, darüber hinaus aber vor allem der Beseitigung möglicher Unklarheiten sowie der Vertiefung dienen. Dabei ist zu berücksichtigen, daß speziell die Beiträge in Handwörterbüchern den Stoff in komprimierter Form darstellen und daß die meisten von ihnen eine Fülle zusätzlicher Literaturangaben enthalten. Bei der Auflistung der Quellenangaben wurde einerseits nach dem Schwierigkeitsgrad differenziert (zwischen einführender und in die Tiefe gehender Literatur), zum anderen nach dem Spezialisierungsgrad (zwischen der Tendenz nach umfassenden Schriften zu dem angesprochenen Stoffgebiet und Publikationen, die auf ganz bestimmte Teile oder Aspekte dieses Stoffgebietes spezialisiert sind).

I. Einführende Literatur zum gesamten Stoffgebiet (einschlägige Abschnitte einführender Fachbücher zur Kosten- und Leistungsrechnung)

(1) Böckel, Jens-Jürgen – Hoepfner, Friedrich Georg: Moderne Kostenrechnung, lernpsychologisch aufbereitet, 2. Aufl., Stuttgart–Berlin–Köln–Mainz 1974, S. 63–75, 79–137.

(2) Diederich, Helmut: Allgemeine Betriebswirtschaftslehre II, Stuttgart–Berlin–Köln–Mainz 1970, S. 236–253.

(3) Gaydoul, Peter – Horváth, Péter – Schäfer, Hans-Thomas: Deckungsbeitragsrechnung, eine programmierte Unterweisung, Wiesbaden 1976.

(4) Haberstock, Lothar: Grundzüge der Kosten- und Erfolgsrechnung, 2. Aufl., München 1977, S. 115–137 und S. 165–194.

(5) Jost, Helmuth: Kosten- und Leistungsrechnung, 2. Aufl., Wiesbaden 1974, S. 136–161 und S. 164–198.

(6) Mellerowicz, Konrad: Neuzeitliche Kalkulationsverfahren, 6. Aufl., Freiburg i. Br. 1977, S. 133–156.

(7) Oltmanns, Christoph: Grundlagen der Kostenrechnung in programmierter Form, Wiesbaden 1974, S. 145–188.

(8) Schweitzer, Marcell – Hettich, Günter, O. – Küpper, Hans-Ulrich: Systeme der Kostenrechnung, 2. Aufl., München 1979, S. 135–142, S. 273–300 und S. 310–418.

(9) Weber, Helmut Kurt: Betriebswirtschaftliches Rechnungswesen, 2. Aufl., München 1978, S. 332–393.

(10) Wöhe, Günter: Einführung in die Allgemeine Betriebswirtschaftslehre, 13. Aufl., München 1978, S. 991–1015.

II. Schriften, die einen Überblick über verschiedene Systeme der Kosten- und Leistungsrechnung geben

(1) Böckel, Jens-Jürgen – Hoepfner, Friedrich Georg: Moderne Kostenrechnung, lernpsychologisch aufbereitet, 2. Aufl., Stuttgart–Berlin–Köln–Mainz 1974, S. 63–71.

(2) Chmielewicz, Klaus: Betriebliches Rechnungswesen, Band 2: Erfolgsrechnung, Reinbek bei Hamburg 1973, S. 149–173, 176–199.

(3) Ebert, Günter: 20 Schaubilder zu den Grundlagen der Kostenrechnungssysteme (Reihe „Optische Betriebswirtschaftslehre", H. 9: Rechnungswesen 3), Herne–Berlin 1978.

(4) Kosiol, Erich: Kostenrechnung, Wiesbaden 1964, S. 100–103.

(5) Pfeiffer, Werner – Preißler, Peter: Zum Informationsgehalt „neuerer" Kostenrechnungsverfahren, in: Wirtschaftswissenschaftliches Studium, 2. Jg. (1973), H. 7, S. 319–329, insbes. S. 319 f.

(6) Reschke, Hasso: Kostenrechnung, Stuttgart 1975, S. 105–141.

(7) Riedel, Günther: Deckungsbeitragsrechnung – wie aufbauen, wie nutzen?, Stuttgart 1975, S. 11–22.

(8) Vormbaum, Herbert: Kalkulationsarten und Kalkulationsverfahren, 4. Aufl., Stuttgart 1977, S. 41–57.

(9) Warnecke, H. J. – Bullinger, H.-J. – Hichert, R.: Kostenrechnung für Ingenieure, München–Wien 1978, S. 107–135.

III. Spezielle Literatur zu den Mängeln der Vollkostenrechnung

(1) Henzel, Fritz: Die Zuschlagskalkulation in der Kritik, in: Zeitschrift für Betriebswirtschaft, 33. Jg. (1963), S. 157–166.

(2) Köhler, Richard: Die Prämissen der Vollkosten-Trägerrechnung, in: Neue Betriebswirtschaft, 17. Jg. (1964), Nr. 2, S. 43–47.

(3) Männel, Wolfgang: Kann die Vollkostenrechnung durch den Ausweis „gesonderter Fixkostenbeiträge" gerettet werden?, in: Zeitschrift für Betriebswirtschaft, 37. Jg. (1967), S. 759–782.

(4) Männel, Wolfgang: Die Wahl zwischen Eigenfertigung und Fremdbezug; Theoretische Grundlagen – praktische Fälle, Herne–Berlin 1968, S. 43–49 (2., völlig neu bearbeitete Aufl. erscheint 1980 im Verlag C. E. Poeschel, Stuttgart).

(5) Riebel, Paul: Kosten und Preise bei verbundener Produktion, Substitutionskonkurrenz und verbundener Nachfrage, 2. Aufl., Opladen 1972, S. 22–38.

(6) Riebel, Paul: Die Mängel der Vollkostenrechnung, in: Aufwand und Ertrag, Zeitschrift der Buchhaltungsfachleute, 10. Jg. (1964), H. 1, S. 5–9.

IV. Spezielle Literatur zur Problematik der Kostenzurechnung

Bücher:

(1) Ehrt, Robert: Die Zurechenbarkeit von Kosten auf Leistungen auf der Grundlage kausaler und finaler Beziehungen, Stuttgart–Berlin–Köln–Mainz 1967.

(2) Hohenbild, Rolf: Das Verursachungsdenken in der betriebswirtschaftlichen Kostenlehre, Frankfurt a. M. 1974.

(3) Kühnemund, Klaus: Bikausale Deckungsbeitragsrechnung – Ein neues Konzept der Kostenrechnung, Frankfurt/M.–Zürich 1971, S. 9–56.

Beiträge in Handwörterbüchern:

Beitrag im Handwörterbuch der Betriebswirtschaft, herausgegeben von E. Grochla und W. Wittmann, 4. Aufl., Band 2, Stuttgart 1975:

Kostenverursachung, Prinzipien und Probleme, Sp. 2360–2368 (Schubert, Werner – Hohenbild, Rolf).

Beiträge in Sammelwerken und Aufsätze:

(1) Hummel, Siegfried: Zurechnungsakrobatik, Die Beziehungen zwischen Rechnungszweck und Kostenzurechnung, in: Kostenrechnungspraxis, Jg. 1968, Nr. 2, S. 59–64.

(2) Kühnemund, Klaus: Zur Diskussion des Kausalitätsprinzips im Rechnungswesen, in: Betriebswirtschaftliche Forschung und Praxis, 22. Jg. (1970), S. 237–243.

(3) Menrad, Siegfried: Die Problematik der Kostenzurechnung, in: Wirtschaftswissenschaftliches Studium, 1. Jg. (1972), H. 11, S. 488–494.

(4) Riebel, Paul: Die Fragwürdigkeit des Verursachungsprinzips im Rechnungswesen, in: Rechnungswesen und Betriebswirtschaftspolitik, Festschrift für Gerhard Krüger zu seinem 65. Geburtstag, hrsg. von Manfred Layer und Heinz Strebel, Berlin 1969, S. 49–64.

(5) Schneider, Dieter: Kostentheorie und verursachungsgemäße Kostenrechnung, in: Zeitschrift für handelswissenschaftliche Forschung, Neue Folge, 13. Jg. (1961), S. 667–707.

(6) Schnutenhaus, O. R.: Über die angebliche Entwertung der Kausalität im Kostenrechnungswesen sowie über Zurechnungsverfahren, in: Der Betrieb, 20. Jg. (1967), S. 129–133.

(7) Vodrazka, K.: Die Möglichkeiten der Kostenzurechnung, in: Der Österreichische Betriebswirt, 14. Jg. (1964), S. 11–50.

V. Grundlegende Literatur zum Direct Costing und zur Fixkostendeckungsrechnung

Bücher:

(1) Böhm, Hans-Hermann – Wille, Friedrich: Deckungsbeitragsrechnung, Grenzpreisrechnung und Optimierung, 6. Aufl., München 1977.

(2) Börner, Dietrich: Direct Costing als System der Kostenrechnung, Diss. München 1961.

(3) Haberstock, Lothar: Grundzüge der Kosten- und Erfolgsrechnung, 2. Aufl., München 1977, S. 148–165.

(4) Huch, Burkhard: Einführung in die Kostenrechnung, 5. Aufl., Würzburg–Wien 1977, S. 147–179.

(5) Kilger, Wolfgang: Flexible Plankostenrechnung, 7. Aufl., Opladen 1977.

(6) Mellerowicz, Konrad: Neuzeitliche Kalkulationsverfahren, 6. Aufl., Freiburg i. Br. 1977, S. 169–249.

(7) Peterek, Hans: Fixkostendeckungsrechnung – Darstellung und Beurteilung, Diss. Technische Universität Berlin 1967.

(8) RKW (Hrsg.): Direct Costing – Das Rechnen mit Grenzkosten, Berlin–Frankfurt–Köln o. J. (1960).

(9) RKW (Hrsg.): Direct Costing in der Praxis, Das Rechnen mit Grenzkosten und Deckungsbeiträgen, Stuttgart 1964.

(10) Schönfeld, Hanns-Martin: Kostenrechnung II, 6. Aufl., Stuttgart 1972, S. 80–91.

(11) Weber, Karl: Amerikanisches Direct Costing, Bern–Stuttgart 1970.

Beiträge in Handwörterbüchern:

Beitrag im „Handwörterbuch der Betriebswirtschaft", herausgegeben von E. Grochla und W. Wittmann, 4. Aufl., Band 1, Stuttgart 1974:

Direct Costing, Sp. 1175–1180 (Knoth, Joachim).

Beitrag im „Handwörterbuch des Rechnungswesens", herausgegeben von E. Kosiol, Stuttgart 1970:

Direct (Variable) Costing, Sp. 412–418 (Holzer, H. Peter).

Aufsätze:

(1) Agthe, Klaus: Stufenweise Fixkostendeckung im System des Direct Costing, in: Zeitschrift für Betriebswirtschaft, 29. Jg. (1959), S. 404–418.

(2) Agthe, Klaus: Zur stufenweisen Fixkostendeckung, in: Zeitschrift für Betriebswirtschaft, 29. Jg. (1959), S. 742–748.

(3) Hahn, D.: Direct Costing und die Aufgaben der Kostenrechnung, in: Neue Betriebswirtschaft, 17. Jg. (1964), S. 221–223 und 18. Jg. (1965), S. 8–13.

(4) Heine, Peter: Direct Costing – eine anglo-amerikanische Teilkostenrechnung, in: Zeitschrift für handelswissenschaftliche Forschung, Neue Folge, 11. Jg. (1959), S. 515–534.

(5) Seicht, Gerhard: Die stufenweise Grenzkostenrechnung, in: Zeitschrift für Betriebswirtschaft, 33. Jg. (1963), S. 693–709.

(6) Weber, Karl: Direct Costing, in: Industrielle Organisation, 29. Jg. (1960), S. 479–488.

VI. Spezielle Literatur zur Nutzschwellenanalyse (Break-even-Analyse)

(1) Chmielewicz, Klaus: Gewinnschwellenanalyse (Break-Even-Aanalyse), in: Wirtschaftswissenschaftliches Studium, 3. Jg. (1974), H. 2, S. 49–54.

(2) Haidacher, Oskar B.: Der Break-even-Punkt als Instrument unternehmerischer Führung, Diss. München 1969.

(3) Kern, Werner: Break-Even-Analysis, in: Handwörterbuch der Betriebswirtschaft, hrsg. v. E. Grochla und W. Wittmann, 4. Aufl., Band 1, Stuttgart 1974, Sp. 992–998.

(4) Kleinebeckel, Herbert: Break-even-Analysen, in: Zeitschrift für betriebswirtschaftliche Forschung, 28. Jg. (1976), Heft 3 (Kontaktstudium), S. 51–58.

(5) Krauss, Axel: Die Anwendung der Teilkostenrechnung für unternehmerische Entscheidungen, Zürich–Frankfurt/M.–Thun 1976, S. 93–130.

(6) Tucker, Spencer A.: Break-even-Analyse, übersetzt und bearbeitet von Albrecht Deyhle, München 1966.

(7) Weinwurm, Ernest H.: Break-Even Analysis, in: Handwörterbuch des Rechnungswesens, hrsg. von E. Kosiol, Stuttgart 1970, Sp. 302–307.

VII. Spezielle Literatur zur Bestandsbewertung

(1) Henzel, Fritz: Bilanzierung von selbsthergestellten Halb- und Fertigfabrikaten mit oder ohne Gemeinkosten?, in: Zeitschrift für Betriebswirtschaft, 8. Jg. (1931), S. 401–410.

(2) Hummel, Siegfried: Die Auswirkungen von Lagerbestandsveränderungen auf den Periodenerfolg – Ein Vergleich der Erfolgskonzeptionen von Vollkostenrechnung und Direct Costing, in: Zeitschrift für betriebswirtschaftliche Forschung, 21. Jg. (1969), Heft 2/3, S. 155–180.

(3) Kruse, Hans-Gerhard: Die Bilanzierung von Halb- und Fertigfabrikaten nach der Methode des Direct Costing, Wiesbaden 1967.

(4) Layer, Manfred: Die Herstellkosten der Deckungsbeitragsrechnung und ihre Verwendbarkeit in Handelsbilanz und Steuerbilanz für die Bewertung unfertiger und fertiger Erzeugnisse, in: Zeitschrift für betriebswirtschaftliche Forschung, 21. Jg. (1969), Heft 2/3, S. 131–155.

(5) Männel, Wolfgang: Deckungsbeitragsrechnung und Bilanzierung, Teil I: Die Bewertung von Halb- und Fertigfabrikaten, in: Betriebswirtschafts-Magazin, Jg. 1972, Nr. 11, S. 539–542 – Teil II: Handels- und steuerrechtliche Bestandsbewertungsvorschriften, ebenda, Nr. 12, S. 593–596.

VIII. Grundlegende Literatur zum System der Einzelkosten- und Deckungsbeitragsrechnung

Bücher:

(1) Layer, Manfred: Möglichkeiten und Grenzen der Anwendbarkeit der Dekkungsbeitragsrechnung im Rechnungswesen der Unternehmung, Berlin 1967.

(2) Riebel, Paul: Einzelkosten- und Deckungsbeitragsrechnung, 3. erweiterte Aufl., Wiesbaden 1979.

Dieses umfassende Standard-Lehrbuch zur Einzelkosten- und Deckungsbeitragsrechnung enthält eine große Zahl von Aufsätzen Paul Riebels, welche die Entwicklung und den neuesten Stand dieses modernen Systems der Teilkostenrechnung erkennen lassen.

Beiträge in Handwörterbüchern:

Beitrag im Handwörterbuch des Rechnungswesens, herausgegeben von E. Kosiol, Stuttgart 1970:

Deckungsbeitragsrechnung, Sp. 383–400 (Riebel, Paul).

Beitrag im Handwörterbuch der Betriebswirtschaft, herausgegeben von E. Grochla und W. Wittmann, 4. Aufl., Band 1, Stuttgart 1974:

Deckungsbeitrag und Deckungsbeitragsrechnung, Sp. 1137–1155 (Riebel, Paul).

Beitrag im Handwörterbuch der Absatzwirtschaft, herausgegeben von B. Tietz, Stuttgart 1974:

Deckungsbeitragsrechnung im Handel, Sp. 433–455 (Riebel, Paul).

IX. Spezielle Literatur zu besonderen Teilaspekten sowie zu den Anwendungsgebieten und Anwendungsmöglichkeiten der Einzelkosten- und Deckungsbeitragsrechnung

Bücher:

(1) Heine, Bernd: Grundfragen der Deckungsbeitragsrechnung in der Binnenschiffahrt (Deckungsbeitragsrechnung und Unternehmungsführung, hrsg. v. Paul Riebel, Band 3), Opladen 1972.

(2) Hummel, Siegfried: Wirklichkeitsnahe Kostenerfassung – Neue Erkenntnisse für eine eindeutige Kostenermittlung, Berlin 1970.

(3) Männel, Wolfgang: Die Wahl zwischen Eigenfertigung und Fremdbezug, Theoretische Grundlagen – praktische Fälle, Herne–Berlin 1968 (2., völlig neu bearbeitete Aufl. erscheint 1980 im Verlag C. E. Poeschel, Stuttgart).

(4) Männel, Wolfgang: Kundenskonti im Rechnungswesen, Herne–Berlin 1971.

(5) Männel, Wolfgang: Mengenrabatte in der entscheidungsorientierten Erlösrechnung (Deckungsbeitragsrechnung und Unternehmungsführung, hrsg. v. Paul Riebel und Wolfgang Männel, Band 4), Opladen 1974.

(6) Männel, Wolfgang: Preisobergrenzen im Einkauf (Deckungsbeitragsrechnung und Unternehmungsführung, hrsg. v. Paul Riebel und Wolfgang Männel, Band 5), Opladen 1975.

(7) Männel, Wolfgang: Erlösschmälerungen, Wiesbaden 1975.

(8) Riebel, Paul: Kosten und Preise bei verbundener Produktion, Substitutionskonkurrenz und verbundener Nachfrage, 2. Aufl., Opladen 1972.

(9) Riebel, Paul – Paudtke, Helmut – Zscherlich, Wolfgang: Verrechnungspreise für Zwischenprodukte, Opladen 1973.

(10) Riedesser, Armin: Deckungsbeitragsrechnung in Filialbankorganisationen, Wiesbaden 1977.

(11) Schott, Kornelius: Deckungsbeitragsrechnung in der Spedition, Hamburg 1971.

Beiträge in Handwörterbüchern:

Beitrag im Handwörterbuch des Rechnungswesens, hrsg. v. E. Kosiol – K. Chmielewicz – M. Schweitzer, 2. Aufl., (im Druck):

Kosten, Grenz- und Residual- (Männel, Wolfgang).

Aufsätze:

(1) Männel, Wolfgang: Das wahre Gesicht der Deckungsbeitragsrechnung, in: Blick durch die Wirtschaft, 15. 11. 1966.

(2) Männel, Wolfgang: Kann die Vollkostenrechnung durch den Ausweis „gesonderter Fixkostenbeiträge" gerettet werden?, in: Zeitschrift für Betriebswirtschaft, 37. Jg. (1967), Nr. 12, S. 759–782.

(3) Männel, Wolfgang: Kostenrechnerische Probleme bei der Bewertung gleichartiger Kostengüter verschiedener Herkunft, in: Neue Betriebswirtschaft, 21. Jg. (1968), H. 4, S. 7–20.

(4) Männel, Wolfgang: Möglichkeiten und Grenzen des Rechnens mit Opportunitätserlösen, in: Beiträge zur betriebswirtschaftlichen Ertragslehre, hrsg. v. P. Riebel, Opladen 1971, S. 201–245.

(5) Männel, Wolfgang: Auf welche Produkte soll man verzichten? – Programmbereinigung mit Hilfe der Deckungsbeitragsrechnung, in: Blick durch die Wirtschaft, 11. 12. 1969.

(6) Männel, Wolfgang: Die Preisgestaltung muß elastisch sein, in: Blick durch die Wirtschaft, 5. 6. 1972.

(7) Männel, Wolfgang: Preiskalkulation nach den Grundsätzen der Deckungsbeitragsrechnung, in: Kostenrechnungspraxis, Jg. 1978, Sonderheft krp extra '78: Deckungsbeitragsrechnung, S. 3–26.

(8) Männel, Wolfgang: Wie sich eine zu nachgiebige Preiskalkulation beim Rechnen mit Deckungsbeiträgen verhindern läßt, in: controller magazin, Jg. 1979, H. 4, S. 163–176.

(9) Männel, Wolfgang: Grundzüge einer aussagefähigen Kostenspaltung, in: Kostenrechnungspraxis, Jg. 1972, Nr. 3, S. 111–119.

(10) Männel, Wolfgang: Zur Auflösung der Kosten in Grenzkosten und Residualkosten, in: Kostenrechnungspraxis, Jg. 1979, Nr. 4, S. 155–164.

(11) Männel, Wolfgang: Stehen die handels- und steuerrechtlichen Bestandsbewertungsvorschriften der Anwendung der Deckungsbeitragsrechnung im Wege?, in: Rechnungswesen, Datentechnik, Organisation (RDO), 15. Jg. (1969), H. 6, S. 172–175.

(12) Riebel, Paul: Systemimmanente und anwendungsbedingte Gefahren von Differenzkosten- und Deckungsbeitragsrechnungen, in: Betriebswirtschaftliche Forschung und Praxis, 26. Jg. (1974), S. 493–529.

(13) Riebel, Paul: Zum Konzept einer zweckneutralen Grundrechnung, in: Zeitschrift für betriebswirtschaftliche Forschung, 31. Jg. (1979), H. 11, S. 785–798.

(14) Riebel, Paul: Gestaltungsprobleme einer zweckneutralen Grundrechnung in: Zeitschrift für betriebswirtschaftliche Forschung, 31. Jg. (1979), H. 12, S. 863–893.

(15) Vgl. ferner die zahlreichen Aufsätze Paul Riebels, die in dem unter Ziffer VIII. angegebenen Buch zusammengefaßt sind.

X. Grundlegende Literatur zu den Systemen der Plankostenrechnung

Bücher:

(1) Haberstock, Lothar: Grundzüge der Kosten- und Erfolgsrechnung, 2. Aufl., München 1977, S. 115–137.

(2) Hantke, Hans: Moderne Verfahren der Kostenrechnung II, Bonn 1974, S. 39–105.

(3) Hülshoff, Friedhelm: Kosten- und Leistungsrechnung industrieller Betriebe, Wiesbaden 1974, S. 111–134.

(4) Kilger, Wolfgang: Flexible Plankostenrechnung – Theorie und Praxis der Grenzplankostenrechnung und Deckungsbeitragsrechnung, 7. Aufl., Opladen 1977.

(5) Kube, Volker: Die Grenzplankostenrechnung, Wiesbaden 1974.

(6) Matz, Adolph: Planung und Kontrolle von Kosten und Gewinn, Wiesbaden 1964.

(7) Matz, Adolph: Plankosten, Deckungsbeiträge und Budgets, Band 1: Managementhilfen für die Betriebsanalyse, Wiesbaden 1975, S. 99–138 – Band 2: Fallsammlung, Wiesbaden 1976, S. 69–95.

(8) Mellerowicz, Konrad: Planung und Plankostenrechnung, Band II: Plankostenrechnung, Freiburg i. Br. 1972.

(9) Plaut, Hans-Georg – Müller, Heinrich – Medicke, Werner: Grenzplankostenrechnung und Datenverarbeitung, 3. Aufl., München 1973.

Beiträge in Handwörterbüchern:

Beitrag im Handwörterbuch des Rechnungswesens, herausgegeben von E. Kosiol, Stuttgart 1970:

Plankostenrechnung, Sp 1342–1358 (Kilger, Wolfgang).

Beitrag im Handwörterbuch der Betriebswirtschaft, herausgegeben von E. Grochla und W. Wittmann, 4. Aufl., Band 2, Stuttgart 1975:

Plankostenrechnung, Sp. 2984–3001 (Kilger, Wolfgang).

Aufsätze:

(1) Bea, Franz Xaver: Die Grundzüge der Plankostenrechnung, in: Wirtschaftswissenschaftliches Studium, 1. Jg. (1972), H. 12, S. 525–529.

(2) Kilger, Wolfgang: Die Entstehung und Weiterentwicklung der Grenzplankostenrechnung als entscheidungsorientiertes System der Kostenrechnung, in: Moderne Kostenrechnung, hrsg. v. Herbert Jacob, Wiesbaden 1978, S. 107–138.

(3) Plaut, Georg: Entwicklungsformen der Plankostenrechnung – Vom Standard-Cost-Accounting zur Grenzplankostenrechnung, in: Moderne Kostenrechnung, hrsg. v. Herbert Jacob, Wiesbaden 1978, S. 33–52.

Glossar

Abbaufähigkeit von Bereitschaftskosten 3.3

Ein für die Kostenerfassung innerhalb der → Grundrechnung außerordentlich bedeutsames Kriterium für die Unterteilung der Bereitschaftskosten, das aussagt, in welchen Sprüngen, in welchen Intervallen und zu welchen Terminen bestimmte Arten von Bereitschaftskosten der betreffenden Unternehmung abgebaut werden können.

Abweichungsanalyse 4.1/4.2

Oberbegriff für die in den verschiedenen Systemen der Plankostenrechnung erfolgende, differenzierende Untersuchung der Abweichungen der Istkosten von den Plankosten. Mit ihr wird vor allem bezweckt, die Ursachen für das Abweichen der Istkosten von den Plankosten aufzudecken, hieraus entsprechende Konsequenzen für künfige Planungen abzuleiten und die Verantwortlichen zur Rechenschaft ziehen zu können.

Aggregation von Deckungsbeiträgen 3.2/3.3

Die für die → Fixkostendeckungsrechnung typische, in mehreren Schritten erfolgende Zusammenfassung von Deckungsbeiträgen (im Sinne von Bruttoerfolgen). Zunächst werden solche Bruttoerfolge für die einzelnen Erzeugnisarten einer Erzeugnisgruppe ermittelt, dann für die Erzeugnisgruppe insgesamt zusammengefaßt, und davon werden im nächsten Schritt die Erzeugnisgruppenfixkosten abgezogen. Auf diese Weise errechnet man den Bruttoerfolg der Erzeugnisgruppe (zu Einzelheiten bezüglich des weiteren Vorgehens vgl. die schematische Darstellung dieser Erfolgskonzeption in Abschnitt 3.2).

Analytische Gemeinkostenplanung 4.1

Eine für die → starre Plankostenrechnung bedeutsame methodische Variante der Gemeinkostenplanung, die von den Istkosten vergangener Perioden ausgeht und auf Basis dieser Informationen versucht, mittels Schätzung, graphischer Darstellung, Trendberechnungen oder Regressionsanalysen den mutmaßlichen Verlauf der gesamten Gemeinkosten festzustellen.

Auftragsabweichung 4.2

→ Verbrauchsabweichung.

Auftragsbeitrag 3.3

Eine spezifische Kategorie von Deckungsbeiträgen: Der Überschuß der für einen Kundenauftrag zusätzlich erzielten Erlöse über die infolge der Annahme dieses Auftrags für dessen Herstellung und Vertrieb zusätzlich angefallenen Kosten (Überschuß der Auftrags-Einzelerlöse über die Auftrags-Einzelkosten).

Ausgabenwirksamkeit von Kosten 3.2

Die Differenzierung der Kosten nach ihrer Ausgabenwirksamkeit beinhaltet zunächst die Unterscheidung zwischen solchen Kosten, die sich überhaupt nicht von

Ausgaben ableiten (nicht ausgabenwirksame Kosten) und den von Ausgaben abgeleiteten (ausgabenwirksamen) Kosten. Letztere werden weiter in ausgabenferne und ausgabennahe Kosten unterteilt. Ausgabenferne Kosten sind solche Kostenelemente, die erst nach verhältnismäßig langer Zeit zu Ausgaben führen, wie z. B. in Ansatz gebrachte Kosten für verbrauchtes Material, das erst nach Monaten wieder beschafft werden muß. Ausgabennahe Kosten führen dagegen in unmittelbarer Zukunft zu Ausgaben, wie etwa die in Ansatz gebrachten Kosten für Rohstoffe, die für die Erstellung bestimmter Leistungen unverzüglich beschafft werden müssen.

Bereitschaftskosten 3.3

Kosten (bzw. Ausgaben), die im Gegensatz zu den →Leistungskosten nicht von Art, Menge und Wert der tatsächlich in der betreffenden Periode erbrachten Leistungen abhängen, sondern die vielmehr auf Grund von Erwartungen über das künftige Leistungs- und Absatzvolumen disponiert werden und demzufolge nur mit dem Auf- oder Abbau der Betriebsbereitschaft oder der Kapazität (mithin also nur längerfristig) eine Veränderung erfahren. Kurzfristig sind sie fix.

Beschäftigungsabweichung 4.2

Eine spezielle Form von Kostenabweichungen, die im Rahmen der →Abweichungsanalyse innerhalb des Systems der → flexiblen Plankostenrechnung ermittelt wird: Sie wird als ein Maß für die Nutzung der fixen Kosten des Betriebes angesehen und soll aufzeigen, in welchem Umfang die Änderung der Beschäftigung gegenüber der ursprünglich geplanten Beschäftigung an der gesamten Abweichung der Istkosten von den Plankosten beteiligt ist. Stimmen Planbeschäftigung und Istbeschäftigung überein, ist die Beschäftigungsabweichung gleich Null.

Beschäftigungsgrad 3.1

Als Kapazitätsausnutzungsgrad kennzeichnet der Beschäftigungsgrad das Verhältnis zwischen der tatsächlichen Ausnutzung des Leistungsvermögens betrieblicher Einheiten und deren insgesamt gegebenen Leistungsfähigkeit (Kapazität). Beschäftigungsgrad ist also die Relation zwischen der → Ist-Beschäftigung und der Vollbeschäftigung des Betriebes.

Betriebsbereichsfixkosten 3.2

Eine im System der → Fixkostendeckungsrechnung gebildete besondere →Fixkostenschicht: Fixkosten, die sich nur für einen bestimmten Betriebsbereich (nicht aber für einzelne Kostenstellen dieses Betriebsbereichs) direkt erfassen lassen (Beispiel: Abschreibungen für ein Gebäude, in dem mehrere Kostenstellen des Betriebsbereichs untergebracht sind).

Betriebsergebnis 2.1

→Betriebsergebnisrechnung; vgl. Glossar in Kostenrechnung 1.

Bezugsgrößenhierarchie 3.3

Eine Bezugsgrößenhierarchie ist eine speziell für die Erfassung und den Ausweis der Kosten notwendige Rangordnung von Kalkulationsobjekten, innerhalb der sämtliche Kosten als Einzelkosten erfaßt werden. Um eine solche, die Deckungsbeitragsrechnung kennzeichnende Kostenerfassung zu ermöglichen, muß man z. B. innerhalb des Produktionsbereichs vom einzelnen Kostenplatz (als sehr spezielles Kalkulations- und Erfassungsobjekt) ausgehend über die Kostenstellen, die Abteilungen, die verschiedenen Produktionsbereiche bis hin zum Produktionsbereich als Ganzes (im Sinne eines verhältnismäßig allgemeinen Kalkulations- und Erfassungsobjektes) fortschreiten. Welche Bezugsgrößenhierarchie(n) für die Erfassung und den Ausweis der Kosten im konkreten praktischen Einzelfall zu bilden ist (sind), hängt von den relevanten Rechnungszwecken ab. Bezugsgrößenhierarchien müssen also stets „problemadäquat“ sein.

Bindungsdauer von Kosten 3.3

Damit ist jener Zeitraum gemeint, für den man fest an eine bestimmte Kostenart gebunden ist, also jene Periode, innerhalb der man nicht über die Höhe der betreffenden Kostenart disponieren kann, innerhalb der sich diese Kostenart nicht abbauen läßt. Dieses Phänomen resultiert vor allem aus der Tatsache, daß man für die Aufrechterhaltung der Kapazität und der Betriebsbereitschaft längerfristige Verträge (wie z. B. Anstellungs-, Miet-, Pacht- oder Versicherungsverträge) abschließen muß. Das bedeutet wiederum, daß sich Bereitschaftskosten, die sich aus solchen Verträgen ableiten, nur größeren (der Bindungsdauer der betreffenden Kostenart entsprechenden) Zeiträumen zurechnen lassen.

Break-even-Punkt („kritische Menge“) 3.1

→Nutzschwelle.

Deckungsbedarf 3.3

Der Deckungsbedarf eines bestimmten Abrechnungszeitraums umfaßt die in dieser Periode abbaufähigen, also die diesem Zeitabschnitt direkt zurechenbaren Bereitschaftskosten, die durch die Gesamtheit der Deckungsbeiträge abgedeckt werden müssen. Man kann den Deckungsbedarf global für das Gesamtunternehmen vorgeben, aber – soweit dies ohne Aufschlüsselung von Gemeinkosten möglich ist – auch differenziert für einzelne dezentral disponierende Betriebsbereiche, so beispielsweise differenziert nach Produktsparten, für die jeweils eigenständige Vertriebsstellen zuständig sind. Solchen Vertriebsstellen können aber als Deckungsbedarf nur jene Bereitschaftskosten vorgegeben werden, die sich direkt für diese Stellen erfassen lassen.

Deckungsbeitrag 3.3

Der Begriff Deckungsbeitrag läßt sich zunächst definieren als der Überschuß der Einzelerlöse über die Einzelkosten eines bestimmten sachlich und zugleich zeitlich abgegrenzten Kalkulationsobjektes, mit dem dieses Kalkulationsobjekt zur Deckung der Gemeinkosten und zur Erzielung des Gewinns beiträgt. Gemeint ist damit der Überschuß jener Erlöse (bzw. Einnahmen) über jene Kosten (bzw. Ausgaben), die auf dieselbe Entscheidung zurückzuführen sind wie die Existenz des betreffenden Kalkulationsobjektes, für das der Deckungsbeitrag bestimmt wird, selbst. Je nachdem für welches Kalkulationsobjekt man einen Deckungsbeitrag bestimmt, kann man z. B. unterscheiden zwischen dem Deckungsbeitrag einer Leistung, einer Produktgruppe, eines Auftrags, einer Periode usw. Die Aufspaltung eines Deckungsbeitrags in einen vermeintlichen Nettogewinn und einen vermeintlichen Beitrag zur Deckung der Fixkosten wäre stets willkürlich.

Deckungsbeitrag in Prozent des Umsatzes 3.3

Jener Deckungsbeitrag, den man errechnet, wenn man den Überschuß der Einzelerlöse über die Einzelkosten zu den Erlösen (Preisen) in Beziehung setzt und dann prozentual ausdrückt. Diese Kennzahl ist jedoch – anders als manche meinen – kein aussagefähiger Indikator für die Planung des Produktions- und Absatzprogramms. Ihm kommt nur in einigen wenigen Ausnahmefällen praktische Bedeutung zu.

Deckungsbeitrag in Prozent der variablen Kosten 3.3

Diese Kennzahl ist – wie der →Deckungsbeitrag in Prozent des Umsatzes – ebenfalls ein relativer Deckungsbeitrag. In bezug auf einzelne Produkte erfolgt die Ermittlung dieser Kennzahl dadurch, daß man den →Stückbeitrag zu den variablen Kosten der Herstellung und des Vertriebs jener Produkte in Beziehung setzt und dann prozentual ausdrückt. Für die Fundierung und Kontrolle unternehmerischer Entscheidungen hat diese Kennziffer keine Aussagekraft.

Deckungsbeitragsrechnung 3.3

Die Deckungsbeitragsrechnung ist eine moderne Variante der Teilkostenrechnungssysteme. Kennzeichnend für sie ist die von sehr speziellen Kalkulationsobjekten (wie z. B. von einzelnen Leistungseinheiten oder Aufträgen) ausgehende, zu allgemeineren Untersuchungs- und Entscheidungsobjekten fortschreitende Ermittlung der jeweiligen Überschüsse der Einzelerlöse über die Einzelkosten – unter Verzicht auf jegliche Schlüsselung echter Gemeinkosten.

Deckungsspanne 3.1

Die Deckungsspanne ist der im System des →Direct Costing für eine Leistungseinheit ermittelte Überschuß der Nettoerlöse über die variablen (genauer gesagt: proportionalen) Kosten. Die Deckungsspanne ist eine Bruttoerfolgsgröße. Multipliziert man sie mit der Absatzmenge der Periode, so ergibt sich der in dem betreffenden Zeitraum insgesamt erzielte Bruttogewinn, von dem dann die Fixkosten noch abgezogen werden müssen, wenn man den Nettogewinn der Periode bestimmen will.

Direct Costing 3.1

Das Direct Costing ist ein in den USA entwickeltes, im deutschen Sprachgebrauch auch „Direktkostenrechnung“ oder „Grenzkostenrechnung“ genanntes, einfaches System der Teilkostenrechnung, das auf einer Trennung der Kosten in fixe (beschäftigungsunabhängige) und variable (beschäftigungsabhängige) Bestandteile basiert und das von den Erlösen der einzelnen Leistungen bzw. Leistungseinheiten nur Kosten der letztgenannten Kategorie, die man in der Regel als mengenproportionale Kosten interpretiert, in Abzug bringt. Auf diese Weise werden Bruttoerfolgsgrößen ermittelt.

Durchschnittsprinzip 2.3

Als Ersatz für das → Verursachungsprinzip vorgeschlagenes Kostenzurechnungsprinzip für Einproduktbetriebe bzw. für Kostenstellen mit Einproduktfertigung: Zur Berechnung der „Durchschnittskosten“ (im Sinne der Statistik müßte es genauer heißen: der „anteiligen“ Stückkosten) werden die gesamten Fixkosten einer Periode durch die Anzahl der in diesem Zeitraum produzierten bzw. abgesetzten Leistungseinheiten dividiert.

Einzelkosten geschlossener Perioden 3.3

Dies sind solche Bereitschaftskosten, die für eine im voraus genau bekannte Anzahl von Zeitabschnitten gemeinsam anfallen, wie z. B. Mietkosten, die aus einem für einen ganz bestimmten Zeitabschnitt abgeschlossenen Mietvertrag resultieren.

Einzelkosten offener Perioden 3.3

Hierbei handelt es sich um solche Kosten (bzw. Ausgaben) für die Aufrechterhaltung der Kapazität oder Betriebsbereitschaft, die für eine zunächst noch unbestimmte Anzahl von Zeitabschnitten anfallen, wie beispielsweise die Anschaffungsausgaben für Investitionen mit im voraus nicht genau bekannter wirtschaftlicher Nutzungsdauer.

Engpässe, betriebliche 2.2/3.3

Betriebliche Engpässe sind knappe Produktionsfaktoren, die als „Restriktionen“ den Handlungsspielraum der Unternehmung einengen, wie z. B. voll ausgelastete personelle oder maschinelle Kapazitäten, knappe Rohstoffe, zu knapp bemessene finanzielle Mittel und dergleichen.

Engpaßbezogener Deckungsbeitrag 3.3

Deckungsbeitrag je in Anspruch genommene Maßeinheit eines effektiven oder potentiellen Engpasses des Betriebes (Beispiel: Deckungsbeitrag einer Produktart je in Anspruch genommene knappe Maschinenstunde). Die engpaßbezogenen Deckungsbeiträge sind das relevante Maß für die Ergiebigkeit der Nutzung betrieblicher Engpässe, somit also vor allem das entscheidende Kriterium für die Programmplanung: Zunächst sind die Leistungsarten mit den höchsten engpaßbezogenen Deckungsbeiträgen in das Produktions- und Absatzprogramm aufzunehmen.

Erzeugnisartenfixkosten 3.2

Im System der → Fixkostendeckungsrechnung gebildete besondere → Fixkostenschicht: Jene Kosten, die sich für eine bestimmte Erzeugnisart direkt erfassen lassen.

Erzeugnisgruppenfixkosten 3.2

Im System der → Fixkostendeckungsrechnung gebildete besondere → Fixkostenschicht: Jene Kosten, die sich einer ganz bestimmten Erzeugnisgruppe direkt zurechnen lassen, die also beispielsweise nur dann wegfielen, wenn man die gesamte Erzeugnisgruppe aus dem Fertigungsprogramm des Betriebes eliminieren würde.

Fixkostenblock 3.1

Der Fixkostenblock ist die Gesamtheit der fixen Kosten, die in einem Betrieb während einer bestimmten Periode anfallen. Im System des→Direct Costing wird dieser Block der Fixkosten völlig undifferenziert der Gesamtheit der in der betreffenden Periode für die Produktarten des Betriebes erzielten Bruttoerfolge (also dem Überschuß der Gesamterlöse über die gesamten variablen Kosten) gegenübergestellt.

Fixkostendeckungsrechnung 3.2

Eine in Deutschland konzipierte Weiterentwicklung und Ergänzung des in den USA entwickelten → Direct Costing, mithin also ebenfalls ein System der Teilkostenrechnung. Es unterscheidet sich vom einfachen Direct Costing insbesondere dadurch, daß es die beschäftigungsunabhängigen Kosten eines Betriebes nicht einfach als undifferenzierten →Fixkostenblock den Bruttoerfolgen der verkauften Leistungen gegenüberstellt, daß es vielmehr diesen Fixkostenblock in mehrere → Fixkostenschichten aufspaltet.

Fixkostenerfassungshierarchie 3.2

Die sich im System der → Fixkostendeckungsrechnung infolge der Bildung von →Fixkostenschichten ergebende Hierarchie von Bezugsgrößen, denen sich einzelne Teile des betrieblichen Fixkostenblocks direkt zurechnen lassen (Beispiel: Erzeugnisarten – Erzeugnisgruppen – Kostenstellen – Betriebsbereiche – Gesamtunternehmung).

Fixkostenproportionalisierung 2.1

Damit ist die Aufteilung (Aufschlüsselung) der Fixkosten (Bereitschaftskosten) einer bestimmten Periode auf die innerhalb dieses Zeitabschnitts erzeugten bzw. abgesetzten Leistungseinheiten (Stücke) gemeint, die sich dadurch ergibt, daß man diese Fixkosten durch die Erzeugungs- bzw. Absatzmenge dividiert, wie dies für die Kostenträgerstückrechnung auf Vollkostenbasis üblich ist.

Fixkostenschichten 3.2

Eine die Fixkostendeckungsrechnung kennzeichnende Untergliederung der gesamten fixen Kosten eines Betriebes in einzelne Fixkostenkategorien – und zwar nach der Zurechenbarkeit auf einzelne, für die unternehmerischen Dispositionen besonders bedeutsame, leistungswirtschaftliche oder institutionelle Kalkulationsobjekte, wie z. B. Erzeugnisarten, Erzeugnisgruppen, Kostenstellen, Betriebsbereiche sowie die Gesamtunternehmung.

Flexible Plankostenrechnung (auf Vollkostenbasis) 4.2

Eine Variante der Plankostenrechnung, die zwar ebenfalls (wie die → starre Plankostenrechnung) auf dem Gedankengut der traditionellen Vollkostenrechnung beruht, die aber die Plankosten nicht nur für einen Beschäftigungsgrad, sondern für alternative Beschäftigungsgrade vorgibt.

Gemeinkosten, variable 2.1

Dies sind solche Kosten, deren Höhe zwar mit dem Produktions- bzw. Absatzvolumen variiert, die aber dennoch auch bei Anwendung genauester Erfassungsmethoden nicht direkt einzelnen Arten von Kostenträgern zugerechnet werden können, sondern für diese gemeinsam anfallen (Beispiel: Material- und Energiekosten bei einem Prozeß der Kuppelproduktion).

Gemeinkostenschlüsselung 2.1

→Gemeinkostenschlüssel; vgl. Glossar in Kostenrechnung 1.

Gesamtkostenverfahren 2.1

Das Gesamtkostenverfahren ist eine bestimmte Methode der Ermittlung des →Betriebsergebnisses. Für sie ist kennzeichnend, daß man den gesamten Kosten der Abrechnungsperiode den Betriebsertrag dieses Zeitraums gegenüberstellt, der sich ergibt, indem man den Umsatzerlösen jener Periode die zu den Herstellkosten bewerteten Zugänge des Bestandes an Halb- und Fertigwaren hinzufügt bzw. indem man die ebenso bewerteten Bestandsverminderungen von den Umsatzerlösen der Periode in Abzug bringt.

Gewinnschwellenanalyse 3.1

Nutzschwellenanalyse.

Grenzplankostenrechnung 4.3

Eine auf den Grundprinzipien der Teilkostenrechnung basierende Variante der Plankostenrechnung, die sowohl in der Kostenstellen- wie auch in der Kostenträgerrechnung ausdrücklich eine Trennung zwischen fixen und variablen Kostenbestandteilen vornimmt. Die fixen Kostenelemente werden als Periodenkosten en bloc vorgegeben, also nicht auf die einzelnen Leistungseinheiten (als „anteilige" Fixkosten) weiterverrechnet. Mithin ergeben sich in diesem System auch keine Gesamtkosten je Leistungseinheit für unterschiedliche Beschäftigungsgrade. Allein für die variablen Kosten werden Plankosten bzw. Sollkosten ermittelt, wobei man regelmäßig einen linearen Kostenverlauf unterstellt, also variable Kosten mit proportionalen Kosten gleichsetzt. Der Verzicht auf die Proportionalisierung fixer Kosten bedeutet, daß innerhalb der Grenzplankostenrechnung keine → Beschäftigungsabweichungen ausgewiesen werden.

Grundrechnung der Erlöse 3.3

Unter der Grundrechnung der Erlöse versteht man im System der Einzelkosten- und Deckungsbeitragsrechnung eine mehrdimensionale Erlösstatistik, bei deren Aufbau sehr sorgfältig auf die Möglichkeiten und Grenzen einer eindeutigen Zurechenbarkeit von Erlösen und Erlösschmälerungen geachtet wird. Sie ist eine systematische Sammlung der für die betreffende Abrechnungsperiode direkt erfaßbaren Bruttoerlöse, Nettoerlöse und Erlösschmälerungen, die nach Erlöskategorien untergliedert und den jeweils relevanten Kalkulationsobjekten zugerechnet werden.

Grundrechnung der Kosten 3.3

Unter der Grundrechnung der Kosten versteht man im System der Einzelkosten- und Deckungsbeitragsrechnung eine systematische Sammlung der innerhalb eines Abrechnungszeitraumes angefallenen Kostenarten, differenziert nach → Kostenkategorien. Unter Verzicht auf jegliche Gemeinkostenschlüsselung werden innerhalb einer solchen Grundrechnung sämtliche Kosten als Einzelkosten der jeweils interessierenden Kalkulationsobjekte ausgewiesen. Als „Bereitschaftsrechnung" soll die Grundrechnung möglichst zweckneutral aufgebaut sein und auf diese Weise jene Kosteninformationen liefern, die für die Durchführung von Sonderrechnungen benötigt werden.

Identitätsprinzip 3.3

Das Identitätsprinzip wird von Paul Riebel (vgl. Literaturhinweise) als das für das Rechnen mit Einzelkosten und Deckungsbeiträgen relevante Zurechnungsprinzip herausgestellt. Es deckt sich weitgehend mit dem an anderer Stelle erwähnten Marginalprinzip. Nach dem Identitätsprinzip sind z. B. jene Kosten bestimmten Leistungen zurechenbar, welche durch dieselbe Entscheidung ausgelöst werden bzw. worden sind wie das Erstellen der betreffenden Leistungen.

Ist-Beschäftigung 2.1

Damit ist die jeweils effektive Beschäftigung des Betriebes während der Abrechnungsperiode gemeint. Für ihre Messung kann z. B. die tatsächlich erzeugte Anzahl von Leistungseinheiten oder (in Mehrproduktbetrieben mit wechselnder Fertigung) die effektiv „verfahrene" Anzahl von Maschinenstunden herangezogen werden. Die Ist-Beschäftigung bildet für viele Betriebe die Basis für die→Fixkostenproportionalisierung.

Istkostenrechnung 4

Ein Kostenrechnungssystem, das vergangenheitsbezogen ist und die effektiv angefallenen Kosten (Istkosten) einer bestimmten Abrechnungsperiode erfaßt.

Jahreseinzelkosten 3.3

Jahreseinzelkosten sind solche Kosten, die sich nur dem Jahr als Ganzes direkt zurechnen lassen, die aber in bezug auf kürzere Perioden (wie z. B. Monate oder Quartale) Gemeinkosten darstellen.

Kosten, absatzabhängige 3.3

Damit sind solche →Leistungskosten gemeint, deren Höhe mit dem Absatzvolumen variiert.

Kosten, erzeugungsabhängige 3.3

Eine besondere Kategorie der Leistungskosten, für die kennzeichnend ist, daß ihre Höhe mit dem Produktionsvolumen variiert.

Kosten, proportionale 3.1

Kosten, die sich in bezug auf eine bestimmte Kosteneinflußgröße proportional verhalten, für die sich also ein linearer Gesamtkostenverlauf in Abhängigkeit von der betreffenden Bezugsgröße ergibt. Proportionale Kosten sind nicht mit variablen Kosten identisch, sondern ein Spezialfall von diesen.

Kostenanlastungsprinzipien 2.3

Sammelbegriff für jene Prinzipien der Kostenzurechnung, deren Anwendung zu einer anteiligen „Anlastung" (Aufschlüsselung) von Gemeinkosten führt.

Kostenkategorien 3.3

Nach dem Verhalten gegenüber wichtigen Kosteneinflußgrößen, zusätzlich oft aber auch nach der Art der Kostenerfassung sowie nach der Zurechenbarkeit oder nach dem Ausgabencharakter gebildete Gattungen von Kosten, in die „natürliche" Kostenarten innerhalb der → Grundrechnung der Deckungsbeitragsrechnung eingeordnet werden müssen.

Kostenrechnungssystem 1

Ein Kostenrechnungssystem wird durch seine Strukturelemente (wie z. B. durch die gebildeten Kostenarten, Kostenstellen und Kostenträger) sowie durch die konkreten abrechnungstechnischen Beziehungen, die zwischen diesen Strukturelementen bestehen, gekennzeichnet, so beispielsweise in maßgeblicher Weise durch das jeweils gewählte Kostenzurechnungsprinzip (vgl. Abschnitt 2.3).

Kostenspaltung 2.2/3.3

Im weitesten Sinne wird unter Kostenspaltung die Zerlegung des Gesamtkostenblocks eines Betriebes in verschiedene Kostenkategorien verstanden, im engeren Sinne die Aufspaltung der Kosten in fixe (leistungsunabhängige) und variable (leistungsabhängige) Bestandteile. Eine Kostenspaltung der letztgenannten Art ist Voraussetzung für die erfolgreiche Anwendung von Teilkostenrechnungssystemen. Bei der Vollkostenrechnung fehlt die Kostenspaltung. Eine Auflösung der Kosten in Grenzkosten und Residualkosten erweist sich für den Aufbau einer Deckungsbeitragsrechnung als nicht geeignet.

Kostenstellenfixkosten 3.2

Eine im System der → Fixkostendeckungsrechnung gebildete besondere → Fixkostenschicht: Fixkosten, die sich nur für einzelne Kostenstellen des Betriebes direkt erfassen lassen, wie z. B. das Gehalt des Meisters einer Kostenstelle.

Kostenstellengemeinkosten 2.1

Für Kostenstellengemeinkosten gilt das für → Periodengemeinkosten Gesagte analog: Es sind Kosten, die für mehrere Stellen des Unternehmens gemeinsam anfallen, wie z. B. die Kosten für die Unterhaltung eines Gebäudes, in dem die Kostenstellen „Verwaltung", „Vertrieb", „Forschung und Entwicklung" und andere Kostenstellen gemeinsam untergebracht sind.

Kostentragfähigkeitsprinzip 2.3

Ein besonderes Prinzip der Kostenzurechnung, dessen Grundgedanke darin besteht, daß man sich bei der kostenmäßigen Belastung der einzelnen Kalkulationsobjekte (z. B. bei der Aufschlüsselung von Gemeinkosten auf einzelne Leistungen oder Leistungseinheiten) an deren Belastbarkeit orientiert, die man gewöhnlich am Überschuß der Erlöse über die den betreffenden Kalkulationsobjekten direkt zurechenbaren Kosten mißt.

Kostenüberwälzungsrechnung 1

→ Vollkostenrechnung.

Kundenbeitrag 3.3

Spezifische Kategorie von Deckungsbeiträgen: Jener Gesamtdeckungsbeitrag, der innerhalb einer Abrechnungsperiode infolge der Belieferung eines bestimmten Kunden erzielt wird. Er ist gleich der Summe der → Auftragsbeiträge des betreffenden Kunden, abzüglich eventuell zusätzlich anfallender Vertriebskosten (gegebenenfalls zuzüglich in der Periode angefallener Erlöse), die sich zwar für den betreffenden Kunden direkt erfassen lassen, aber den einzelnen Aufträgen nicht zurechenbar sind.

Kundengruppenbeitrag 3.3

Der Kundengruppenbeitrag ergibt sich als Summe der Deckungsbeiträge der einzelnen Kunden einer Kundengruppe, abzüglich solcher Kosten, die nur für die Kundengruppe als Ganzes anfallen, die also in bezug auf die einzelnen Kunden Gemeinkosten darstellen (und gegebenenfalls zuzüglich solcher Erlöse, die in bezug auf die einzelnen Kunden Gemeinerlöse darstellen).

Leistungskosten 3.3

Kennzeichnend für die Leistungskosten ist, daß ihre Höhe vom tatsächlich realisierten Leistungsprogramm abhängt, daß sie kurzfristig (bei gegebenen Kapazitäten und festliegender Betriebsbereitschaft) mit kleinsten Änderungen von Art, Menge oder Wert der erzeugten bzw. abgesetzten Leistungen sowie mit den Verfahrensbedingungen „automatisch" (d. h. ohne zusätzliche Dispositionen der Unternehmensleitung) variieren.

Leitsätze für die Preisermittlung auf Grund von Selbstkosten (LSP) 1

Die auf Grund einer Verordnung über die Preise bei öffentlichen Aufträgen erlassenen LSP geben Richtlinien für den Fall, daß Leistungen für öffentliche Auftraggeber nicht zu Marktpreisen abgerechnet werden können und deshalb → Selbstkostenpreise als Behelfspreise für die Abrechnung herangezogen werden müssen.

LSP 1

Abkürzung für → Leitsätze für die Preisermittlung auf Grund von Selbstkosten.

Marginalprinzip 2.3

Ein für entscheidungsorientierte Systeme der Kosten- und Leistungsrechnung geeignetes Kostenzurechnungsprinzip, für das typisch ist, daß auf die einzelnen durch Entscheidungen festgelegten Handlungen sämtliche Kosten projiziert werden, die sich aus den durch die Verwirklichung dieser Handlungen ausgelösten Kausalprozessen oder den hieraus resultierenden rechtlichen Folgen ergeben bzw. ergeben haben. Dies bedeutet z. B., daß einer einzelnen Leistung jene (und nur jene) Kosten zugerechnet werden, die durch die Herstellung dieser Leistung (bzw. durch deren Absatz) zusätzlich ausgelöst wurden, die also beim Verzicht auf Herstellung und/oder Absatz nicht angefallen wären.

Monatseinzelkosten 3.3

Monatseinzelkosten sind solche Kosten, die sich direkt für einzelne Monate erfassen lassen.

Nettoerfolgsrechnung 2

Die Nettoerfolgsrechnung ist das der Vollkostenrechnung adäquate System der Ergebnisrechnung, für das kennzeichnend ist, daß den Erlösen eines Kalkulationsobjektes jeweils dessen „volle" Kosten gegenübergestellt werden. Die Differenz nennt man „Nettoerfolg".

Normalbeschäftigung 4.1

Jener Beschäftigungsgrad, der sich als Durchschnittswert der effektiven Beschäftigungsgrade vergangener Perioden oder auch als zukunftsbezogener Durchschnitt der für die künftigen Perioden erwarteten Beschäftigungsgrade ergibt. Als Basisbeschäftigung für die Festlegung der Plankosten im System der → starren Plankostenrechnung ist sie weniger geeignet als die unter Berücksichtigung der betrieblichen Engpässe erreichbare → Optimalbeschäftigung, da sie keine erstrebenswerte Normgröße darstellt.

Nutzschwelle(n-Analyse) 2.2

Die Nutzschwelle ist jene „kritische" Menge, von der an sich die Erzeugung und der Absatz eines bestimmten Erzeugnisses rentieren. Wird weniger hergestellt und abgesetzt als die „kritische" Menge, so entstehen dem Betrieb Verluste.

Optimalbeschäftigung 4.1

Ein innerhalb bestimmter Varianten des Systems der → starren Plankostenrechnung der Vorgabe von Plankosten zugrunde gelegter Beschäftigungsgrad, der unterhalb der Vollbeschäftigung liegt. Es ist jener Beschäftigungsgrad, der unter Berücksichtigung unvermeidbarer Brachzeiten der Kapazitäten (z. B. für notwendige Reparaturen) sowie unter Berücksichtigung der Unwirtschaftlichkeit einer zu hohen Produktionsgeschwindigkeit als der bestmögliche (wirtschaftlichste) erachtet wird.

Periodenbeitrag 3.3

Der Periodenbeitrag ist der Überschuß der in der betrachteten Periode realisierten Erlöse über die in dieser Periode angefallenen Leistungskosten und die diesem Zeitraum zurechenbaren Periodeneinzelkosten. Je nachdem, auf welchen Zeitraum man abstellt, kann man z. B. zwischen dem Monatsbeitrag, dem Quartalsbeitrag und dem Jahresbeitrag unterscheiden.

Periodeneinzelkosten 3.3

Dies sind Kosten (speziell Bereitschaftskosten) für solche Potentiale, deren → Bindungsdauer oder wirtschaftliche Nutzungsdauer nicht länger ist als die jeweils betrachtete Periode.

Periodengemeinkosten 2.1

Periodengemeinkosten sind solche Kosten (oder besser gesagt: Ausgaben), die für die Leistungen oder die Betriebsbereitschaft von zwei oder mehreren Perioden gemeinsam entstehen und daher auch bei Anwendung bester Erfassungsmethoden nicht direkt diesen einzelnen Zeitabschnitten zugerechnet werden können. Sie lassen sich nur der Gesamtheit dieser Zeitabschnitte als Einzelkosten zurechnen.

Planbeschäftigung 4.1

Die Planbeschäftigung ist jener Beschäftigungsgrad, den man im System der starren Plankostenrechnung der Ermittlung der Plankosten zugrunde legt. Die Messung der Planbeschäftigung erfolgt mit Hilfe direkter oder indirekter Bezugsgrößen. Sie gestaltet sich um so schwieriger, je heterogener das Leistungsprogramm des betreffenden Betriebes bzw. der betreffenden Kostenstelle, für die Kosten geplant werden, ist.

Plan-Kalkulationssatz 4.1

Ein für die Kostenplanung im System der → starren Plankostenrechnung bedeutsamer Kostensatz für die Maßeinheit der Planbeschäftigung. Dieser Wert wird errechnet, indem die gesamten Plankosten (als Summe der geplanten Einzel- und Gemeinkosten einer Kostenstelle) durch die jeweilige Planbeschäftigung dividiert werden.

Plankostenrechnung 4

Sammelbegriff für solche Kostenrechnungssysteme, in denen für die Kosten Planziffern bzw. Sollziffern für mehr oder weniger große Zeiträume errechnet und vorgegeben werden, an denen dann die Istkosten fortlaufend kontrolliert werden. Die Durchführung derartiger Soll-Ist-Vergleiche macht die Plankostenrechnung zu einem wichtigen Steuerungs- und Lenkungsmittel der Unternehmung.

Preiskalkulation 2.2

Nach herkömmlicher Terminologie die nach den in Kostenrechnung 1 (Abschnitt 3.3.2) geschilderten Grundsätzen der Kostenträgerstückrechnung (Kalkulation) erfolgende Ermittlung des → Selbstkostenpreises. Sie kann die aus heutiger Sicht an die Preiskalkulation und Preispolitik zu stellenden Anforderungen nicht erfüllen. Es kann mit ihrer Hilfe weder ein optimaler Angebotspreis ermittelt noch die Auskömmlichkeit vorgegebener Marktpreise überprüft werden. Sie liefert keine brauchbaren Informationen über kostenmäßige Preisuntergrenzen.

Preisuntergrenze 3.3

Die Preisuntergrenze ist diejenige Preisstellung, zu der sich eine bestimmte betriebliche Betätigung, wie z. B. die Herstellung eines bestimmten Produktes oder die Annahme eines Auftrags, gerade noch lohnt; bei deren Unterschreitung dem Betrieb Verluste entstehen.

Progressives Abrechnungsschema 1

Das progressive Abrechnungsschema ist für die→Vollkostenrechnung typisch: Ausgehend von der Kostenartenrechnung werden teils direkt, teils indirekt (über die Kostenstellenrechnung) sämtliche Kosten auf die Kostenträger „weitergewälzt" und dann in der Betriebsergebnisrechnung den Nettoerlösen der einzelnen Leistungen gegenübergestellt.

Proportionalitätsprinzip 2.3

Eine mit dem →Durchschnittsprinzip verwandte, jedoch für Mehrproduktbetriebe bzw. für Mehrproduktstellen konzipierte Kostenzurechnungsmodalität, für die kennzeichnend ist, daß man sich bemüht, über die Bestimmung geeignet erscheinender Schlüsselgrößen Proportionalitätsbeziehungen zwischen Kosten und Leistungen herzustellen und dann auf Grund dieser Proportionalitätsbeziehungen die Kosten auf die Leistungen zu verrechnen. Solche proportionalen Beziehungen zwischen Kosten und Leistungen sind jedoch bei den echten Gemeinkosten niemals vorhanden.

Proportionalkostenrechnung 3.1

Eine in Deutschland teilweise gebräuchliche Bezeichnung für das→Direct Costing.

Qualitätsabweichung 4.2

→Verbrauchsabweichung.

Quartalseinzelkosten 3.3

Quartalseinzelkosten sind solche Kosten, die sich direkt für ein Quartal erfassen lassen, die als →Periodeneinzelkosten direkt einem Quartal zugerechnet werden können.

Rechnungszweck 1

Rechnungszwecke sind jene Aufgaben, die durch ein bestimmtes Teilgebiet des Rechnungswesens (im hier interessierenden Fall durch die Kosten- und Leistungsrechnung) erfüllt werden müssen, konkreter: jene Fragestellungen, für deren Beantwortung die Kosten- und Leistungsrechnung die notwendigen Kosten- und Erlösdaten bereitzustellen hat.

Retrogrades Abrechnungsschema 1

Für ein retrogrades Abrechnungsschema ist kennzeichnend, daß man – sozusagen „rückschreitend" – von den in der Regel nach Produktarten differenziert erfaßten Erlösen des Betriebes ausgeht, diese zunächst um die Erlösschmälerungen mindert und dann von den verbleibenden Nettoerlösen sukzessive die den einzelnen interessierenden Kalkulationsobjekten des Betriebes direkt zurechenbaren Kosten in Abzug bringt, so daß für die verschiedenen Kalkulationsobjekte zunächst Bruttoerfolge ermittelt werden, die man dann schrittweise zusammenfaßt (aggregiert).

Selbstkosten 1

Die Selbstkosten sind die nach den Prinzipien der → Vollkostenrechnung für einen bestimmten Kostenträger (meist pro Leistungseinheit) auf der Basis eines bestimmten Kalkulationsverfahrens ermittelten „vollen" Kosten. Die Selbstkosten setzen sich also stets aus Einzel- und Gemeinkosten zusammen.

Selbstkostenpreis 1

Nach allgemeiner betriebswirtschaftlicher Auffassung ist der Selbstkostenpreis jener Preis, der die → Selbstkosten einer bestimmten Leistung oder Leistungseinheit deckt. Gemäß den → LSP versteht man unter dem Selbstkostenpreis die „vollen" Kosten eines bestimmten Produktes zuzüglich eines vom Staat festgelegten Gewinnzuschlags.

Starre Plankostenrechnung 4.1

Eine bestimmte Variante der → Plankostenrechnung, die auf den Grundprinzipien der traditionellen Vollkostenrechnung aufbaut. In der starren Plankostenrechnung wird keine Aufteilung der Gesamtkosten in fixe und variable Bestandteile vorgenommen. Ihr besonderes Kennzeichen besteht darin, daß die Kosten nur für einen ganz bestimmten Beschäftigungsgrad vorgegeben werden. Diesen für die → Planbeschäftigung fixierten und als Soll vorgegebenen Kosten stellt man die bei der realisierten Beschäftigung effektiv angefallenen Istkosten gegenüber. Dadurch will man vor allem eine Wirtschaftlichkeitskontrolle für einzelne Kostenstellen erreichen. Um den unter diesen Gesichtspunkten störenden Einfluß von Preisschwankungen auszuschalten, werden bei der Errechnung der Istkosten die Istmengen mit geplanten Verrechnungspreisen bewertet, die während der Planungsperiode nicht geändert werden.

Stückbeitrag 3.3

Kurzbezeichnung für den Deckungsbeitrag je Leistungseinheit (für den Überschuß des Nettoerlöses über die Einzelkosten eines Stückes). Der Stückbeitrag sagt aus, wie sich der Erfolg des Unternehmens bei gegebener Betriebsbereitschaft und gegebener Kapazität ändert, wenn das Absatzvolumen der betreffenden Leistungsart um eine Mengeneinheit unter sonst gleichbleibenden Bedingungen zu- oder abnimmt.

Synthetische Gemeinkostenplanung 4.1

Eine methodische Variante der Gemeinkostenplanung im System der → starren Plankostenrechnung, die versucht, durch exakte Verbrauchsanalysen, genaue Messungen und technische Berechnungen über das Kostenverhalten, die Kosten im Rahmen der Kostenplanung für jede Kostenstelle getrennt nach einzelnen Kostenarten vorzugeben.

Teilkostenrechnung 1

Der Begriff „Teilkostenrechnung" soll den abrechnungstechnischen Gegensatz zur →Vollkostenrechnung zum Ausdruck bringen. Im System der Teilkostenrechnung, von dem es mehrere unterschiedliche Varianten gibt, werden den einzelnen Kalkulationsobjekten nur Teile der betrieblichen Gesamtkosten zugerechnet. Welche Kostenelemente dies sind, läßt sich nicht allgemeinverbindlich, sondern nur unter konkreter Bezugnahme auf die jeweilige Variante der Teilkostenrechnung sagen. Für moderne Formen der Teilkostenrechnung gilt jedoch der Tendenz nach, daß man den Kalkulationsobjekten, so vor allem den Kostenträgern, nur jene Kosten zurechnet, die sich direkt für diese erfassen lassen. Dies bedeutet allerdings nicht, daß die sonstigen Kostenelemente einfach vernachlässigt werden. Die Kostenerfassung ist im System der Teilkostenrechnung nicht unvollständig.

Umsatzkostenverfahren 2.1

Das Umsatzkostenverfahren ist eine Methode zur Ermittlung des →Betriebsergebnisses. Dabei werden den Umsatzerlösen der Periode die Kosten der effektiv abgesetzten Produktmengen gegenübergestellt. Dies bedeutet, daß man die Kosten für auf Lager produzierte Produkte aus den Gesamtkosten der Periode herausrechnet bzw. daß man zu diesen die Kosten für Bestandsminderungen hinzurechnet.

Variator 4.2

Das Rechnen mit Variatoren ist für die Gemeinkostenplanung im System der →flexiblen Plankostenrechnung bedeutsam. Es dient der Vorgabe von Sollkosten für alternative Beschäftigungsgrade: Für jede Kostenart einer Kostenstelle wird ein Variator festgelegt, der angibt, um wieviel Prozent die zunächst für die Planbeschäftigung vorgegebene Kostenhöhe variiert, wenn die effektive Beschäftigung von der Planbeschäftigung um 10 % abweicht. Ein Variator von 0 bedeutet also, daß die Kostenart zu den fixen Kosten gehört. Demgegenüber besagt z. B. ein Variator von 6, daß bei einer Änderung des Beschäftigungsgrades um 10 % eine Änderung der Kostenart um 6 % eintritt. Wie hieraus hervorgeht, liegt dem Rechnen mit Variatoren die Annahme eines stetigen, linearen Kostenverlaufs zugrunde.

Veranlassungsprinzip 2.3

Eine bestimmte, nämlich die finale Interpretation des →Verursachungsprinzips: Man sieht in dem Anfall bestimmter Kosten der Betriebsbereitschaft das Mittel für den angestrebten Zweck der Erzeugung bestimmter Produkte und glaubt, hieraus ableiten zu können, daß es in finalem Sinne verursachungsgerecht ist, solche Kosten der Betriebsbereitschaft (z. B. im Verhältnis der zeitlichen oder räumlichen Inanspruchnahme) auf die einzelnen Leistungsarten oder sogar auf die einzelnen Leistungseinheiten eines Betriebes aufzuteilen.

Verbrauchsabweichung 4.2

Eine im System der → flexiblen Plankostenrechnung im Rahmen der → Abweichungsanalyse ermittelte Differenz zwischen Ist- und Plankosten, die den mengenmäßigen Mehr- oder Minderverbrauch an Kostengütern zum Ausdruck bringen soll. Da ein solcher Mehr- oder Minderverbrauch wiederum auf verschiedene Ursachen zurückzuführen sein kann, wird die Verbrauchsabweichung regelmäßig noch weiter unterteilt, so vor allem in die Verfahrensabweichung, die Auftragsabweichung und die Qualitätsabweichung.

Verfahrensabweichung 4.2

→Verbrauchsabweichung.

Verkaufsüberschuß 3.3

Der Verkaufsüberschuß einer Leistungseinheit oder einer Periode ergibt sich aus der Differenz von Nettoerlös und absatzabhängigen Kosten. Die Höhe des Verkaufsüberschusses signalisiert denjenigen Wert, der noch zur Abdeckung erzeugungsabhängiger Kosten und zur Erzielung eines Deckungsbeitrags zur Verfügung steht.

Verursachungsprinzip 2.3

Das Verursachungsprinzip ist ein Grundsatz für die Kostenzurechnung, der lange Zeit in weiten Bereichen der betriebswirtschaftlichen Literatur als das maßgebliche Kostenzurechnungsprinzip herausgestellt, andererseits aber nicht eindeutig definiert wurde. Man kann eine kausale und eine finale Interpretation des Verursachungsprinzips unterscheiden.

Vollkostenrechnung 1

Die Vollkostenrechnung ist ein bestimmtes Kostenrechnungssystem, welches vor allem dadurch gekennzeichnet ist, daß in ihm sämtliche im Betrieb anfallenden Kostenarten (teilweise direkt, teilweise indirekt über die Kostenstellenrechnung) auf die einzelnen Kostenträger weiterverrechnet werden, so daß für diese stets „volle" Kosten ausgewiesen werden. In analoger Weise verfährt dieses System bei der Ermittlung der Kosten für andere Kalkulationsobjekte.

Zurechnungshierarchien 3.3

→Bezugsgrößenhierarchien.

Stichwortverzeichnis